新 版 微分積分学

〈第 2 版〉

阿部　吉弘
伊藤　　博
小関　祥康
加藤　憲一
酒井　政美
堀口　正之
松澤　　寛

東京教学社

著者紹介

阿部 吉弘 （あべ よしひろ）　神奈川大学　理学部　教授

伊藤 博 （いとう ひろし）　神奈川大学　理学部　教授

小関 祥康 （おぜき よしやす）　神奈川大学　理学部　准教授

加藤 憲一 （かとう けんいち）　神奈川大学　理学部　准教授

酒井 政美 （さかい まさみ）　神奈川大学　理学部　教授

堀口 正之 （ほりぐち まさゆき）　神奈川大学　理学部　教授

松澤 寛 （まつざわ ひろし）　神奈川大学　理学部　教授

序

　微分積分学とは，簡潔に言うと，数列や関数を，極限の概念に基づいて考える数学である．例えば，多くの読者にとってはすでに高等学校で学んだように，放物線 $y = 1 - x^2$ と x 軸とで囲まれた部分の面積は，その図形を小長方形で限りなく近似していくことにより，それらの極限値として求めることができる．このような面積の求め方は，すでにヘレニズム時代のギリシアにおいて，もっと複雑な図形に対しても知られていた．しかし古代の数学者（哲学者）たちが残した文献からは，極限という概念を定式化すること，つまり $\lim_{x \to a} f(x)$ に関する明示的な議論を読み取ることはできない．

　微分のような着想にいたるには，静止したものだけでなく，動くもの（運動）を対象とすることが必要であった．このような発想はガリレイの力学の研究以降，数学はもとより，物理学をはじめとする科学や哲学の問題として盛んに探求されるようになり，ついにニュートンやライプニッツによる，微分積分学の基本定理を含む「発見」へとつながるのである．

　微分積分学はさまざまな学問分野と問題を共有し，相互に触発しあいながら発展してきた．このことは現代においても変わらない．興味関心のある対象（現象）について，時間的，空間的な変化を数量の変化，つまり関数としてとらえて，その関数の性質を明らかにする，あるいは量を求める．このような考え方が，多くの学問分野で対象を理解するための有力な手法として受け入れられているからである．本書で扱う内容のほとんどは，18 世紀の中頃までには知られていた事柄である．しかしなお，現在においてもさまざまな問題を考える上で必要とされる基本的な理論体系であり続けている．

　本書は，数学および数学に関連する諸分野を学ぶ大学初年次生を主な対象とし，微分積分学の概要を紹介することを目的としている．本書で扱う概念や関数は高等学校で学ぶ数学と共通するところも多い．例えば，初等関数－三角関数，指数・対数関数，有理関数，無理関数など－の微分積分は既に慣れ親しんでいる読者も少なくないだろう．例や練習問題はこれら高校数学の内容からの自然な延長として理解できるよう心がけた．いっぽうで，高校数学では直感的な説明に留めていた数列や関数の極限は，明確な定義を与えた．また，定理の証明には理解しやすいように多くの頁を割いた．数学は論理の学問でもある．計算問題を解くことに留まらず，厳密な証明の手続きも習得して欲しい．証明を通して論理的な考え方に親しむことは，数学を専門とするか否かに関わらず，万人にとって真に楽しく，かつ有益な体験であると信じる．本書が，読者がこれまで学んできた数学の知識を確かなものとするとともに，より高度な数学，あるいは諸分野の学問へと進むための橋渡しとして役に立てば幸いである．

　改訂にあたり，構成を大幅に見直した．第 7 章に物理学や工学分野への応用で重要なベクトル解析を追加した．また，積分と密接な関係を持つ概念として確率がある．第 8 章では確率・統計の基本的な事柄について，微分積分との関係に注目して紹介する．最後に，改訂に際して神奈川大学名誉教授の長 宗雄先生には多大なご協力をいただいた．また原稿の整理，校正に際して同大学教務技術職員の藤原 飛一氏にお力添えをいただいた．両氏にはこの場をお借りしてお礼申し上げたい．

2020 年 3 月

著者

目 次

カバーデザイン：Othello

イラスト：梅本 昇

第1章 関数の極限

　微分積分は定義から「極限」があらわれる. 高校では直観的に極限を扱ったが, 数学的には厳密に定義される. これによって数学に違和感を感じ数学嫌いに陥ることのないように, なじんで頂きたい. 大学での数学の学修は「出された問題を解く」ことのみではないので, ∀ や ∃ を用いた表現に慣れること, これは数学のよりよい理解のためには不可欠である. 本章は微積分学を学修するための準備である.

1.1　実数の性質

　実数全体の集合を $\mathbb{R}$ と書く. また, 自然数全体, 整数全体, 有理数全体はそれぞれ $\mathbb{N}, \mathbb{Z}, \mathbb{Q}$ と書く. 実数は和と積があり, すべての数 $a, b \in \mathbb{R}$ について

$$(1) \quad a = b, \quad (2) \quad a > b, \quad (3) \quad a < b$$

のいずれか1つ成立することは詳しく述べない. 自然数と有理数には次の性質をもつことについても既知とする.

定理 1.1.1. 任意の数 $M \in \mathbb{R}$ に対して, $M < n$ となる自然数 $n \in \mathbb{N}$ が存在する.

この定理を言葉で述べると, **自然数全体は上に有界[1]ではない** となる. またこれは, **アルキメデスの原理** といわれている.

定理 1.1.2. 数 $a, b \in \mathbb{R}$ が, $a < b$ であるとき, $a < c < b$ をみたす $c \in \mathbb{Q}$ が存在する.

この定理を言葉で述べると, **有理数は実数で稠密である** という.

1.2　数列と極限

　実数を順に並べた列 $a_1, a_2, \cdots, a_n, \cdots$ を**数列**といい, $\{a_n\}$ で表す. 本書では, 数列といえば通常, 無限数列を意味する. 無理数 $\sqrt{2} = 1.41421356\cdots$ に対して, $a_1 = 1.4, a_2 = 1.41, a_3 = 1.414, \cdots$ とおくと, この数列 $\{a_n\}$ は n を大きくすると $\sqrt{2}$ に限りなく近づいていく. これを一般的に述べると, 次の数列の収束という概念に至る. 数列 $\{a_n\}$ において, n が限りなく大きくなるとき a_n がある1つの値 α に限りなく近づくとする. このとき数列 $\{a_n\}$ は α に**収束する**といい, α を数列 $\{a_n\}$ の**極限値**という. これを

$$\lim_{n \to \infty} a_n = \alpha \quad \text{または} \quad a_n \to \alpha \, (n \to \infty)$$

---

[1]数 b が集合 A の任意の要素 a に対し, $a \leq b$ をみたすとき, b は M の上界であるという. 上界となる数 b が存在するとき, 集合 M は上に有界であるという.

で表す. 上のことは,「すべての無理数は, ある有理数の数列の極限値として表される」ことを述べている.

定義 1.2.1. $\lim_{n\to\infty} a_n = \alpha$ を厳密に定義すると, 次のようになる.

$$\forall \varepsilon > 0, \exists n_0 ;\; n \geq n_0 \implies |a_n - \alpha| < \varepsilon$$

これは

「任意の $\varepsilon > 0$ に対して, ある (十分大きい) 自然数 n_0 をとると,

$$n \geq n_0 \quad \text{ならば} \quad |a_n - \alpha| < \varepsilon$$

が成り立つ」と読む.

補足： 記号 $\forall$, と $\exists$ については「すべての」と「存在する」の英語「All」と「Exists」の頭文字 A と E を逆さにしたものである. 世界共通に使用されるので, しっかり覚えること. また, $\forall$ と $\exists$ を反対に $\exists, \forall$ と 並べると意味がまったく違うことになることを認識すること.

　数列の収束に関する種々の定理は, この定義に基づいて証明される.

　数列がある値に収束するとき, その数列は**収束する**という. また, 収束しない数列を**発散する**という. 特に, n が限りなく大きくなるにしたがって a_n が限りなく大きく (小さく) なるとき, 数列 $\{a_n\}$ は正の (**負の**) **無限大に発散する**といい,

$$\lim_{n\to\infty} a_n = \infty \quad \text{または} \quad a_n \to \infty \,(n \to \infty)$$

$$\left(\lim_{n\to\infty} a_n = -\infty \quad \text{または} \quad a_n \to -\infty \,(n \to \infty) \right)$$

で表す. ここで, ∞ や $-\infty$ は数値ではなく, **数の変化の状態を表す記号**である. 最初に収束する数列についての基本性質を示す.

定理 1.2.2. (1) 収束する数列の極限はただ 1 つである.
(2) 収束する数列 $\{a_n\}$ は有界である. すなわち $\exists K > 0 ; |a_n| \leq K \,(\forall n)$.

証明. (1) $a_n \to \alpha$, $a_n \to \beta$ とする.

$$\forall \varepsilon > 0 \text{ に対して}, \exists n_1, n_2 \,(>0); |a_n - \alpha| < \frac{\varepsilon}{2} \quad (n \geq n_1), \; |a_n - \beta| < \frac{\varepsilon}{2} \quad (n \geq n_2)$$

$n_0 = \max\{n_1, n_2\}$ とすれば, $n \geq n_0$ のとき

$$|\alpha - \beta| \leq |\alpha - a_n| + |a_n - \beta| < \frac{\varepsilon}{2} + \frac{\varepsilon}{2} = \varepsilon.$$

よって $|\alpha - \beta|$ の値は任意の正の数 ε より小さい数である. これは 0 しかない.
よって $\alpha = \beta$ となる.
(2) $a_n \to \alpha$ とする. $\varepsilon = 1$ に対して

$$\exists n_0 ; |a_n - \alpha| < 1 \;\; (n \geq n_0).$$

よって $n \geq n_0$ の番号の数は,

$$|a_n| = |a_n - \alpha + \alpha| \leq |a_n - \alpha| + |\alpha| < 1 + |\alpha|.$$

そこで $K = \max\{|a_1|, ..., |a_{n-1}|, 1 + |\alpha|\}$ と取ればよい. □

数列 $\{a_n\}$ は $\lim_{n\to\infty} a_n = \alpha$ とする. このとき $|a_n - a_m| \le |a_n - \alpha| + |a_m - \alpha|$ であるので

$$\lim_{n,m\to\infty} |a_n - a_m| = 0 \tag{$*$}$$

をみたす. $(*)$ の性質をもつ数列 $\{a_n\}$ を **コーシー列** または **基本列** という. 実数 $\mathbb{R}$ においてはすべてのコーシー列はある実数 α に収束する（この性質を実数の **完備性** という）. 数列 $\{a_n\}$ に対し, 一部の添え字 $n_1 < n_2 < \cdots$ の数を取り出した数列 $\{a_{n_j}\}$ を **部分列** という.

定理 1.2.3. (ボルツァーノ・ワイエルシュトラスの定理)
数列 $\{a_n\}$ は有界とする. このときコーシー列となる部分列 $\{a_{n_j}\}$ を取り出せる.

証明. 数列 $\{a_n\}$ は有界であるから, 定数 a, b が存在して $a \le a_n \le b \ (\forall n)$ をみたす. 区間 $[a, b]$ を $[a, \frac{a+b}{2}]$, $[\frac{a+b}{2}, b]$ の 2 つに分ける. 少なくともどちらかの区間には数列の要素が無限に入っている. その区間を $[p_1, q_1]$ とする. 数列 $\{a_n\}$ で最初にこの区間に入っている要素を a_{n_1} と書く. 次に区間 $[p_1, q_1]$ を半分に分ける. どちらかの区間には数列の要素が無限に入っているので, 数列の中から a_{n_1} の次の番号でその半分の区間に入っている要素を a_{n_2} と書く. このとき, $|a_{n_1} - a_{n_2}| \le \frac{b-a}{2}$ をみたす. また区間 $[p_1, q_1]$ を半分に分けて無限に入っている方の区間から数列の a_{n_2} の次の要素を取り出す. それを a_{n_3} とする. この操作を無限に続け, 部分列 $\{a_{n_j}\}$ を取り出すと $|a_{n_j} - a_{n_{j+1}}| \le \frac{b-a}{2^j}$ をみたすので, この部分列はコーシー列である. □

例 1.2.1. $\lim_{n\to\infty} \frac{1}{n} = 0$

証明. 任意の正の数 ε に対して定理1.1.1 より $\frac{1}{\varepsilon} < n_0$ である $n_0 \in \mathbb{N}$ をとる. このとき $n \ge n_0$ であれば

$$0 < \frac{1}{n} \le \frac{1}{n_0} < \varepsilon \quad \therefore \quad \left|\frac{1}{n} - 0\right| < \varepsilon$$

であるので, $\lim_{n\to\infty} \frac{1}{n} = 0$ が示された. □

定理 1.2.4. (収束数列の基本的性質) 2 つの数列 $\{a_n\}$, $\{b_n\}$ が収束しているとき, 次が成り立つ.

(1) $\lim_{n\to\infty} (a_n + b_n) = \lim_{n\to\infty} a_n + \lim_{n\to\infty} b_n$

(2) $\lim_{n\to\infty} (a_n b_n) = \left(\lim_{n\to\infty} a_n\right) \cdot \left(\lim_{n\to\infty} b_n\right)$, 特に, $\lim_{n\to\infty} (c\, b_n) = c \lim_{n\to\infty} b_n$ （c は定数）

(3) $\lim_{n\to\infty} \frac{a_n}{b_n} = \frac{\lim_{n\to\infty} a_n}{\lim_{n\to\infty} b_n}$ （$\lim_{n\to\infty} b_n \ne 0$ とする）

(4) $a_n \le b_n \ (n = 1, 2, \cdots)$ ならば, $\lim_{n\to\infty} a_n \le \lim_{n\to\infty} b_n$.

証明. $\lim\limits_{n\to\infty} a_n = \alpha$, $\lim\limits_{n\to\infty} b_n = \beta$ とする. (1) の証明は省略する. (2) 数列 $\{a_n\}$ は収束列であるので, 定理 1.2.2 より有界である. したがって $\exists K\,;\,|a_n| \leq K\,(\forall n)$. 任意の $\varepsilon > 0$ に対して, それぞれ収束列であるので

$$\exists n_1\,;\,n \geq n_1 \implies |a_n - \alpha| < \frac{\varepsilon}{2(|\beta|+1)}, \quad \exists n_2\,;\,n \geq n_2 \implies |b_n - \beta| < \frac{\varepsilon}{2K}.$$

$n_0 = \max\{n_1,\,n_2\}$ とおくと, $n \geq n_0$ に対して,

$$|a_n b_n - \alpha\beta| \leq |a_n(b_n - \beta)| + |\beta(a_n - \alpha)| \leq K|b_n - \beta| + |\beta||a_n - \alpha| < \varepsilon.$$

(3) このとき, $\beta \neq 0$ であり, $\dfrac{1}{b_n} \to \dfrac{1}{\beta}$ を示せば (2) より証明を終える.

$\{b_n\}$ は β に収束するので,

$$\exists n_1\,;\,n \geq n_1 \implies |b_n - \beta| < \frac{|\beta|}{2} \quad \therefore\ |b_n| > \frac{|\beta|}{2}.$$

任意の $\varepsilon > 0$ に対して,

$$\exists n_2\,;\,n \geq n_2 \implies |b_n - \beta| < \frac{|\beta|^2 \cdot \varepsilon}{2}.$$

$n_0 = \max\{n_1,\,n_2\}$ とおくと, $n \geq n_0$ に対して,

$$\left| \frac{1}{b_n} - \frac{1}{\beta} \right| = \frac{|b_n - \beta|}{|b_n| \cdot |\beta|} < \frac{\frac{|\beta|^2 \cdot \varepsilon}{2}}{\frac{|\beta|^2}{2}} = \varepsilon.$$

(4) $\beta < \alpha$ と仮定する. $\varepsilon = \dfrac{\alpha - \beta}{2}\ (> 0)$ とおく. $\lim\limits_{n\to\infty} a_n = \alpha$, $\lim\limits_{n\to\infty} b_n = \beta$ であるので,

$$\exists n_1,\,;\,n \geq n_1 \implies |a_n - \alpha| < \varepsilon, \quad \exists n_2\,;\,n \geq n_2 \implies |b_n - \beta| < \varepsilon$$

$n_0 = \max\{n_1,\,n_2\}$ とおくと, $n \geq n_0$ に対して,

$$|a_n - \alpha| < \varepsilon, \quad |b_n - \beta| < \varepsilon$$

が同じ番号 n で同時に成り立つ. この n に対して,

$$b_n < \beta + \varepsilon\ =\ \alpha - \varepsilon < a_n$$

であるので, $a_n \leq b_n$ に矛盾する. $\qquad\qquad\qquad\qquad\qquad\qquad\qquad\qquad$ □

注 1.2.1. 定理 1.2.4 は (3) を除いて, $\lim\limits_{n\to\infty} a_n = \pm\infty$, $\lim\limits_{n\to\infty} b_n = \pm\infty$（複合同順）の場合についても成り立つ.

$\boxed{\text{問 1.1}}$ 次の数列の極限値を求めよ.

(1) $\left\{ \dfrac{n+1}{n^3-1} \right\}$　　　(2) $\{\sqrt{n}(\sqrt{n+1} - \sqrt{n-1})\}$　　　(3) $\left\{ \dfrac{\sin n\theta}{n} \right\}$　　　(4) $\{1 + (-1)^n\}$

数列 $\{a_n\}$ において,

$$a_1 \leq a_2 \leq \cdots \leq a_n \leq a_{n+1} \leq \cdots$$

が成り立つとき, 数列 $\{a_n\}$ は **単調増加** であるといい, 特に

$$a_1 < a_2 < \cdots < a_n < a_{n+1} < \cdots$$

のとき, 狭義の単調増加という.

同様に,

$$a_1 \geq a_2 \geq \cdots \geq a_n \geq a_{n+1} \geq \cdots$$

が成り立つとき, 数列 $\{a_n\}$ は**単調減少**であるといい, 特に

$$a_1 > a_2 > \cdots > a_n > a_{n+1} > \cdots$$

のとき, **狭義の単調減少**という. これらを総称して, **単調数列**という.

次に, 数列 $\{a_n\}$ において,

$$a_n \leq M \quad (n = 1, 2, \cdots)$$

となる定数 M が存在するとき, 数列 $\{a_n\}$ は**上に有界**であるという. 同様に,

$$a_n \geq L \quad (n = 1, 2, \cdots)$$

となる定数 L が存在するとき, 数列 $\{a_n\}$ は**下に有界**であるという. 上にも下にも有界な数列 $\{a_n\}$ (つまり, $|a_n| \leq K$ となる定数 K が存在するとき) を単に**有界**という. 数列 $\{a_n\}$ は $\mathbb{R}$ の (要素が自然数で番号付けされた) 部分集合ともみなせる. そこで E を $\mathbb{R}$ の (番号付けがされていなくてもよい) 部分集合に一般化する. $x \leq M \ (\forall x \in E)$ となる定数 M が存在するとき, 集合 E は**上に有界**であるという. 下に有界であることおよび有界であることも同様に定義する. さらに, $a \in \mathbb{R}$ が E の**上限**とは a が E の最小上界であること, つまり次の条件 1,2 をみたすときをいう.

1. $x \leq a \ (\forall x \in E)$

2. $\forall \varepsilon > 0, \ \exists x_0 \in E \ ; \ a - \varepsilon < x_0$

空でない上に有界な集合 E に対して上限はただ 1 つであることを背理法で示す. a, a' がともに E の上限であり $a' < a$ であると仮定する. このとき, $0 < \varepsilon < a - a'$ となる ε をとると, $x \in E$ に対して $x \leq a' < a - \varepsilon$ であり, a が条件 2 を満たすことに矛盾する. 従って上限は 1 つしかない. この上限を $\sup E$ と書く.

定理 1.2.5. (単調数列の収束) 上に有界な単調増加数列は収束する. また, 下に有界な単調減少数列も収束する.

証明. $\{a_n\}$ は上に有界な単調増加数列とする. $E = \{a_1, a_2, a_3, ...\}$ とすれば E は有界な集合であるので, $\alpha = \sup E$ とする. このとき, $\lim_{n \to \infty} a_n = \alpha$ であることを示す. $\alpha = \sup E$ であるので, 任意の $\varepsilon > 0$ に対して, $\exists a_m \in E ; \alpha - \varepsilon < a_m$ したがって $n \geq m$ であれば $\alpha - \varepsilon < a_m \leq a_n \leq \alpha < \alpha + \varepsilon$ が成り立つので, $n \geq m$ であれば $|a_n - \alpha| < \varepsilon$ となるので $\lim_{n \to \infty} a_n = \alpha$ である. $\qquad \square$

例 1.2.2. $\displaystyle \lim_{n \to \infty} \sqrt[n]{n} = 1$

証明. $h_n = \sqrt[n]{n} - 1$ とおく. $\sqrt[n]{n} \geq \sqrt[n]{1} = 1$ より $h_n \geq 0$ である. 二項定理[2]より

$$n = (1 + h_n)^n = 1 + nh_n + \frac{n(n-1)}{2}h_n^2 + \cdots + h_n^n > \frac{n(n-1)}{2}h_n^2.$$

そこで, $n \geq 2$ のとき $0 \leq h_n \leq \sqrt{\dfrac{2}{n-1}}$ となる. ここで, $n \to \infty$ とすれば $\sqrt{\dfrac{2}{n-1}} \to 0$. したがって, h_n も 0 に近づく. ゆえに, $\displaystyle \lim_{n \to \infty} \sqrt[n]{n} = \lim_{n \to \infty}(1 + h_n) = 1 + \lim_{n \to \infty} h_n = 1$. □

例 1.2.2 の証明の最後で用いた論法は**はさみうちの原理**といい, 色々な数列の極限値を求める際に利用される. 証明は自習とするが, すなわち,

> **定理 1.2.6.** 3 つの数列 $\{a_n\} \{b_n\} \{h_n\}$ について, n に対して, $a_n \leq h_n \leq b_n$ が成り立ち $\displaystyle \lim_{n \to \infty} a_n = \lim_{n \to \infty} b_n = \alpha$ であれば, $\displaystyle \lim_{n \to \infty} h_n = \alpha$ となる.

例 1.2.3. $\displaystyle \lim_{n \to \infty} \sqrt[n]{a} = 1 \quad (a > 0)$

証明. $a = 1$ のとき: $\sqrt[n]{a} = 1$ であるから, 明らか.

$a > 1$ のとき: $n > a$ となるように n を十分大きくとれば, $1 < \sqrt[n]{a} < \sqrt[n]{n}$ となる. 例 1.2.2 より, $\displaystyle \lim_{n \to \infty} \sqrt[n]{n} = 1$ となり, はさみうちの原理より, $\displaystyle \lim_{n \to \infty} \sqrt[n]{a} = 1$ を得る.

$a < 1$ のとき: $a = \dfrac{1}{b}$ とおくと, $b > 1$ であるから, 定理 1.2.4 (3) と上の場合より

$$\lim_{n \to \infty} \sqrt[n]{a} = \lim_{n \to \infty} \frac{1}{\sqrt[n]{b}} = \frac{1}{\displaystyle \lim_{n \to \infty} \sqrt[n]{b}} = 1.$$
□

例 1.2.4. 数列 $\left\{\left(1 + \dfrac{1}{n}\right)^n\right\}$ は収束する (この極限値を**自然対数の底**といい, e で表す).

証明. $\left(1 + \dfrac{1}{n}\right)^n = a_n$ とおく. 定理 1.2.5 により, 数列 $\{a_n\}$ が (狭義の) 単調増加かつ上に有界であることを示せばよい.

単調性： 二項定理により,

$$a_n = 1 + n \cdot \frac{1}{n} + \frac{n(n-1)}{2!}\left(\frac{1}{n}\right)^2 + \frac{n(n-1)(n-2)}{3!}\left(\frac{1}{n}\right)^3 + \cdots + \frac{n!}{n!}\left(\frac{1}{n}\right)^n$$

$$= 1 + 1 + \frac{1}{2!}\left(1 - \frac{1}{n}\right) + \frac{1}{3!}\left(1 - \frac{1}{n}\right)\left(1 - \frac{2}{n}\right) + \cdots$$

$$\cdots + \frac{1}{n!}\left(1 - \frac{1}{n}\right)\left(1 - \frac{2}{n}\right)\cdots\left(1 - \frac{n-1}{n}\right).$$

同様にして,

---

[2]第 2 章 2.4 参照

$$a_{n+1} = 1 + 1 + \frac{1}{2!}\left(1 - \frac{1}{n+1}\right) + \frac{1}{3!}\left(1 - \frac{1}{n+1}\right)\left(1 - \frac{2}{n+1}\right) + \cdots$$

$$\cdots + \frac{1}{n!}\left(1 - \frac{1}{n+1}\right)\left(1 - \frac{2}{n+1}\right)\cdots\left(1 - \frac{n-1}{n+1}\right)$$

$$+ \frac{1}{(n+1)!}\left(1 - \frac{1}{n+1}\right)\left(1 - \frac{2}{n+1}\right)\cdots\left(1 - \frac{n}{n+1}\right).$$

a_n と a_{n+1} の各項を比べると第3項以降は a_{n+1} の方が大きく, また a_{n+1} は正の項を最後に余分にもつので, $a_n < a_{n+1}$ となる.

有界性: $n \geq 3$ のとき $n! > 2^{n-1}$ であるから, 上の a_n の等式より

$$a_n < 1 + 1 + \frac{1}{2!} + \frac{1}{3!} + \cdots + \frac{1}{n!} < 1 + 1 + \frac{1}{2} + \frac{1}{2^2} + \cdots + \frac{1}{2^{n-1}} < 3.$$

よって, $\{a_n\}$ は有界である. □

注 1.2.2. e は無理数で, $e = 2.7182818\cdots$ であることが知られている.

$\boxed{\text{問 1.2}}$ 次の数列の極限値を求めよ.

(1) $\left\{\left(1 + \dfrac{2}{n}\right)^{3n}\right\}$ 　　　　(2) $\left\{\left(1 - \dfrac{1}{n}\right)^{n}\right\}$

1.3 　数列の級数

数列 $\{a_n\}$ に対して, その無限和

$$a_1 + a_2 + \cdots + a_n + \cdots$$

を数列 $\{a_n\}$ の**級数**といい, $\displaystyle\sum_{n=1}^{\infty} a_n$ または単に $\sum a_n$ で表す.

数列 $\{a_n\}$ の有限和 $a_1 + a_2 + \cdots + a_n$ を $s_n = \displaystyle\sum_{k=1}^{n} a_k$ で表す. この有限和による数列 $\{s_n\} = \left\{\displaystyle\sum_{k=1}^{n} a_k\right\}$ が1つの値 s に収束する, すなわち $\displaystyle\lim_{n\to\infty} s_n = s$ のとき, 級数 $\displaystyle\sum_{n=1}^{\infty} a_n$ は**収束する**といい, $\displaystyle\sum_{n=1}^{\infty} a_n = s \left(= \lim_{n\to\infty} \sum_{k=1}^{n} a_k\right)$ と表す. 数列 $\left\{\displaystyle\sum_{k=1}^{n} a_k\right\}$ が発散するとき, $\displaystyle\sum_{n=1}^{\infty} a_n$ は**発散する**という. 級数 $\displaystyle\sum_{n=1}^{\infty} a_n$ が収束するためには $s_n = \displaystyle\sum_{k=1}^{n} a_k$ として, 数列 $\{s_n\}$ が収束しなければならないので, 次の定理が成り立つことがわかる.

定理 1.3.1. 級数 $\sum a_n$ が収束するならば $\displaystyle\lim_{n\to\infty} a_n = 0$.

証明. $s_n = \displaystyle\sum_{k=1}^{n} a_k$ とし, $\displaystyle\lim_{n\to\infty} s_n = s$ とする.

$$\forall \varepsilon > 0, \exists n_0 \,;\, n \geq n_0 \implies |s_n - s| < \frac{\varepsilon}{2}$$

したがって $n \geq n_0$ であれば

$$|a_{n+1}| = |s_{n+1} - s_n| \leq |s_{n+1} - s| + |s - s_n| < \frac{\varepsilon}{2} + \frac{\varepsilon}{2} = \varepsilon$$

より示せた. □

注 1.3.1. 定理 1.3.1 から, $\lim_{n\to\infty} a_n \neq 0$ である級数 $\sum a_n$ は収束しないことがわかる.

 逆に, $\lim_{n\to\infty} a_n = 0$ となるだけでは級数 $\sum a_n$ が収束するかどうかは判別できない.

高校で習った簡単な例を思い出すと, 等比数列 $\{ar^{n-1}\}$ に対して,

$$\sum_{n=1}^{\infty} ar^{n-1} = \begin{cases} \dfrac{a}{1-r} & (|r| < 1) \\ 発散する & (|r| \geq 1) \end{cases}.$$

証明. 等比数列の有限和は, $\displaystyle\sum_{k=1}^{n} ar^{k-1} = \frac{a(1-r^n)}{1-r}$ である. そこで, $|r| < 1$ のとき, $\lim_{n\to\infty} r^n = 0$ であるから, $\displaystyle\sum_{n=1}^{\infty} ar^{n-1} = \lim_{n\to\infty} \frac{a(1-r^n)}{1-r} = \frac{a}{1-r}$ となる. また, $|r| > 1$ のときは, 数列 $\{r^n\}$ も発散するので $\lim_{n\to\infty} r^n = \infty$ であるから, $\displaystyle\sum_{n=1}^{\infty} ar^{n-1}$ は発散する.　　□

問 **1.3** すべての循環小数が, なぜ分数で表されるかを考えよ.

定理 1.2.4 から次のことがすぐわかる.

定理 1.3.2. (収束する級数の基本的性質) 2 つの級数 $\sum a_n, \sum b_n$ が収束しているとき, 次が成り立つ.

(1) $\sum (a_n + b_n) = \sum a_n + \sum b_n$

(2) $\sum c a_n = c \sum a_n$　(c は定数)

以下, 級数の値そのものを求めるより, 級数が収束するか発散するかを議論する.

数列 $\{a_n\}$ の各項が正, すなわち $a_n > 0\ (n=1,2,\cdots)$ のとき, $\{a_n\}$ を**正項級数**という. 一般に, 級数 $\sum a_n$ が収束するかどうかの判定は容易ではない. しかし, 正項級数に関する限りいくつかの有効な判定法がある. この定理の証明は不要であろう.

定理 1.3.3. (比較判定法) 2 つの正項級数 $\sum a_n, \sum b_n$ において,

$$a_n \leq b_n\quad (n=1,2,\cdots)$$

であるとき, 次が成り立つ.

(1) $\sum b_n$ が収束すれば, $\sum a_n$ も収束する.

(2) $\sum a_n$ が発散すれば, $\sum b_n$ も発散する.

問 **1.4** 比較判定法により $\displaystyle\sum \frac{1}{2^n + n}$ は, 収束することを示せ.

定理 1.3.4. (ダランベールの判定法) 正項級数 $\sum a_n$ において, $r = \lim\limits_{n\to\infty} \dfrac{a_{n+1}}{a_n}$ であるとき, 次が成り立つ.

   (1) $0 \leq r < 1$ ならば, $\sum a_n$ は収束する.

   (2) $1 < r \leq \infty$ ならば, $\sum a_n$ は発散する.

証明. (1) $r = \lim\limits_{n\to\infty} \dfrac{a_{n+1}}{a_n} < 1$ とする. $\varepsilon > 0$ を $r + \varepsilon < 1$ をみたす数にとる. したがって

$$\exists n_0, ; n \geq n_0 \implies \frac{a_{n+1}}{a_n} < r + \varepsilon.$$

よって $n \geq n_0$ であれば $a_{n+1} < (r+\varepsilon)a_n$ をみたす. このことから $a_{n+m} < (r+\varepsilon)^m a_n$ をみたす. したがって $0 < r + \varepsilon < 1$ であるので,

$$\sum_{k=n_0}^{\infty} a_k \leq \sum_{m=0}^{\infty} (r+\varepsilon)^m a_{n_0} = \frac{1}{1-(r+\varepsilon)} a_{n_0}.$$

よって $\sum\limits_{n=1}^{\infty} a_n = \sum\limits_{n=1}^{n_0-1} a_n + \sum\limits_{n=0}^{\infty} a_{n_0+n} \leq \sum\limits_{n=1}^{n_0-1} a_n + \dfrac{1}{1-(r+\varepsilon)} a_{n_0} < \infty$ より収束する.

(2) $r = \lim\limits_{n\to\infty} \dfrac{a_{n+1}}{a_n} > 1$ のときは $\varepsilon > 0$ を $r - \varepsilon > 1$ をみたす数にとる. したがって

$$\exists n_0, ; n \geq n_0 \implies \frac{a_{n+1}}{a_n} > r - \varepsilon > 1$$

となるので $\lim\limits_{n\to\infty} a_n = 0$ をみたさないので, 発散する. □

問 1.5 ダランベールの判定法を用いて, $\sum \dfrac{2^n}{n!}$ は, 収束するか発散するかを判定せよ.

定理 1.3.5. (コーシーの判定法) 正項級数 $\sum a_n$ において, $r = \lim\limits_{n\to\infty} \sqrt[n]{a_n}$ であるとき, 次が成り立つ.

   (1) $0 \leq r < 1$ ならば, $\sum a_n$ は収束する.

   (2) $1 < r \leq \infty$ ならば, $\sum a_n$ は発散する.

証明はダランベールの判定法とほとんど同じなので省略する.

問 1.6 コーシーの判定法を用いて, $\sum \left(1 - \dfrac{1}{n}\right)^{n^2}$ は, 収束するか発散するかを判定せよ.

注 1.3.2. ダランベールの判定法とコーシーの判定法のいずれにおいても, $r = 1$ となる級数の収束は判定できない.

1.4　写像と関数

　2つの空でない集合 A, B があって, A の各元 x に対して, B の1つの元 y が対応しているとき, その対応の規則を A から B への**写像**という. A から B への写像を,

$$f : A \to B \qquad \text{または} \qquad y = f(x), \, x \in A$$

で表す.

写像 $f : A \to B$ に対して, A を f の **定義域**(ていぎいき) といい, $f(A) = \{f(x) : x \in A\}$ を f の**値域**(ちいき)という.

写像 $f : A \to B$ に対して, $f(A) = B$ であるとき, f は A から B の**上への写像**または**全射**という. $x, x' \in A$ で $x \neq x'$ ならば $f(x) \neq f(x')$ となるとき, f は **1対1の写像**または**単射**という.

写像 $f : A \to B$ が1対1上への写像 (全単射) であるとき, B の任意の元 y に対して, $f(x) = y$ となる A の元 x がただ1つ定まる. そこで, この対応により B から A への写像が得られる. これを f の**逆写像**といい, f^{-1} で表す.

3つの空でない集合 A, B, C と写像 $f : A \to B$, $g : B \to C$ が与えられたとき, 写像 $h : A \to C$ を $h(x) = g(f(x))$ によって定義できる. これを f と g の**合成写像**といい, $h = g \circ f$ で表す.

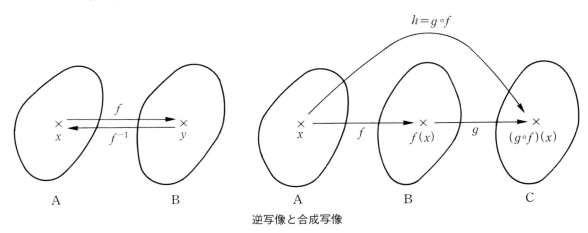

逆写像と合成写像

D が実数の部分集合 ($\mathbb{R}$ の部分集合) であるとき, 写像 $f : D \to \mathbb{R}$ を (**1変数**) **関数**という. f の定義域 D に属する x を (**独立**) **変数**, y を **従属変数**(じゅうぞく)という. 関数に対する逆写像や合成写像は, それぞれ**逆関数**, **合成関数**といわれる.

D を平面 $\mathbb{R}^2 = \{(x, y) : x, y \in \mathbb{R}\}$ の部分集合とするとき, D から $\mathbb{R}$ への写像を **2変数関数**という. 一般に, D を n 次元空間 $\mathbb{R}^n = \{(x_1, \cdots, x_n) : x_1, \cdots, x_n \in \mathbb{R}\}$ の部分集合とするとき, D から $\mathbb{R}$ への写像を **n 変数関数**という.

例 1.4.1. 2つの関数 $f(x) = x^2$, $g(x) = 2x + 3$ に対して, その合成関数 $(g \circ f)(x)$ および $(f \circ g)(x)$ はそれぞれ

$$(g \circ f)(x) = 2x^2 + 3, \qquad (f \circ g)(x) = (2x + 3)^2$$

となる. ∎

具体的な表示が与えられている関数 $y = f(x)$ に対して, 通常その定義域として $f(x)$ が意味をもつすべての点を考えるので, いちいちそれを明示しない. 例えば, $f(x) = \dfrac{1}{x^2}$ なる関数の自然に考えうる定義域は 0 を除く全実数である.

関数の定義域として, 次の $\mathbb{R}$ の部分集合がよく用いられる. $a < b$ に対して,

(1) $(a, b) = \{x : a < x < b\}$

(2) $[a, b] = \{x : a \leq x \leq b\}$

(3)　$[a,b) = \{x : a \le x < b\}$,　$(a,b] = \{x : a < x \le b\}$

(4)　$(a, \infty) = \{x : a < x\}$,　$[a, \infty) = \{x : a \le x\}$

(5)　$(-\infty, b) = \{x : x < b\}$,　$(-\infty, b] = \{x : x \le b\}$

(6)　$(-\infty, \infty) = \mathbb{R}$

これらを総称して**区間**という. 特に, (1) を**開区間**, (2) を**閉区間**, (3) を**半開区間**という. (1), (2), (3) を**有限区間**, (4), (5), (6) を**無限区間**という.

例 1.4.2.　(1)　$y = \dfrac{1}{x}$ の定義域と値域は, $\{x \in \mathbb{R} : x \ne 0\}$ である.

(2)　$y = \sqrt{1 - x^2}$ の定義域は $[-1, 1]$ であり, 値域は $[0, 1]$ である.　■

問 1.7　次の関数の定義域と値域を求めよ.

(1)　$y = x^2$　　　(2)　$y = \log x$　　　(3)　$y = \dfrac{1}{\sqrt{x^2 - 1}}$　　　(4)　$y = \tan x$

1.5　関数の極限

関数 $f(x)$ の定義域を D とする. 変数 $x \in D$ が a と異なる値をとりながら限りなく a に近づくとき, $f(x)$ の値がある 1 つの値 α に限りなく近づくとする. このとき, α を $f(x)$ の a における**極限値**といい,

$$\lim_{x \to a} f(x) = \alpha \quad \text{または} \quad f(x) \to \alpha \ (x \to a)$$

で表す. ここで, $a = \infty \ (-\infty)$ のときは, x が限りなく大きく (小さく) なることを意味する. また, $f(x)$ は $x = a$ において定義されていなくともよい.

D を定義域とする関数 $f(x)$ に対して, $\displaystyle\lim_{x \to a} f(x) = \alpha$ を厳密に定義すると次のようになる.

定義 1.5.1. (関数の極限) D を定義域とする関数 $f(x)$ に対して, $\displaystyle\lim_{x \to a} f(x) = \alpha$ とは

$$\forall \varepsilon > 0, \ \exists \delta > 0 ; \ 0 < |x - a| < \delta \quad \Longrightarrow \quad |f(x) - \alpha| < \varepsilon$$

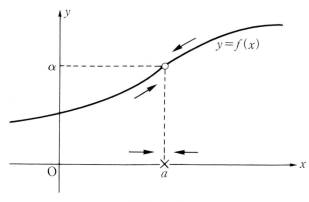

関数の極限

注 1.5.1. このような定義をいわゆる $\varepsilon - \delta$ **論法**という. 数列の収束において $\exists n_0$ を $\exists \delta$ に, $n \geq n_0$ を $|x - a| < \delta$ にとそれぞれ置き換えただけである.

同様に, $x \to a$ のとき, $f(x)$ の値が限りなく大きく (小さく) なることを

$$\lim_{x \to a} f(x) = \infty \quad \text{または} \quad f(x) \to \infty \ (x \to a)$$
$$\left(\lim_{x \to a} f(x) = -\infty \quad \text{または} \quad f(x) \to -\infty \ (x \to a) \right)$$

で表す. 数学的に表現すると,

$$\lim_{x \to a} f(x) = \infty \iff \forall M > 0, \exists \delta > 0; \ |x - a| < \delta \implies f(x) \geq M$$

となる.

例 1.5.1. $\displaystyle \lim_{x \to 1} \frac{x^2 - 1}{x - 1}$ を求めよ.

解. $x \to 1$ のとき, $x \neq 1$ であるから, 分子と分母を $x - 1$ で割って,

$$\lim_{x \to 1} \frac{x^2 - 1}{x - 1} = \lim_{x \to 1} \frac{(x+1)(x-1)}{x - 1} = \lim_{x \to 1} (x + 1) = 2. \qquad \blacksquare$$

x を $x > a$ に制限して限りなく a に近づけたとき (これを $x \to a + 0$ で表す), $f(x)$ の値がある 1 つの値 α に限りなく近づくならば α を $f(x)$ の**右極限**といい,

$$\lim_{x \to a+0} f(x) = \alpha \quad \text{または} \quad f(x) \to \alpha \ (x \to a + 0)$$

で表す. また, x を $x < a$ に制限して限りなく a に近づけたとき (これを $x \to a - 0$ で表す), $f(x)$ の**左極限**

$$\lim_{x \to a-0} f(x) = \beta \quad \text{または} \quad f(x) \to \beta \ (x \to a - 0)$$

が同様に定義される. 特に $x \to 0 + 0$ は $x \to +0$, $x \to 0 - 0$ は $x \to -0$ で表す.

注 1.5.2. $x \to a - 0$ のとき, $b < a$ ならば $b < x < a$ とみなせる. $x \to a + 0$ のとき, $a < c$ ならば $a < x < c$ とみなせる. そこで, $x \to a$ のとき, $b < a < c$ ならば $b < x < c$ とみなすことができる.

例 1.5.2. 任意の $x \in \mathbb{R}$ に対して, x を越えない最大の整数を $[x]$ で表す (これを**ガウス記号**という). すなわち, $n \leq x < n + 1$ (n は整数) のとき, $[x] = n$ となる. このとき, $\displaystyle \lim_{x \to 1-0} [x]$ および $\displaystyle \lim_{x \to 1+0} [x]$ を求めよ.

解. (1) $0 \leq x < 1$ のとき, $[x] = 0$ となるから, $\displaystyle \lim_{x \to 1-0} [x] = 0$.

(2) $1 \leq x < 2$ のとき, $[x] = 1$ より, $\displaystyle \lim_{x \to 1+0} [x] = 1$. $\blacksquare$

数列の場合の定理 1.2.4 と同様に次を得る. 証明は数列の場合と同じであるので省略する.

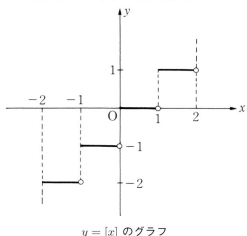

$y = [x]$ のグラフ

定理 1.5.2. (関数の極限の基本的性質) $\displaystyle\lim_{x \to a} f(x)$, $\displaystyle\lim_{x \to a} g(x)$ に対して, 次が成り立つ.

(1) $\displaystyle\lim_{x \to a}(f(x) + g(x)) = \lim_{x \to a} f(x) + \lim_{x \to a} g(x)$

(2) $\displaystyle\lim_{x \to a} f(x)\,g(x) = \lim_{x \to a} f(x) \cdot \lim_{x \to a} g(x)$,　特に,　$\displaystyle\lim_{x \to a}(cf(x)) = c \lim_{x \to a} f(x)$　(c は定数).

(3) $\displaystyle\lim_{x \to a} \frac{f(x)}{g(x)} = \frac{\displaystyle\lim_{x \to a} f(x)}{\displaystyle\lim_{x \to a} g(x)}$　($\displaystyle\lim_{x \to a} g(x) \neq 0$ とする).

(4) $f(x) \leq g(x)$ ならば, $\displaystyle\lim_{x \to a} f(x) \leq \lim_{x \to a} g(x)$.

(5) (はさみうちの原理) $f(x) \leq h(x) \leq g(x)$ かつ $\displaystyle\lim_{x \to a} f(x) = \lim_{x \to a} g(x) = \alpha$ ならば,
$\displaystyle\lim_{x \to a} h(x) = \alpha$.

注 1.5.3. $a = \pm\infty$ のときも, 定理 1.5.2 は成り立つ.

補題 1.5.3. $0 < x < \dfrac{\pi}{2}$ ならば, $\sin x < x < \tan x$.

証明. 右の図の $\triangle\mathrm{OAB}$ の面積, 扇形 OAB の面積, $\triangle\mathrm{OAC}$ の面積は, それぞれ $\dfrac{1}{2}\sin x$, $\dfrac{x}{2}$, $\dfrac{1}{2}\tan x$ である[3]. それらの大小を 比較すると, 求める不等式が得られる.　□

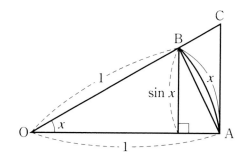

定理 1.5.4. $\displaystyle\lim_{x \to 0} \frac{\sin x}{x} = 1$

証明. $x \to +0$ のとき：注 1.5.2 より, $0 < x < \dfrac{\pi}{2}$ としてよい. $\sin x > 0$ となるから, 補題 1.5.3 の式を $\sin x$ で割って逆数をとると, $\cos x < \dfrac{\sin x}{x} < 1$ を得る. そこで, 定理 1.5.2 (5) より, $\displaystyle\lim_{x \to +0} \frac{\sin x}{x} = 1$ となる.

　$x \to -0$ のとき：$y = -x$ とおく. このとき, $y \to +0$ かつ $\sin x = \sin(-y) = -\sin y$ となるから, 上の場合より

$$\lim_{x \to -0} \frac{\sin x}{x} = \lim_{y \to +0} \frac{-\sin y}{-y} = \lim_{y \to +0} \frac{\sin y}{y} = 1.$$

いずれにしても, 求める式を得る.　□

---

[3]厳密に言えば, 円の面積とは何物であるかという反省なしに証明を進めることはできない. 図を用いて $\sin x$, 弧 AB および線分 AC の長さを比較する方がより直接的な証明となるが, この場合も弧の長さに関する議論を必要とするだろう. 本書では論理的整合性より直感的な理解を重視した.

例 1.5.3. (1) $\displaystyle\lim_{x\to\infty}\left(1+\frac{1}{x}\right)^x=\lim_{x\to-\infty}\left(1+\frac{1}{x}\right)^x=e$ (2) $\displaystyle\lim_{x\to 0}(1+x)^{\frac{1}{x}}=e$

証明. (1) $[x]=n$ とする. $n\le x<n+1$ より, $1+\frac{1}{n+1}<1+\frac{1}{x}\le 1+\frac{1}{n}$ となるから

$$\left(1+\frac{1}{n+1}\right)^n<\left(1+\frac{1}{x}\right)^x<\left(1+\frac{1}{n}\right)^{n+1}.$$

定理 1.2.4 (2),(3) および例 1.2.4 より

$$\lim_{n\to\infty}\left(1+\frac{1}{n}\right)^{n+1}=\lim_{n\to\infty}\left(1+\frac{1}{n}\right)^n\cdot\lim_{n\to\infty}\left(1+\frac{1}{n}\right)=e,$$

$$\lim_{n\to\infty}\left(1+\frac{1}{n+1}\right)^n=\lim_{n\to\infty}\left(1+\frac{1}{n+1}\right)^{n+1}\bigg/\lim_{n\to\infty}\left(1+\frac{1}{n+1}\right)=e.$$

ゆえに, $\displaystyle\lim_{x\to\infty}\left(1+\frac{1}{x}\right)^x=e.$

　次に, $x=-y$ とおくと, $x\to-\infty$ のとき $y\to\infty$ となるから, 定理 1.5.2 (2) より

$$\lim_{x\to-\infty}\left(1+\frac{1}{x}\right)^x=\lim_{y\to\infty}\left(1-\frac{1}{y}\right)^{-y}=\lim_{y\to\infty}\left(\frac{y-1}{y}\right)^{-y}=\lim_{y\to\infty}\left(\frac{y}{y-1}\right)^y$$

$$=\lim_{y\to\infty}\left(1+\frac{1}{y-1}\right)^{y-1}\left(1+\frac{1}{y-1}\right)=e.$$

(2) $x=\dfrac{1}{t}$ とおくと, $x\to\pm\infty$ のとき $t\to 0$ となるから,

$$e=\lim_{x\to\pm\infty}\left(1+\frac{1}{x}\right)^x=\lim_{t\to 0}(1+t)^{\frac{1}{t}}.\qquad\square$$

問 **1.8** 次の極限値を求めよ.

(1) $\displaystyle\lim_{x\to 1}\frac{x^2-3x+2}{x^2-1}$ (2) $\displaystyle\lim_{x\to 0}\frac{\sin ax}{\sin bx}\ \ (a,b>0)$ (3) $\displaystyle\lim_{x\to+0}\frac{|x|}{x}$

(4) $\displaystyle\lim_{x\to-0}\frac{x}{|x|}$ (5) $\displaystyle\lim_{x\to 3-0}[x^2]$ (6) $\displaystyle\lim_{x\to\pm\infty}\left(1+\frac{k}{x}\right)^{mx}$

問 **1.9** $\displaystyle\lim_{x\to a}|f(x)|=0$ ならば, $\displaystyle\lim_{x\to a}f(x)=0$ となることを示せ.

1.6　連続関数

最初に関数 $f(x)$ が点 a で連続であるとの定義を述べる.

定義 1.6.1. 関数 $f(x)$ に対して,

$$\lim_{x \to a} f(x) = f(a) \quad (\text{または,} \lim_{h \to 0} f(a+h) = f(a))$$

がみたされるとき, $f(x)$ は $x = a$ で **連続である**という.

すなわち, $f(x)$ が $x = a$ で連続であるとは, 次の 3 つの条件:

(i) a が $f(x)$ の定義域にある,
(ii) 極限値 $\lim_{x \to a} f(x) = \alpha$ が存在する,
(iii) $f(a) = \alpha$ である,

が成り立つことと同等である. 関数 $f(x)$ がその定義域のすべての点で連続のとき, $f(x)$ は **連続である**または**連続関数である**という. また, $f(x)$ が区間 I の上で定義されており, I の各点で連続のとき, $f(x)$ は I で**連続である**という. 特に, $f(x)$ が閉区間 $[a,b]$ で連続であるとは, $f(x)$ が開区間 (a,b) で連続であり, かつ

$$\lim_{x \to a+0} f(x) = f(a) \quad (\text{これを } f(x) \text{ は } x = a \text{ で**右連続**という}),$$
$$\lim_{x \to b-0} f(x) = f(b) \quad (\text{これを } f(x) \text{ は } x = b \text{ で**左連続**という})$$

であることをいう. このとき $f(x)$ の値域 $f([a,b]) = \{f(x) : x \in [a,b]\}$ は有界となる.

定理 1.6.2. (連続関数の基本的性質) 関数 $f(x), g(x)$ が ($x = a$ で) 連続ならば, 次の関数

(1) $f(x) + g(x)$,

(2) $f(x)\,g(x)$, 　特に, $cf(x)$ 　(c は定数),

(3) $\dfrac{f(x)}{g(x)}$ 　($g(x) \neq 0$ とする)

は ($x = a$ で) 連続となる.

証明. (1): 定理 1.5.2 (1) より,

$$\lim_{x \to a} (f(x) + g(x)) = \lim_{x \to a} f(x) + \lim_{x \to a} g(x) = f(a) + g(a).$$

以下同様に, (2) と (3) はそれぞれ定理 1.5.2 の (2) と (3) より従う. 　　　□

われわれは高校で学んだような, なじみ深い関数の連続性については, 暗黙の内に仮定して議論を進めている (例えば, 定理 1.5.4 の証明の中では厳密にいえば $\cos x$ が $x = 0$ で連続であることを用いている). ここで, それらがどのように示されるのかをいくつか例示する.

注 1.6.1. 定数 $a_n, a_{n-1}, \cdots, a_0$ に対し, $a_n x^n + a_{n-1} x^{n-1} + \cdots + a_1 x + a_0$ を**多項式**という. また, このとき数 n を**多項式の次数**という.

例 1.6.1. n 次多項式関数 $y = a_n x^n + a_{n-1} x^{n-1} + \cdots + a_1 x + a_0$ は連続である.

証明. 定数関数 $y = c$ および 1 次関数 $y = x$ は連続である. よって, 定理 1.6.2 (1),(2) を用いて, 上の n 次多項式関数は連続となる. $\qquad\square$

$\boxed{\text{問 1.10}}$ 多項式の分数形で表される関数 $y = \dfrac{a_n x^n + a_{n-1} x^{n-1} + \cdots + a_1 x + a_0}{b_m x^m + b_{m-1} x^{m-1} + \cdots + b_1 x + b_0}$ を**有理関数**という.
有理関数は分母が 0 と異なるすべての点で連続となるか考察せよ.

例 1.6.2. 指数関数 $y = a^x \ (a > 0)$ は連続である.

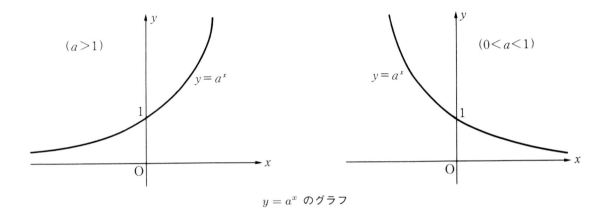

$y = a^x$ のグラフ

証明. まず, $\displaystyle\lim_{h \to 0} a^h = 1$ を示すために 3 つの場合分けをする.

(i) $a = 1$ のとき：明らか.

(ii) $a > 1$ のとき：十分に 0 に近い h に対して, $-\dfrac{1}{n} < h < \dfrac{1}{n}$ となる最大の自然数 n をとると, 上の図から $a^{-\frac{1}{n}} < a^h < a^{\frac{1}{n}}$ となる. 例 1.2.3 より, $\displaystyle\lim_{n \to \infty} a^{\frac{1}{n}} = 1$ であるから, $h \to 0 \Leftrightarrow n \to \infty$ に注意すれば, 定理 1.2.4 (3), (4) より

$$1 = \frac{1}{\displaystyle\lim_{n \to \infty} a^{\frac{1}{n}}} = \lim_{n \to \infty} a^{-\frac{1}{n}} \leq \lim_{h \to 0} a^h \leq \lim_{n \to \infty} a^{\frac{1}{n}} = 1.$$

(iii) $0 < a < 1$ のとき：$b = \dfrac{1}{a}$ とおくと, $b > 1$ となる. そこで, (ii) の場合と定理 1.5.2 (3) より,

$$\lim_{h \to 0} a^h = \lim_{h \to 0} \frac{1}{b^h} = \frac{1}{\displaystyle\lim_{h \to 0} b^h} = 1.$$

以上から $\displaystyle\lim_{h \to 0} a^h = 1$ が示された. ここで, 任意の点 x に対して, 定理 1.5.2 (2) より,

$$\lim_{h \to 0} a^{x+h} = \lim_{h \to 0} a^x a^h = a^x \lim_{h \to 0} a^h = a^x. \qquad\square$$

例 1.6.3. 三角関数 $y = \sin x$ は連続である.

証明. 補題 1.5.3 より, $|h| < \frac{\pi}{2}$ ならば $|\sin h| = \sin |h| < |h|$. そこで定理 1.5.2 (5) より, $\lim_{h \to 0} |\sin h| = 0$ となる. さらに問 1.9 より, $\lim_{h \to 0} \sin h = 0$ を得る. また, $h \to 0$ のとき $\frac{h}{2} \to 0$ であるから, 定理 1.5.2 (1),(2) より

$$\lim_{h \to 0} \cos h = \lim_{h \to 0} \left(1 - 2 \sin^2 \frac{h}{2} \right) = 1 - 2 \left(\lim_{\frac{h}{2} \to 0} \sin \frac{h}{2} \right)^2 = 1.$$

ここで, 任意の x に対して, $\sin x$ の加法定理, 定理 1.5.2 (1),(2) および上のことから,

$$\lim_{h \to 0} \sin(x + h) = \lim_{h \to 0} (\sin x \cos h + \cos x \sin h)$$
$$= \sin x \lim_{h \to 0} \cos h + \cos x \lim_{h \to 0} \sin h$$
$$= \sin x.$$

□

以下, 連続関数に関する他の基本的な定理をいくつか述べる.

定理 1.6.3. 関数 $f(x)$ が $x = a$ で連続, 関数 $z = g(y)$ が $y = f(a)$ で連続ならば, 合成関数 $z = (g \circ f)(x)$ は $x = a$ で連続となる. それゆえ, 連続関数の合成関数は連続となる.

証明. $\lim_{x \to a} f(x) = f(a)$ かつ $\lim_{y \to f(a)} g(y) = g(f(a))$ だから,

$$\lim_{x \to a} (g \circ f)(x) = \lim_{x \to a} g(f(x)) = \lim_{y \to f(a)} g(y) = (g \circ f)(a).$$

□

注 1.6.2. このとき, $\lim_{x \to a} g(f(x)) = g\left(\lim_{x \to a} f(x) \right)$ が成り立つことに注意.

例 1.6.4. 三角関数 $y = \cos x$ は連続である.

証明. $y = x + \frac{\pi}{2}$ は連続だから, 例 1.6.3 と定理 1.6.3 より, $\cos x = \sin(x + \frac{\pi}{2})$ も連続. □

定理 1.6.4. (中間値の定理) 関数 $f(x)$ が閉区間 $[a, b]$ で連続であり, $f(a) \neq f(b)$ ならば, $f(a)$ と $f(b)$ の間の任意の値 k に対して,

$$f(c) = k, \quad a < c < b$$

となる c が存在する.

例 1.6.5. 方程式 $x - \cos x = 0$ は開区間 $\left(0, \frac{\pi}{2} \right)$ において解をもつ.

証明. $f(x) = x - \cos x$ とおく. $f(x)$ は連続関数であり, $f(0) = -1, f\left(\frac{\pi}{2} \right) = \frac{\pi}{2}$ であるから, 中間値の定理において $k = 0$ とみなせば, $f(c) = 0$ かつ $0 < c < \frac{\pi}{2}$ となる方程式 $f(x) = 0$ の実数解 c が存在する. □

問 1.11　3次方程式 $x^3 - 3x + 1 = 0$ は相異なる 3 つの実数解をもつことを示せ.

定理 1.6.5. (最大値・最小値の定理) 関数 $f(x)$ が閉区間 $[a, b]$ で連続ならば, この閉区間で最大値および最小値をとる. すなわち, $a \leq x \leq b$ ならば $f(c) \leq f(x) \leq f(d)$ をみたす点 c, d が $[a, b]$ 内に存在する.

証明.　$E = \{f(x) : x \in [a, b]\}$ とし, $\sup E = \alpha$ とおく. したがって $\exists x_n \in [a, b] ; f(x_n) \to \alpha$. ボルツァーノ・ワイエルシュトラスの定理により, 数列 $\{x_n\}$ から収束する部分列 $\{x_{n_j}\}$ を取り, $x_{n_j} \to x_0 \ (j \to \infty)$ とすると, $x_0 \in [a, b]$ であり, $f(x_{n_j}) \to \alpha$ より $\alpha = f(x_0)$ であるので, α は最大値である. 最小値についても同様に示せる.　　　□

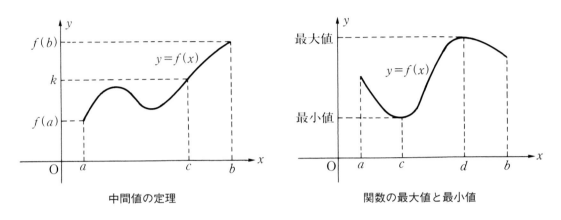

中間値の定理　　　　　　　　　　　　関数の最大値と最小値

問 1.12　閉区間 $[0, 1]$ において, 不連続な関数で最大値も最小値ももたない例をあげよ.

1.7　関数列とベキ級数

　無限個の関数の列 $f_1(x), f_2(x), \cdots, f_n(x), \cdots$ を 関数列といい, $\{f_n(x)\}$ または $\{f_n\}$ で表す. すべての x に対して, 数列 $\{f_n(x)\}$ の極限 $\lim_{n \to \infty} f_n(x)$ が存在するとき, 関数列 $\{f_n(x)\}$ または $\{f_n\}$ は収束するという. 各 x について, $f(x) = \lim_{n \to \infty} f_n(x)$ とおいてできる新しい関数 $f(x)$ を関数列 $\{f_n(x)\}$ または $\{f_n\}$ の極限関数という.

　一般には, 連続関数による収束する関数列の極限関数は, 必ずしも連続になるとは限らない. 区間上で定義された収束する関数列 $\{f_n(x)\}$ が極限関数 $f(x)$ に一様収束するとき, その極限関数 $f(x)$ は連続関数となる. しかし, ここでは一様収束性の概念には触れないでおく.

問 1.13　各自然数 n に対して, $f_n(x) = x^n \ (0 \leq x \leq 1)$ とおくとき, その関数列 $\{f_n(x)\}$ の極限関数を求めよ.

　関数列 $\{f_n(x)\}$ に対して, その有限和による関数

$$g_n(x) = f_1(x) + f_2(x) + \cdots + f_n(x)$$

はつねに定義できる. その関数列の級数

$$\sum_{n=1}^{\infty} f_n(x) = f_1(x) + f_2(x) + \cdots + f_n(x) + \cdots$$

は, すべての x について

$$f(x) = \lim_{n \to \infty} g_n(x) = \lim_{n \to \infty} \sum_{k=1}^{n} f_k(x)$$

の値が存在するとき, この新しい関数 $f(x) = \sum_{n=1}^{\infty} f_n(x)$ として定義される. このとき, $\sum_{n=1}^{\infty} f_n(x)$ は収束するという. そうではないとき, $\sum_{n=1}^{\infty} f_n(x)$ は発散するという.

関数列の級数で

$$\sum_{n=0}^{\infty} a_n(x-c)^n = a_0 + a_1(x-c) + \cdots + a_n(x-c)^n + \cdots$$

の形のものをベキ級数という. ここでは簡単にするため, $c = 0$ とした特別な場合

$$\sum_{n=0}^{\infty} a_n x^n = a_0 + a_1 x + \cdots + a_n x^n + \cdots$$

を考える.

ベキ級数 $\sum_{n=0}^{\infty} a_n x^n$ が $x = 0$ だけで収束するとき, $R = 0$ とおき, すべての x において収束するとき, $R = \infty$ とおく. これらの場合を除くと, ベキ級数 $\sum_{n=0}^{\infty} a_n x^n$ は $|x| < R$ となるすべての x に対して収束し, $|x| > R$ となるすべての x に対して発散するような数 $R\,(0 < R < \infty)$ が存在することが証明される. このとき, R をベキ級数 $\sum_{n=0}^{\infty} a_n x^n$ の収束半径という.

ベキ級数 $\sum_{n=0}^{\infty} a_n x^n$ の収束半径 R を求めるためには, 次の定理がある.

定理 1.7.1. ベキ級数 $\sum_{n=0}^{\infty} a_n x^n$ の収束半径 R について, 次が成り立つ.

(1) $\lim_{n \to \infty} \left| \dfrac{a_n}{a_{n+1}} \right|$ が存在すれば, $R = \lim_{n \to \infty} \left| \dfrac{a_n}{a_{n+1}} \right|$ となる.

(2) $\lim_{n \to \infty} \sqrt[n]{|a_n|} \neq 0$ が存在すれば, $\dfrac{1}{R} = \lim_{n \to \infty} \sqrt[n]{|a_n|}$ となる.

証明. $\sum_{n=0}^{\infty} |a_n x^n|$ が収束する x の範囲を考えればよい. (1) $|x| < R = \lim_{n \to \infty} \left| \dfrac{a_n}{a_{n+1}} \right|$ とする.

$$\lim_{n \to \infty} \left| \frac{a_{n+1}x^{n+1}}{a_n x^n} \right| = \lim_{n \to \infty} \left| \frac{a_{n+1}}{a_n} \right| \cdot |x| < \lim_{n \to \infty} \left| \frac{a_{n+1}}{a_n} \right| \cdot R = 1$$

したがってダランベールの判定法より $\sum_{n=0}^{\infty} a_n x^n$ は収束する. また, $|x| > R$ であれば収束しない. (2) $|x| < R$ とすると,

$$\lim_{n \to \infty} |a_n x^n|^{\frac{1}{n}} = \lim_{n \to \infty} |a_n|^{\frac{1}{n}} \cdot |x| < \lim_{n \to \infty} |a_n|^{\frac{1}{n}} \cdot R = 1.$$

したがってコーシーの判定法より $\displaystyle\sum_{n=0}^{\infty} a_n x^n$ は収束する. また, $|x| > R$ であれば収束しない. □

$\boxed{問\ 1.14}$ 次のベキ級数の収束半径を求めよ.

$$(1)\ \sum_{n=1}^{\infty} \frac{x^n}{n^2} \qquad (2)\ \sum_{n=1}^{\infty} 2^{n+1} x^n \qquad (3)\ \sum_{n=0}^{\infty} \frac{(n!)^2}{(2n)!} x^n$$

1.8 逆関数

関数 $f(x)$ の定義域を D とする. 任意の $x, x' \in D$ に対して,「$x < x'$ ならば $f(x) < f(x')$」となるとき, $f(x)$ は**狭義の単調増加関数**といい,「$x < x'$ ならば $f(x) > f(x')$」となるとき, $f(x)$ は**狭義の単調減少関数**という. これらを総称して, **狭義の単調関数**という.

注 1.8.1. 「$x < x'$ ならば $f(x) \le f(x')$ ($f(x) \ge f(x')$)」となるとき, $f(x)$ は**広義の単調増加 (減少) 関数**という.

狭義の単調関数 $f(x)$ をその定義域から実数への写像とみれば, 単射であるので, その値域を定義域とする, 逆関数 $x = f^{-1}(y)$ をもつ.

定理 1.8.1. (逆関数の存在) 関数 $f(x)$ が閉区間 $[a, b]$ で連続で狭義の単調増加 (減少) 関数ならば, その逆関数 $x = f^{-1}(y)$ は閉区間 $[f(a), f(b)]$ ($[f(b), f(a)]$) で連続で狭義の単調増加 (減少) 関数となる.

定理 1.8.1 では $y = f(x)$ の逆関数は, x と y を入れ替えて y について解いた式を求めればよい. 通常, この関数を $y = f^{-1}(x)$ と書き $f(x)$ の**逆関数**という. このとき, x の変域は, もとの関数の値域であるので注意すること.

注 1.8.2. $y = f(x)$ のグラフと $y = f^{-1}(x)$ のグラフは, $y = x$ に対して対称となる.

例 1.8.1. 次の関数の逆関数を求めよ.
(1) $y = \sqrt{x-1} + 2$ \qquad (2) $y = \dfrac{1}{2}x + \sqrt{x-4}$

解. (1) $x = \sqrt{y-1} + 2$ より $y = (x-2)^2 + 1$ ただし $x \ge 2$.

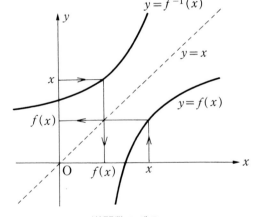

逆関数のグラフ

(2) $x = \dfrac{1}{2}y + \sqrt{y-4}$ より $y = 2x + 2 \pm \sqrt{8x - 12}$. ここで, もとの関数は $4 \to 2$ であるので, 求める逆関数は $2 \to 4$ であるので, 代入して $y = 2x + 2 - \sqrt{8x - 12}$ が求める逆関数である. ただし, $x \ge 2$. ■

例 1.8.2. 指数関数 $y = a^x$ $(a > 1)$ は, 連続で狭義の単調増加関数である (例 1.6.2 の図を参照). そこで, 定理 1.8.1 からその逆関数が存在するが, それは対数関数 $y = \log_a x$ であり, 連続で狭義の単調増加関数となる. ■

　三角関数は狭義の単調関数ではないので, 一般にその逆関数は存在しない. そこで, その定義域を狭義の単調関数となるように制限する. $y = \sin x$ は $\left[-\dfrac{\pi}{2}, \dfrac{\pi}{2}\right]$ で狭義の単調増加, $y = \cos x$ は $[0, \pi]$ で狭義の単調減少, $y = \tan x$ は $\left(-\dfrac{\pi}{2}, \dfrac{\pi}{2}\right)$ で狭義の単調増加となる.

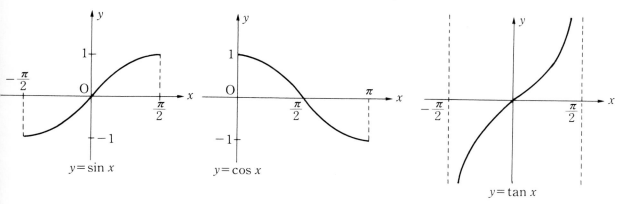

制限された三角関数のグラフ

　上記のように定義域を制限された三角関数は, 定理 1.8.1 より逆関数をもつ. これらの逆関数をそれぞれ

$$y = \sin^{-1} x, \qquad y = \cos^{-1} x, \qquad y = \tan^{-1} x$$

で表し, **逆三角関数**という. すなわち,

$$y = \sin^{-1} x \Longleftrightarrow x = \sin y, \quad -\frac{\pi}{2} \le y \le \frac{\pi}{2}$$

$$y = \cos^{-1} x \Longleftrightarrow x = \cos y, \quad 0 \le y \le \pi$$

$$y = \tan^{-1} x \Longleftrightarrow x = \tan y, \quad -\frac{\pi}{2} < y < \frac{\pi}{2}$$

により逆三角関数は定義される.

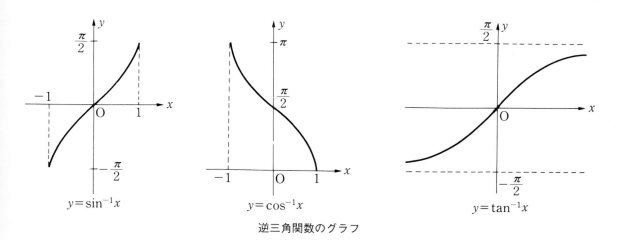

逆三角関数のグラフ

注 1.8.3. 逆三角関数 $\sin^{-1} x, \cos^{-1} x, \tan^{-1} x$ はそれぞれアークサイン, アークコサイン, アークタンジェントと読む. また, それらはそれぞれ $\arcsin x, \arccos x, \arctan x$ の形で表されることもある. すでに述べたように, 制限された三角関数のグラフと逆三角関数のグラフは, $y = x$ に関してそれぞれ対称になっている (注 1.8.2 参照).

例 1.8.3. $\sin^{-1} \dfrac{1}{2}$ の値を求めよ.

解. $y = \sin^{-1} \dfrac{1}{2} \Leftrightarrow \sin y = \dfrac{1}{2}, -\dfrac{\pi}{2} \le y \le \dfrac{\pi}{2}$ より, $y = \dfrac{\pi}{6}$. ゆえに, $\sin^{-1} \dfrac{1}{2} = \dfrac{\pi}{6}$. ∎

例 1.8.4. $\sin\left(\cos^{-1} \dfrac{3}{5}\right)$ の値を求めよ.

解. $y = \cos^{-1} \dfrac{3}{5} \Leftrightarrow \cos y = \dfrac{3}{5}, 0 \le y \le \pi$ であるから, $\sin y \ge 0$ より,

$$与式 = \sin y = \sqrt{1 - \cos^2 y} = \sqrt{1 - \left(\dfrac{3}{5}\right)^2} = \dfrac{4}{5}$$

∎

例 1.8.5. $\sin^{-1} x + \cos^{-1} x = \dfrac{\pi}{2}$ を証明せよ.

証明. $y_1 = \sin^{-1} x, y_2 = \cos^{-1} x$ とおく. 定義より,

$$x = \sin y_1, -\dfrac{\pi}{2} \le y_1 \le \dfrac{\pi}{2} \quad かつ x = \cos y_2, 0 \le y_2 \le \pi.$$

よって, $x = \sin y_1 = \cos y_2 = \sin\left(\dfrac{\pi}{2} - y_2\right)$. さらに, $-\dfrac{\pi}{2} \le \dfrac{\pi}{2} - y_2 \le \dfrac{\pi}{2}$ であるから, $y_1 = \dfrac{\pi}{2} - y_2$ となる. ゆえに, 与式 $= y_1 + y_2 = \dfrac{\pi}{2}$ を得る. □

例 1.8.6. $\tan^{-1} x + \tan^{-1} y = \tan^{-1} \dfrac{x+y}{1-xy}$ （ただし, $xy \le 0$) を証明せよ.

証明. $x \ge 0, y \le 0$ として一般性を失わない. $u = \tan^{-1} x, v = \tan^{-1} y$ とおくと, $x = \tan u, y = \tan v$ であり, $0 \le u < \dfrac{\pi}{2}, -\dfrac{\pi}{2} < v \le 0$ である. 加法定理より,

$$\tan(u+v) = \dfrac{\tan u + \tan v}{1 - \tan u \tan v} = \dfrac{x+y}{1-xy}$$

である. ここで, $-\dfrac{\pi}{2} < u + v < \dfrac{\pi}{2}$ に注意すれば,

$$\tan^{-1} x + \tan^{-1} y = u + v = \tan^{-1} \dfrac{x+y}{1-xy}.$$

□

問 **1.15** $\cos^{-1}\left(-\dfrac{\sqrt{3}}{2}\right)$ と $\tan^{-1}\left(-\dfrac{1}{\sqrt{3}}\right)$ の値を求めよ.

問 **1.16** $\displaystyle\lim_{x \to \infty} \tan^{-1} x$ と $\displaystyle\lim_{x \to -\infty} \tan^{-1} x$ の値を求めよ.

問 **1.17** 次の値を求めよ.

(1) $\sin^{-1} \dfrac{4}{5} + \sin^{-1} \dfrac{3}{5}$ 　　　　　　(2) $\tan^{-1} 2 + \tan^{-1}\left(-\dfrac{1}{3}\right)$

次のように定義される関数を総称して, **双曲線関数**といわれる.

$$\sinh x = \dfrac{e^x - e^{-x}}{2}, \qquad \cosh x = \dfrac{e^x + e^{-x}}{2}, \qquad \tanh x = \dfrac{\sinh x}{\cosh x}$$

注 1.8.4. 上記の双曲線関数 $\sinh x$, $\cosh x$, $\tanh x$ はそれぞれハイパボリック・サイン, ハイパボリック・コサイン, ハイパボリック・タンジェントと読む.

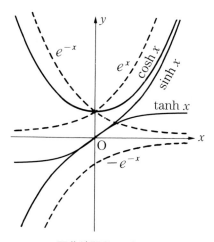

双曲線関数のグラフ

$y = \sinh x$, $y = \tanh x$ は, 実数直線上で定義された狭義の単調関数であるから, 定理 1.8.1 より逆関数が存在する. その逆関数をそれぞれ $y = \sinh^{-1} x$, $y = \tanh^{-1} x$ で表す. $y = \cosh x$ は定義域を $[0, \infty)$ に制限すれば狭義の単調関数となり, この区間で逆関数 $y = \cosh^{-1} x$ が存在する.

$y = \sinh^{-1} x$, $y = \cosh^{-1} x$, $y = \tanh^{-1} x$ は総称して**逆双曲線関数**という.

$\boxed{\text{問 1.18}}$ 次のことを示せ.

(1) $\sinh^{-1} x = \log(x + \sqrt{x^2 + 1})$ $(-\infty < x < \infty)$

(2) $\cosh^{-1} x = \log(x + \sqrt{x^2 - 1})$ $(x \geq 1)$

(3) $\tanh^{-1} x = \dfrac{1}{2} \log \dfrac{1 + x}{1 - x}$ $(-1 < x < 1)$

第 1 章 練 習 問 題

1. 次の数列の極限値を求めよ.

(1) $\{\sqrt{n+1}-\sqrt{n}\}$　　　(2) $\left\{\dfrac{1}{n^2}(1+2+\cdots+n)\right\}$　　　(3) $\left\{(1+2^n)^{\frac{1}{n}}\right\}$

(4) $\left\{\left(1+\dfrac{1}{n^2}\right)^{n^2}\right\}$　　　(5) $\left\{\left(1+\dfrac{1}{n^2}\right)^{n}\right\}$　　　(6) $\left\{\dfrac{a^n}{n!}\right\}\ (a>0)$

2. 次の極限値を求めよ.

(1) $\displaystyle\lim_{x\to\infty}\sqrt{x}(\sqrt{x+1}-\sqrt{x})$　　(2) $\displaystyle\lim_{x\to\infty}\dfrac{\log(1+x)}{x}$　　(3) $\displaystyle\lim_{x\to\infty}(\sqrt{x^2+x+1}-\sqrt{x^2-x+1})$

(4) $\displaystyle\lim_{x\to\infty}(2^x+3^x)^{\frac{1}{x}}$　　　　(5) $\displaystyle\lim_{x\to-2+0}([x^2]-[x]^2)$　　(6) $\displaystyle\lim_{x\to\infty}\dfrac{a^x-a^{-x}}{a^x+a^{-x}}\ (a>0)$

3. 関数 $f(x)$ が連続ならば, $|f(x)|$ も連続となることを示せ.

4. 関数
$$f(x)=\begin{cases} x\sin\dfrac{1}{x} & (x\neq0) \\ 0 & (x=0) \end{cases}$$

は連続であることを示せ.

5. 方程式 $(x^2-1)\cos x+\sqrt{2}\sin x-1=0$ は, 開区間 $(0,1)$ において実数解をもつことを示せ.

6. $y=\dfrac{1}{2}x+\sqrt{x+1}$ の逆関数を求めよ.

7. 次の値を求めよ.

(1) $\sin^{-1}\dfrac{\sqrt{3}}{2}$　　　(2) $\sin\left(2\cos^{-1}\dfrac{1}{5}\right)$　　　(3) $\cos\left(\sin^{-1}\dfrac{1}{3}+\sin^{-1}\dfrac{7}{9}\right)$

8. 次の式を証明せよ.

(1) $\sin^{-1}x=\tan^{-1}\dfrac{x}{\sqrt{1-x^2}}$　　　　(2) $\sin^{-1}\sqrt{1-x^2}=\begin{cases} \cos^{-1}x & (0\leq x\leq1) \\ \pi-\cos^{-1}x & (-1\leq x\leq0) \end{cases}$

第2章 微分法

　微分については高校での学修である程度の知識は得ているのであるが, 厳密な極限についての定義を
もとに再度学修して頂く. 大学で初めて扱う関数 $\sin^{-1}x$, $\cos^{-1}x$, $\tan^{-1}x$ の微分や, 高次微分につ
いてのライプニッツの公式, テイラーの定理など新たな知識を得ることになる.

2.1　微分係数と導関数

　関数 $f(x)$ は $x = a$ を含むある開区間で定義されているとする[1].

定義 2.1.1. (関数の微分係数)

$$\lim_{h \to 0} \frac{f(a+h) - f(a)}{h}$$

が有限確定値をとるとき, この関数は $x = a$ で**微分可能である**という. そして, この値を a に
おける**微分係数** といい $f'(a)$ で表す.

　微分係数 $f'(a)$ は, 幾何的には $y = f(x)$ で表される曲線の $(a, f(a))$ における接線の傾きを意
味する. すなわち, この点における接線の方程式は

$$y - f(a) = f'(a)(x - a)$$

で与えられる. これらについては, 多くの読者はすでに高校で学んだことであろう. 以下, 微分
係数についていくつかの注意を述べる.

　上の微分係数の定義式を $a + h = x$ とおいて, a と x との式に書き直せば, $h \to 0$ と $x \to a$ と
は同じことであるから, それは

$$\lim_{x \to a} \frac{f(x) - f(a)}{x - a}$$

と書き表される.

注 2.1.1. 関数 $f(x)$ が $x = a$ で微分可能であれば, この点で $f(x)$ は連続である.

　実際 $x \to a$ のとき

$$\lim_{x \to a} \frac{f(x) - f(a)}{x - a}$$

が有限確定値をもち, しかも, $x - a \to 0$ である. したがって, $\lim_{x \to a}\{f(x) - f(a)\} = 0$. これは $f(x)$
が $x = a$ で連続であることを意味する. □

注 2.1.2. 微分係数の定義式で $h \to 0$ は, h が 0 にどのような近づき方をしても, という意味を含んでいる.
したがって,

$$\lim_{h \to +0} \frac{f(a+h) - f(a)}{h}, \qquad \lim_{h \to -0} \frac{f(a+h) - f(a)}{h}$$

は同じ極限値をもつ. 逆にこれらがそれぞれ有限確定値をもっても異なる値ならば本来の微分係数の定義式が
有限確定値をもつとはいえない.

---

[1]もちろん, その区間よりも, 広いところで定義されていても差し支えない. 微分可能性は a のごく近くでの $f(x)$ の振
舞いで定まるものであるから, このような述べ方をするのである.

問 **2.1** $f(x) = |x|,\ a = 0$ として上の注 2.1.2 を確かめよ.

注 2.1.2 の第 1 式が有限確定値をとるとき, $x = a$ で **右微分可能** といい, その値を **右微分係数** とよび $f'_+(a)$ で表す. 同様にして, 第 2 式に対して**左微分可能性**および**左微分係数** $f'_-(a)$ を定義する.

明らかに $x = a$ における右微分係数 $f'_+(a)$ および左微分係数 $f'_-(a)$ が存在してそれらが一致すれば, その関数 $f(x)$ は a において微分可能で $f'_+(a) = f'_-(a) = f'(a)$ である.

関数 $f(x)$ がその定義域の各点で微分可能であるとき, 各点 x に対して, その点での微分係数 $f'(x)$ を対応させることにより, 新たな関数を得る. これを $f(x)$ の **導関数** とよび, $f'(x)$ あるいは $\dfrac{df}{dx}(x),\ \dfrac{df(x)}{dx}$ 等の記号で表す. また, $y = f(x)$ とおいたときには $\dfrac{dy}{dx}$ と表す[2]こともある. また, やや古い書物では $\dot{y}$ という表し方[3]をしているものもあるが, 本書では用いない.

微分係数や導関数を求めることを**微分する**という.

2.2 微分の計算 1

この節の内容は多くの読者にとっては既知の事実であろう. そのような読者はこの節をとばして読み進み, 公式の確認の必要が生じたときに立ち返ればよい.

定理 2.2.1. (導関数の線形性) $f(x),\ g(x)$ がともに同じ区間で微分可能であるとき, スカラー $\alpha,\ \beta$ に対して, 関数 $\alpha f(x) + \beta g(x)$ も同じ区間で微分可能であり
$$\{\alpha f(x) + \beta g(x)\}' = \alpha f'(x) + \beta g'(x)$$
となる.

証明. 左辺を定義どおり書いてみれば第 1 章定理 1.5.2 より明らか. □

1) 多項式関数の導関数

多項式で表示される関数
$$f(x) = a_0 x^n + a_1 x^{n-1} + \cdots + a_n \quad (a_0, \ldots, a_n は定数)$$
について, この導関数を知るためには定理 2.2.1 より $x^m\ (m = 0, 1, 2, \ldots)$ の導関数を知ればよい. したがって,
$$\lim_{h \to 0} \frac{(x+h)^m - x^m}{h}$$
の値を求めればよい. 恒等式
$$X^m - Y^m = (X - Y)(X^{m-1} + X^{m-2}Y + \cdots + Y^{m-1})$$
に注意すれば
$$\lim_{h \to 0} \frac{(x+h)^m - x^m}{h} = \lim_{h \to 0} \{(x+h)^{m-1} + (x+h)^{m-2}x + \cdots + x^{m-1}\} = mx^{m-1}.$$

---

[2]ライプニッツによる記号
[3]ニュートンによる記号

以上まとめると,

定理 2.2.2. (多項式関数の微分)
$$f(x) = a_0 x^n + a_1 x^{n-1} + \cdots + a_i x^{n-i} + \cdots + a_{n-1} x + a_n$$
の導関数は
$$f'(x) = n a_0 x^{n-1} + (n-1) a_1 x^{n-2} + \cdots + (n-i) a_i x^{n-i-1} + \cdots + a_{n-1}$$
である.

---

2) 積および商の微分の公式

次に関数の積および商の微分の公式を述べる.

定理 2.2.3. (積の微分) 2 つの関数 $f(x)$, $g(x)$ がともに同じ区間で微分可能であれば, それらの積 $f(x)g(x)$ もその区間で微分可能であり,
$$\{f(x)g(x)\}' = f'(x)g(x) + f(x)g'(x)$$
が成り立つ.

証明.
$$\lim_{h \to 0} \frac{f(x+h)g(x+h) - f(x)g(x)}{h}$$
$$= \lim_{h \to 0} \left\{ \frac{f(x+h) - f(x)}{h} g(x+h) + f(x) \frac{g(x+h) - g(x)}{h} \right\}$$
$$= \lim_{h \to 0} \frac{f(x+h) - f(x)}{h} \cdot \lim_{h \to 0} g(x+h) + f(x) \cdot \lim_{h \to 0} \frac{g(x+h) - g(x)}{h}$$
$$= f'(x)g(x) + f(x)g'(x)$$

であるから $f(x)g(x)$ は微分可能で $\{f(x)g(x)\}' = f'(x)g(x) + f(x)g'(x)$ が成り立つ.   □

関数の商の微分の公式を得るために, まず次の補題を示す.

補題 2.2.4. 関数 $f(x)$ がある区間で微分可能で, $f(x) \neq 0$ であれば, $\dfrac{1}{f(x)}$ も微分可能で
$$\left(\frac{1}{f(x)} \right)' = -\frac{f'(x)}{f(x)^2}$$
が成り立つ.

証明.
$$\lim_{h \to 0} \frac{\frac{1}{f(x+h)} - \frac{1}{f(x)}}{h} = \lim_{h \to 0} \left\{ -\frac{f(x+h) - f(x)}{hf(x+h)f(x)} \right\}$$
$$= -\lim_{h \to 0} \frac{f(x+h) - f(x)}{h} \cdot \lim_{h \to 0} \frac{1}{f(x+h)f(x)}$$

であるから $\dfrac{1}{f(x)}$ は微分可能で, その導関数は $-\dfrac{f'(x)}{f(x)^2}$ である. □

定理 2.2.5. (商の微分) $f(x), g(x)$ が微分可能で $g(x) \neq 0$ とする. このとき $\dfrac{f(x)}{g(x)}$ も微分可能で

$$\left(\frac{f(x)}{g(x)} \right)' = \frac{f'(x)g(x) - f(x)g(x)'}{g(x)^2}$$

が成り立つ.

証明. 補題 2.2.4 より $\dfrac{1}{g(x)}$ は微分可能. したがって定理 2.2.3 より $\dfrac{f(x)}{g(x)}$ も微分可能で,

$$
\begin{aligned}
\left(\frac{f(x)}{g(x)} \right)' &= f'(x)\frac{1}{g(x)} + f(x)\left(\frac{1}{g(x)} \right)' \\
&= \frac{f'(x)}{g(x)} - \frac{f(x)g'(x)}{g(x)^2} \\
&= \frac{f'(x)g(x) - f(x)g'(x)}{g(x)^2}.
\end{aligned}
$$

□

　有理式の微分については, 次の例のように, 直接上の定理を使うよりも, 割り算を先に実行してから, 導関数を計算した方が簡単である場合も多い.

例 2.2.1. $\dfrac{x^4 + 2x^3 + x^2 + 1}{x + 1}$ の導関数を求めよ.

解. $\dfrac{x^4 + 2x^3 + x^2 + 1}{x + 1} = x^3 + x^2 + \dfrac{1}{x + 1}$ であるから,

$$\left(\frac{x^4 + 2x^3 + x^2 + 1}{x + 1} \right)' = 3x^2 + 2x - \frac{1}{(x + 1)^2}.$$

■

問 2.2 次の関数の導関数を求めよ.

(1) $\dfrac{x + 2}{x^2 + 1}$ 　　　(2) $\dfrac{(x^2 - 3)(x + 1)}{x + 2}$ 　　　(3) $\dfrac{2x}{x^3 + x + 2}$

3) 合成関数の微分

　次に関数の合成について微分がどう振舞うかを調べる.

定理 2.2.6. (合成関数の微分) $y = f(u), u = g(x)$ はともに微分可能な関数で $g(x)$ の値域は $f(u)$ の定義域に含まれているとする. このとき, 合成関数 $f(g(x))$ も微分可能で

$$\{f(g(x))\}' = f'(u)g'(x)$$

が成り立つ.

注 2.2.1. $u = g(x), y = f(u)$ とおいて 定理 2.2.6 の式をライプニッツ流の記法で表せば

$$\frac{dy}{dx} = \frac{dy}{du}\frac{du}{dx}$$

となる. これは, あたかも分数を約分したような形になっているので記憶しやすいと思う.

定理 2.2.6 の証明. まず理解の手助けのため, 論理的には欠陥があるが, わかりやすい "証明" を (1) で与え, その後 (2) において正しい証明を行う.

(1) $\dfrac{f(g(x+h)) - f(g(x))}{h}$ で $h \to 0$ のときの極限を知りたいのであるが, $k = g(x+h) - g(x)$ とおくと

$$\frac{f(g(x+h)) - f(g(x))}{h} = \frac{f(u+k) - f(u)}{k}\frac{g(x+h) - g(x)}{h},$$

また $h \to 0$ のとき, $k \to 0$ である (なぜか？理由を考えよ) ので $\{f(g(x))\}' = f'(u)g'(x)$ を得る.

(2) 上の証明で $h \neq 0$ であっても $k = 0$ となる可能性がある. このとき上の式は意味を失ってしまう. このようなトラブルを避けるため以下のように証明する. x を固定して

$$\varepsilon(h) = \frac{g(x+h) - g(x)}{h} - g'(x)$$

と定めると $h \to 0$ のとき, $\varepsilon(h) \to 0$ であり $g(x+h) = g(x) + hg'(x) + h\varepsilon(h)$. 同様にして

$$\delta(k) = \begin{cases} \frac{f(u+k) - f(u)}{k} - f'(u) & (k \neq 0) \\ 0 & (k = 0) \end{cases}$$

とすると, k が 0 であってもなくても

$$f(u+k) - f(u) = kf'(u) + k\delta(k)$$

である. また $k \to 0$ のとき微分可能であるから $\delta(k) \to 0$. さて,

$$f(g(x+h)) - f(g(x)) = f(u + hg'(x) + h\varepsilon(h)) - f(u)$$

であるが, ここで $k = hg'(x) + h\varepsilon(h)$ とおけば

$$f(g(x+h)) - f(g(x)) = f(u+k) - f(u)$$
$$= kf'(u) + k\delta(k) = \{hg'(x) + h\varepsilon(h)\}f'(u) + \{hg'(x) + h\varepsilon(h)\}\delta(k)$$

であり, $h \to 0$ のとき k のおき方から $k \to 0$ である. したがって,

$$\lim_{h \to 0}\frac{f(g(x+h)) - f(g(x))}{h} = \lim_{h \to 0}[\{g'(x) + \varepsilon(h)\}f'(u) + \{g'(x) + \varepsilon(h)\}\delta(k)]$$
$$= g'(x)f'(u).$$

$\square$

Point 微分をするとき, ほとんどが合成関数の微分の公式を使うので, しっかりと覚えよう！そして, 与えられた関数を自分で合成関数としてとらえることができるように練習を繰り返そう.

問 2.3 次の関数の導関数を求めよ.
(1) $(x^2 + 1)^8$ 　　　　(2) $(x^4 + x^2)^5 + (x^8 + 1)^4$

4) 三角関数の微分

まず $\sin x$ の導関数を求める. 差分商 $\dfrac{\sin(x+h)-\sin x}{h}$ の $h \to 0$ としたときの極限を調べればよい.

三角関数の和 (差) を積で表示する公式を思い起こそう.

$$\sin A - \sin B = 2\cos\frac{A+B}{2}\sin\frac{A-B}{2}$$

これによって,

$$\lim_{h \to 0}\frac{\sin(x+h)-\sin x}{h} = \lim_{h \to 0}\frac{1}{h}\cdot 2\cos\left(x+\frac{h}{2}\right)\sin\frac{h}{2}$$

$$= \lim_{h \to 0}\cos\left(x+\frac{h}{2}\right)\cdot\lim_{h \to 0}\frac{\sin\frac{h}{2}}{\frac{h}{2}}$$

$$= \cos x \quad (\text{第 1 章, 定理 1.5.4})$$

となる. また $\cos x = \sin\left(x+\dfrac{\pi}{2}\right)$ に注意して定理 2.2.6 を用いれば $\cos x$ の導関数が求まり, $\tan x = \dfrac{\sin x}{\cos x}$ に注意して定理 2.2.5 を用いれば $\tan x$ の導関数が得られる. よって次の公式を得る.

定理 **2.2.7.** (1) $(\sin x)' = \cos x$ (2) $(\cos x)' = -\sin x$ (3) $(\tan x)' = \dfrac{1}{\cos^2 x}$

問 **2.4** 定理 2.2.7 の公式 (2), (3) を証明せよ.

問 **2.5** 次の関数の導関数を求めよ.
(1) $\sin(\cos x)$ (2) $\sin x^2$ (3) $\sin^2 x$

2.3　微分の計算 2

この節では，まず逆関数の微分法について説明し，その後，指数関数，対数関数および逆三角関数などの導関数を調べる．

定理 2.3.1. (逆関数の微分) ある区間で定義された狭義の単調関数 $f(x)$ が連続で (したがって第 1 章, 定理 1.8.1 より逆関数 $f^{-1}(x)$ が存在する), $x = a$ において微分可能，しかも $f'(a) \neq 0$ ならば, $f^{-1}(x)$ は $f(a)$ において微分可能で

$$\left(f^{-1}\right)'(f(a)) = \frac{1}{f'(a)}$$

である．

注 2.3.1. $y = f(x)$ とおけば, 逆関数の定義により $x = f^{-1}(y)$ であり，この書き方の下でライプニッツ流の記号で表せば

$$\frac{dx}{dy} = \frac{1}{\frac{dy}{dx}}$$

と書け, 注 2.2.1 の式同様記憶しやすい形である．

定理 2.3.1 の証明. $b = f(a)$ とおこう. さらに, $f^{-1}(b+h) = a+k$ と書くとき, f^{-1} は連続であるから (第 1 章, 定理 1.8.1), $h \to 0$ のとき $k \to 0$ となる. また狭義の単調性より, $h \neq 0$ である限り $k \neq 0$ である. よって,

$$\lim_{h \to 0} \frac{f^{-1}(b+h) - f^{-1}(b)}{h} = \lim_{k \to 0} \frac{a+k-f^{-1}(b)}{f(a+k)-b}$$
$$= \lim_{k \to 0} \frac{k}{f(a+k)-f(a)}$$
$$= \frac{1}{f'(a)}$$

を得る． □

1) 指数関数と対数関数の微分

$a > 0, a \neq 1$ として, 指数関数 $f(x) = a^x$ を考える. これは $a > 1$ ならば狭義の単調増加関数, $1 > a > 0$ ならば狭義の単調減少関数であるので, 第 1 章, 定理 1.8.1 により, $(0, \infty)$ で定義された逆関数をもつ. これが a を底とする対数関数 $\log_a x$ にほかならない. e を自然対数の底 (第 1 章, 例 1.2.4) とするとき, $\log_e x$ は $\log x$ と略記される. また, 工学系の書物では, これを $\ln x$ と書き表すことも多い.

さて指数関数 a^x の導関数を調べよう. $a^x = e^{x \log a}$ であるから e^x の導関数を知れば, 定理 2.2.6 により a^x の導関数も求まる. $\frac{e^{x+h} - e^x}{h} = e^x \frac{e^h - 1}{h}$ であるから $\lim_{h \to 0} \frac{e^h - 1}{h}$ の値がわかればよい.

補題 2.3.2. $\lim_{h \to 0} \dfrac{e^h - 1}{h} = 1$

証明. まず, $\displaystyle\lim_{h\to+0}\frac{e^h-1}{h}=1$ を示す. このとき $h>0$, つまり $e^h>1$ であるから, $e^h=1+\dfrac{1}{t}$ $(t>0)$ とおくことができる. 指数関数の連続性より, $h\to+0$ のとき $t\to+\infty$ である.

$h=\log\left(1+\dfrac{1}{t}\right)$ より,

$$\frac{e^h-1}{h}=\frac{\frac{1}{t}}{\log\left(1+\frac{1}{t}\right)}=\frac{1}{\log\left(1+\frac{1}{t}\right)^t}$$

となり, $\log x$ の連続性と第 1 章, 例 1.5.3 より

$$\lim_{t\to\infty}\log\left(1+\frac{1}{t}\right)^t=\log e=1$$

したがって $\displaystyle\lim_{h\to+0}\frac{e^h-1}{h}=1$.

$h<0$ のときは, $-h=k$ とおくと

$$\frac{e^h-1}{h}=\frac{e^{-k}(1-e^k)}{-k}=\frac{e^k-1}{k}\frac{1}{e^k}$$

であるから, 前半で示したことを用いて,

$$\lim_{h\to-0}\frac{e^h-1}{h}=\lim_{k\to+0}\frac{e^k-1}{k}\frac{1}{e^k}=1$$

をえる. したがって $\displaystyle\lim_{h\to0}\frac{e^h-1}{h}=1$ を得る. □

定理 2.3.3. (指数関数および対数関数の微分) e を自然対数の底, a を 1 以外の正の実数とするとき

(1)　$(e^x)'=e^x$

(2)　$(a^x)'=a^x\log a$

(3)　$(\log x)'=\dfrac{1}{x}$

(4)　$(\log_a x)'=\dfrac{1}{\log a}\dfrac{1}{x}$

証明. (1)　上に述べたことで証明はすんでいる.

(2)　$(a^x)'=\left(e^{x\log a}\right)'=\log a\left(e^{x\log a}\right)=a^x\log a$

(3)　$y=\log x$ とおこう. このとき, $x=e^y$ であるから, 注 3.1 より

$$\frac{dy}{dx}=\frac{1}{\dfrac{dx}{dy}}=\frac{1}{e^y}=\frac{1}{e^{\log x}}=\frac{1}{x}\ .$$

(4)　対数の底の変換公式 $\log_a x=\dfrac{\log x}{\log a}$ と上の (3) より明らか. □

例 2.3.1. (対数微分法) x^x $(x > 0)$ の導関数を求めよ.

解. $y = x^x$ とおいて, 両辺の対数をとり

$$\log y = x \log x,$$

この両辺を x で微分すると,

$$\frac{1}{y}\frac{dy}{dx} = \log x + 1.$$

したがって,

$$\frac{dy}{dx} = (\log x + 1)y = (\log x + 1)x^x. \ \square$$

問 2.6 $x^{\sin x}$ $(x > 0)$ の導関数を求めよ.

2) 逆三角関数の微分

次に, 逆三角関数の導関数について調べる. 第 1 章 8 節で述べたように,

$$y = \sin^{-1} x \Longleftrightarrow x = \sin y, \quad -\frac{\pi}{2} \le y \le \frac{\pi}{2}$$

である. $\dfrac{dx}{dy} = \cos y$ は $-\dfrac{\pi}{2} < y < \dfrac{\pi}{2}$ で決して 0 とはならないので, 定理 2.3.1 によって, $-1 < x < 1$ で微分可能. よって, $\dfrac{dy}{dx} = \dfrac{1}{\frac{dx}{dy}} = \dfrac{1}{\cos y}$ である. $-\dfrac{\pi}{2} < y < \dfrac{\pi}{2}$ では $\cos y > 0$ であるから, $\cos y = \sqrt{1 - \sin^2 y} = \sqrt{1 - x^2}$ である. よって, $(\sin^{-1} x)' = \dfrac{1}{\sqrt{1 - x^2}}$ を得る.

次に $y = \tan^{-1} x$ について考えよう.

$$y = \tan^{-1} x \Longleftrightarrow x = \tan y, \quad -\frac{\pi}{2} < y < \frac{\pi}{2}$$

であり, $\dfrac{dx}{dy} = \dfrac{1}{\cos^2 y}$ は, この区間で決して 0 にならない. したがって $y = \tan^{-1} x$ はすべての実数 x において, 微分可能で

$$\frac{dy}{dx} = \frac{1}{\frac{dx}{dy}} = \cos^2 y$$

$$= \frac{\cos^2 y}{\cos^2 y + \sin^2 y} = \frac{1}{1 + \tan^2 y} = \frac{1}{1 + x^2}.$$

以上まとめて,

定理 2.3.4. (1) $\sin^{-1} x$ は $-1 < x < 1$ で微分可能で, その導関数は $\dfrac{1}{\sqrt{1 - x^2}}$.

(2) $\tan^{-1} x$ はすべての実数において微分可能で, その導関数は $\dfrac{1}{1 + x^2}$.

例 2.3.2. $\cos^{-1} x$ の微分可能な範囲とその導関数を求めよ.

解. $y = \cos^{-1} x \iff x = \cos y$, $0 \le y \le \pi$ であり $\dfrac{dx}{dy} = -\sin y$. これが 0 にならない

のは, $0 < y < \pi$ のとき. したがって, $\cos^{-1} x$ は $-1 < x < 1$ で微分可能であり, $\dfrac{dy}{dx} =$

$\dfrac{1}{\dfrac{dx}{dy}} = -\dfrac{1}{\sin y}$. $0 < y < \pi$ では $\sin y > 0$ であるから $\sin y = \sqrt{1 - \cos^2 y} = \sqrt{1 - x^2}$. よって,

$(\cos^{-1} x)' = -\dfrac{1}{\sqrt{1 - x^2}}$. ∎

別解. 第 1 章, 例 1.8.5 より $\sin^{-1} x + \cos^{-1} x = \dfrac{\pi}{2}$, しかも $\sin^{-1} x$ は $-1 < x < 1$ で微分可能で

$(\sin^{-1} x)' = \dfrac{1}{\sqrt{1 - x^2}}$ であるから $\cos^{-1} x$ も同じ区間で微分可能で $(\cos^{-1} x)' = -\dfrac{1}{\sqrt{1 - x^2}}$.
∎

問 **2.7** $\sin^{-1}(\sin x)$ の導関数を求めよ ($\sin^{-1} x$ は $\sin x$ の逆関数であるからといって, どんな x についても $\sin^{-1}(\sin x) = x$ とはやとちりしてはいけない. $\sin x$ の逆関数は, $-\dfrac{\pi}{2} \le x \le \dfrac{\pi}{2}$ の範囲で定義されている).

3) 媒介変数表示

媒介変数表示の例として円 $x^2 + y^2 = 1$ をとりあげる.

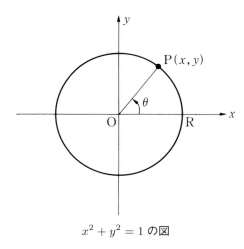

$x^2 + y^2 = 1$ の図

(1) これを, 図のように OR と OP とのなす角 θ を媒介変数として表せば

$$\begin{cases} x = \cos\theta \\ y = \sin\theta \quad (0 \le \theta < 2\pi) \end{cases}$$

なる表示を得る.

(2) 次に, L$(-1, 0)$ を固定して, 直線 LP の傾き t

$(-\infty < t < \infty\,)$ を媒介変数として x, y を表示
すれば

$$\begin{cases} x = \dfrac{1-t^2}{1+t^2} \\[3mm] y = \dfrac{2t}{1+t^2} \quad (-\infty < t < \infty) \end{cases}$$

を得る.

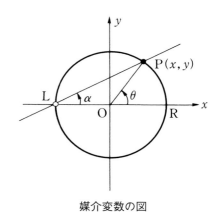

媒介変数の図

$\boxed{問\ 2.8}$ (2) の主張を証明せよ.

　次に (1) における媒介変数表示と (2) のそれとを比較する. $t = \tan\alpha$ であり, 初等幾何の "円の弦に対する円周角は, 中心角の半分" という事実に注意すれば $\alpha = \dfrac{\theta}{2}$. したがって, 次の補題を得る.

補題 **2.3.5.** $t = \tan\dfrac{\theta}{2}$ とおけば,

$$\begin{cases} \cos\theta = \dfrac{1-t^2}{1+t^2} \\[3mm] \sin\theta = \dfrac{2t}{1+t^2} \end{cases}$$

である.

　この補題は三角関数の不定積分を計算する際に有用である.

4) 媒介変数で表示された関数の微分法

定理 **2.3.6.** ある区間で微分可能な 2 つの関数

$$\begin{cases} x = f(t) \\ y = g(t) \end{cases}$$

が与えられ, $f(t)$ は狭義の単調関数で, $f'(t) \neq 0$ とする. このとき y を x の関数とみて, 微分可能であり,

$$\frac{dy}{dx} = \frac{g'(t)}{f'(t)}$$

である.

注 **2.3.2.** これも

$$\frac{dy}{dx} = \frac{\dfrac{dy}{dt}}{\dfrac{dx}{dt}}$$

と書き表せば記憶しやすい.

定理 2.3.6 の証明. 定理 2.3.1 より, $t = f^{-1}(x)$ は微分可能であり, $\dfrac{d(f^{-1})}{dx} = \dfrac{1}{f'(t)}$. したがって, 定理 2.2.6 より,

$$\frac{dy}{dx} = \left\{g(f^{-1}(x))\right\}' = g'(f^{-1}(x))(f^{-1})'(x) = \frac{g'(t)}{f'(t)}. \qquad \square$$

 $y = f(x)$ と表示できない関数でも接線の方程式を求めることができる.

例 2.3.3. 媒介変数表示の項の (2) で述べた例について, 定理 2.3.6 の適用の可否を調べよ.

解. まず, $x = \dfrac{1 - t^2}{1 + t^2}$ の増減の様子を調べよう (関数の増減については 2.7 を参照せよ).

$$\frac{dx}{dt} = \frac{-4t}{(1 + t^2)^2}$$

であるから, $t > 0$ では狭義の単調減少, $t < 0$ では狭義の単調増加. よって, $t > 0$ と $t < 0$ とに分けて, 定理 2.3.6 を適用できる. さらに,

$$\frac{dy}{dt} = \frac{2(1 - t^2)}{(1 + t^2)^2}$$

である. したがって, $t \neq 0$ で, y は x の関数として微分可能であり,

$$\frac{dy}{dx} = \frac{1}{2}\left(t - \frac{1}{t}\right)$$

である. ∎

2.4 高次導関数

関数 $f(x)$ の導関数 $f'(x)$ が再び導関数をもつとき, これを $f(x)$ の **2 次導関数** といい, $f''(x)$ で表す. 以下, 帰納的に $f(x)$ の **n 次導関数** $f^{(n)}(x)$ を定義する. これらを総称して, **高次導関数** という.

高次導関数について, いくつか注意を述べる. $f(x)$ が少なくとも n 次導関数までもつとき, $f(x)$ は **n 回微分可能である** という. 便宜上 $f(x)$ の 0 次導関数 $f^{(0)}$ とは, $f(x)$ 自身のことと規約する. また $\dfrac{dy}{dx}$ なる導関数の記法に対応しては, n 次導関数を $\dfrac{d^n y}{dx^n}$ で表す.

例 2.4.1. $f(x) = \sin x$ の n 次導関数を求めよ.

解. $f'(x) = \cos x, f''(x) = -\sin x, f^{(3)}(x) = -\cos x, f^{(4)}(x) = \sin x = f^{(0)}(x)$ であるから,

$$f^{(n)}(x) = \begin{cases} \sin x & (n \text{ が } 4k \text{ の形}) \\ \cos x & (n \text{ が } 4k+1 \text{ の形}) \\ -\sin x & (n \text{ が } 4k+2 \text{ の形}) \\ -\cos x & (n \text{ が } 4k+3 \text{ の形}). \end{cases}$$

この答えを 1 行で書き表すとすれば, $\cos x = \sin\left(x + \frac{\pi}{2}\right), -\sin x = \sin(x + \pi)$ であることに注意すれば,

$$f^{(n)}(x) = \sin\left(x + \frac{n}{2}\pi\right)$$

と表せる. ■

問 2.9

1. x^3 の 3 次導関数を求めよ.
2. $x^3 + 2x$ の 100 次導関数を求めよ.
3. $x^{13} + x^4 + 1$ の 13 次導関数を求めよ.

積の形で表される関数の高次導関数については, 次の**ライプニッツの公式**が基本となる.

定理 2.4.1. (ライプニッツの公式) $f(x), g(x)$ がともに, ある開区間で n 回微分可能とする. このとき, $f(x)g(x)$ も n 回微分可能で

$$\{f(x)g(x)\}^{(n)} = \sum_{k=0}^{n} {}_n C_k \, f^{(n-k)}(x) g^{(k)}(x)$$

が成り立つ. ただし, ${}_n C_k$ は**二項係数**を表す.

二項係数の性質

ライプニッツの公式の右辺にあらわれる二項係数は,

$${}_n C_k := n \text{ 個のものから } k \text{ 個を取り出す組合せの数} = \frac{n!}{k!(n-k)!}$$

で定義される自然数である.（ただし, $_nC_0 = 1$ と規約する.）ここで, n 個の文字 $x_1, \cdots, x_n$ に関する多項式

$$(x_1 + 1)(x_2 + 1) \cdots (x_n + 1)$$

を展開すると $x_1, \cdots, x_n$ のうち k 個の積からなる項は, ちょうど $_nC_k$ 個ある.　よって, $x_1 = \cdots = x_n = x$ とおくと,

$$(x+1)^n = \sum_{k=0}^{n} {_nC_k}\, x^k .$$

　この公式は**二項定理**という.（ この公式の一般化を次の節で述べる. ）これが**二項係数**という名の由来である.

補題 2.4.2. $_nC_k + {_nC_{k-1}} = {_{n+1}C_k}$

証明. 定義式から簡単な計算で示せるが, 以下のように考えれば, 計算する必要はない.

　$n + 1$ 個のもの $\{a_0, a_1, \cdots, a_n\}$ から k 個のものの取り出し方を数えるのに　(1°) a_0 を含む取り出し方;　(2°) a_0 を含まない取り出し方, に分けて考える.（1°）に属する取り出し方の数は, $\{a_1, \cdots, a_n\}$ から $k-1$ 個の取り出し方の数と等しいから $_nC_{k-1}$ 個であり,（2°）に属する取り出し方の数は $\{a_1, \cdots, a_n\}$ から k 個の取り出し方の数 $_nC_k$ に等しい.　したがって, $_nC_k + {_nC_{k-1}} = {_{n+1}C_k}$ を得る. 　　　　□

定理 2.4.1 の証明. n についての帰納法で証明する. $n = 1$ のときは積の微分の公式 (定理 2.2.3) に他ならない. 次に n について定理の主張が正しいと仮定する. このとき, $n+1$ について, 定理の主張が正しいことを示す. すなわち, $f(x)\, g(x)$ がともに $n + 1$ 回微分可能であるとき,

$$\{f(x)g(x)\}^{(n+1)} = \sum_{k=0}^{n+1} {_{n+1}C_k}\, f^{(n+1-k)}(x)g^{(k)}(x)$$

となることを示す.

　$n + 1$ 回微分可能ならば, 当然 n 回微分可能であるから, $f(x), g(x)$ についての帰納法の仮定が適用できて, $f(x)g(x)$ は n 回微分可能で,

$$\{f(x)g(x)\}^{(n)} = \sum_{k=0}^{n} {_nC_k}\, f^{(n-k)}(x)g^{(k)}(x)$$

が成立している. ここで右辺の各項をみると $f^{(n-k)}(x), g^{(k)}(x)$ は, それぞれさらに 1 回は微分できるから, 定理 2.2.3 によって, $f^{(n-k)}(x)g^{(k)}(x)$ は微分可能で,

$$\{f^{(n-k)}(x)g^{(k)}(x)\}' = f^{(n-k+1)}(x)g^{(k)}(x) + f^{(n-k)}(x)g^{(k+1)}(x) .$$

したがって, $\{f(x)g(x)\}^{(n)}$ は微分可能, すなわち, $f(x)g(x)$ は $n + 1$ 回微分可能で,

$$
\begin{aligned}
\{f(x)g(x)\}^{(n+1)} &= \left\{ (f(x)g(x))^{(n)} \right\}' \\
&= \sum_{k=0}^{n} {_nC_k} \left\{ f^{(n-k+1)}(x)g^{(k)}(x) + f^{(n-k)}(x)g^{(k+1)}(x) \right\} \\
&= {_nC_0}f^{(n+1)}(x)g^{(0)}(x) + \sum_{k=1}^{n} \{{_nC_{k-1}} + {_nC_k}\} f^{(n+1-k)}(x)g^{(k)}(x) + {_nC_n}
\end{aligned}
$$

となるが, $_nC_0 = {_n}C_n = 1$ であること, および補題 2.4.2 より上式は,

$$\sum_{k=0}^{n+1} {_{n+1}}C_k f^{(n+1-k)}(x)g^{(k)}(x)$$

に一致する. □

 ライプニッツの公式は高次の微分係数を求めるのに大変有効である.

例 2.4.2. $x^3 e^x$ の n 次導関数を求めよ.

解.

$$\left(x^3\right)^{(m)} = \begin{cases} x^3 & (m=0) \\ 3x^2 & (m=1) \\ 6x & (m=2) \\ 6 & (m=3) \\ 0 & (m>3) \end{cases}$$

であるから, ライプニッツの公式より,

$$\begin{aligned} \left(x^3 e^x\right)^{(n)} &= x^3 e^x + {_n}C_1 3x^2 e^x + {_n}C_2 6x e^x + {_n}C_3 6 e^x \\ &= \{x^3 + 3nx^2 + 3n(n-1)x + n(n-1)(n-2)\}e^x. \end{aligned}$$

ここで, $n \geq 3$ として計算したが, 答えは $n = 0, 1, 2$ でも成り立つことに注意せよ. ■

例 2.4.3. $f(x) = \dfrac{1}{x^2+1}$ について, $f^{(n)}(0)$ を求めよ.

解. $n \geq 2$ として, $(x^2+1)f(x) = 1$ の両辺を n 回微分し, 左辺にライプニッツの公式を適用すると,

$$(x^2+1)f^{(n)}(x) + 2nxf^{(n-1)}(x) + n(n-1)f^{(n-2)}(x) = 0.$$

ここで, $x = 0$ とすると, $f^{(n)}(0) = -n(n-1)f^{(n-2)}(0)$ なる漸化式を得る. $f^{(0)}(0) = 1$, $f^{(1)}(0) = 0$ に注意して, これを解けば

$$f^{(n)}(0) = \begin{cases} (-1)^{\frac{n}{2}} n! & (n \text{ が偶数}) \\ 0 & (n \text{ が奇数}) \end{cases}$$

となる. ■

2.5　平均値の定理とテイラーの定理

　この節の話題は, 少しばかり一般的かつ抽象的である. 最初の一読では, 定理およびそれらの系の内容を頭にとどめるだけで, それらの証明はスキップして, 最後の小節に進んで差し支えない.

　この節を通しての仮定　以下, 特に断わらない限り, $a < b$ として, 閉区間 $[a, b]$ で定義された関数で, 次の条件をみたすものを考える:

条件 (†)

閉区間 $[a, b]$ で連続かつ (a, b) で微分可能.

---

1) ロルの定理

定理 2.5.1. (ロルの定理) 関数 $f(x)$ は (†) をみたしているとする. さらに, $f(a) = f(b)$ であれば, $a < \alpha < b$ なる, ある α に対して, $f'(\alpha) = 0$ となる.

証明. 関数 $f(x)$ は閉区間上で連続であるから, この区間内で最大値 (これを M と書こう) および最小値 (これを m と書こう) をもつ. $M = m$ であれば $f(x)$ はこの区間で定数関数. よって, どんな α $(a < \alpha < b)$ をとっても $f'(\alpha) = 0$ である.

　$M > m$ とする. $M \geq f(a) = f(b) \geq m$ であるから, $M > f(a) = f(b)$ または, $f(a) = f(b) > m$ の少なくとも, 一方は成立する. $M > f(a) = f(b)$ であるとする. $f(x)$ が最大値 M を $x = \alpha$ でとるとする. 仮定より, $a < \alpha < b$ である. このとき, (十分小さな,) $h > 0$ に対して, $f(\alpha + h) \leq M = f(\alpha)$ かつ $f(\alpha - h) \leq M = f(\alpha)$ であるから,

$$\frac{f(\alpha + h) - f(\alpha)}{h} \leq 0 \quad \text{かつ} \quad \frac{f(\alpha - h) - f(\alpha)}{-h} \geq 0 \,.$$

ここで, $h \to 0$ とすると, 前者からは $f'_+(\alpha) \leq 0$, 後者からは $f'_-(\alpha) \geq 0$ を得るが, $f(x)$ は $x = \alpha$ で微分可能であるから,

$$0 \geq f'_+(\alpha) = f'(\alpha) = f'_-(\alpha) \geq 0 \,.$$

よって, $f'(\alpha) = 0$ である. $f(a) = f(b) > m$ のときも同様に議論すればよい.　□

　ロルの定理の興味ある応用例を 1 つ述べる.

例 2.5.1. $f(x)$ を, ある (有限または無限の) 開区間で定義された微分可能な関数とする. 方程式 $f(x) = 0$ が相異なる m 個の実解をもてば, $f'(x) = 0$ は, 少なくとも, $m - 1$ 個の相異なる実解をもつ.

証明. $f(x) = 0$ の相異なる m 個の実解を $a_1 < a_2 < \cdots < a_m$ とする. $f(a_i) = f(a_{i+1})$ $(i = 1, 2, \ldots, m)$ であるので, 定理 2.5.1 より, ある α_i $(a_i < \alpha_i < a_{i+1})$ が存在して, $f'(\alpha_i) = 0$. すなわち, $f'(x) = 0$ は $\alpha_1 < \alpha_2 < \cdots < \alpha_{m-1}$ を実解にもつ.　□

2) ラグランジュの平均値の定理

定理 2.5.2. (ラグランジュの平均値の定理) 関数 $f(x)$ は (†) をみたしているとする. このとき,

$$\frac{f(b) - f(a)}{b - a} = f'(\alpha), \quad a < \alpha < b$$

なる α が (少なくとも 1 つは) 存在する.

証明.

$$F(x) := f(b) - f(x) - \frac{f(b) - f(a)}{b - a}(b - x)$$

とおけば, これも (†) をみたし $F(a) = F(b) = 0$. したがって, 定理 2.5.1 より,

$$F'(\alpha) = 0, \quad a < \alpha < b$$

なる α が存在する. $F'(x) = -f'(x) + \dfrac{f(b) - f(a)}{b - a}$ であるから, 求める式を得る. □

系 2.5.3. 開区間 (c, d) 上で微分可能な関数 $f(x)$ について, この区間で導関数が恒等的に 0 であれば, $f(x)$ は定数関数である.

証明. $a < b$ をこの区間内の 2 点とするとき, $f(a) = f(b)$ を示せばよい. 区間 $[a, b]$ について, $f(x)$ は (†) をみたす. よって, 定理 2.5.2 が使えて, $\dfrac{f(b) - f(a)}{b - a} = f'(\alpha)$ なる α $(a < \alpha < b)$ が存在するが, 仮定より $f'(\alpha) = 0$ であるので, $f(a) = f(b)$ となる. □

3) コーシーの平均値の定理

定理 2.5.4. (コーシーの平均値の定理) $f(x), g(x)$ が, ともに, (†) をみたし, $g'(x)$ はこの区間で, 決して 0 とならないとき, $a < \alpha < b$ なる, α が存在して,

$$\frac{f(b) - f(a)}{g(b) - g(a)} = \frac{f'(\alpha)}{g'(\alpha)}$$

となる.

証明. $g(b) - g(a) \neq 0$ である. なぜなら, $g(a) = g(b)$ であれば, 定理 2.5.1 より, $g'(\beta) = 0$ なる β $(a < \beta < b)$ が存在してしまうから.
　したがって,

$$F(x) = f(b) - f(x) - \frac{f(b) - f(a)}{g(b) - g(a)}(g(b) - g(x))$$

はこの区間で意味をもち, かつ微分可能で, $F(b) = F(a) = 0$. ゆえ, 定理 2.5.1 より, $F'(\alpha) = 0$ なる α $(a < \alpha < b)$ が存在する. この α について,

$$\frac{f(b) - f(a)}{g(b) - g(a)} = \frac{f'(\alpha)}{g'(\alpha)}$$

である. □

定理 2.5.2 にあらわれる式は

$$f(b) = f(a) + (b-a)f'(\alpha) \quad a < \alpha < b$$

あるいは

$$f(a) = f(b) + (a-b)f'(\alpha) \quad a < \alpha < b$$

と表現できる.

定理 2.5.5. 実数 c を含む, ある開区間で定義された関数 $f(x)$ が, この区間で微分可能であれば

$$f(x) = f(c) + (x-c)f'(c+\theta(x-c)) \quad 0 < \theta < 1$$

となる θ が (x に依存して) 存在する.

証明. $x = c$ のときは明らか. $x > c$ のときは, 定理 2.5.2 の第 1 の変形の式を $a = c, b = x$ として用いれば,

$$f(x) = f(c) + (x-c)f'(\alpha) \quad c < \alpha < x.$$

したがって, $\alpha = c + \theta(x-c) \quad (0 < \theta < 1)$ と表せる.

$x < c$ のときは, 第 2 の変形の式を $a = x, b = c$ として用いれば同様である.　□

4) テイラーの定理

次に定理 2.5.5 を "よい" 関数に対して, 精密化することを考える.

関数 $f(x)$ が (†) をみたし, さらに $\lim_{x \to a+0} f'(x)$ および $\lim_{x \to b-0} f'(x)$ が存在すれば, $f'(x)$ は自然に, 閉区間 $[a,b]$ 上の関数とみなせる. このような $f'(x)$ が, さらに (†) をみたすとき, $f(x)$ は $(†_1)$ をみたすということにする. 以下, 帰納的に自然数 n に対して $(†_n)$ をみたすということを定義する. すなわち, $f(x)$ が $(†_n)$ をみたせば, 開区間 (a,b) において n 回微分可能で, $f(x), f'(x), \cdots, f^{(n)}(x)$ は自然に閉区間 $[a,b]$ 上の連続関数に延長され, さらに $f^{(n)}(x)$ も微分可能である.

定理 2.5.6. 関数 $f(x)$ が $(†_n)$ をみたせば, $a < \alpha < b$ なる α が存在して,

$$f(b) = f(a) + f'(a)(b-a) + \frac{f^{(2)}(a)}{2!}(b-a)^2 + \cdots + \frac{f^{(n)}(a)}{n!}(b-a)^n + \frac{f^{(n+1)}(\alpha)}{(n+1)!}(b-a)^{n+1}$$

となる.

証明.

$$F(x) = f(b) - \sum_{k=0}^{n} \frac{f^{(k)}(x)}{k!}(b-x)^k - \left(\frac{f(b)}{(b-a)^{n+1}} - \sum_{k=0}^{n} \frac{f^{(k)}(a)}{k!} \frac{1}{(b-a)^{n+1-k}} \right)(b-x)^{n+1}$$

とおく. (ここで, $n = 0$ とすれば, ちょうど定理 2.5.2 の証明にあらわれた $F(x)$ に一致する.) 明らかに, $F(a) = F(b) = 0$ である. $k \geq 1$ のとき,

$$\frac{d}{dx}\left(\frac{f^{(k)}(x)}{k!}(b-x)^k \right) = -\frac{f^{(k)}(x)}{(k-1)!}(b-x)^{k-1} + \frac{f^{(k+1)}(x)}{k!}(b-x)^k$$

であることに注意すれば,

$$F'(x) = -f'(x) + \sum_{i=0}^{n-1} \frac{f^{(i+1)}(x)}{i!}(b-x)^i - \sum_{k=1}^{n} \frac{f^{(k+1)}(x)}{k!}(b-x)^k$$

$$+ (n+1)\left(\frac{f(b)}{(b-a)^{n+1}} - \sum_{k=0}^{n} \frac{f^{(k)}(a)}{k!}\frac{1}{(b-a)^{n+1-k}}\right)(b-x)^n$$

$$= -\frac{f^{(n+1)}(x)}{n!}(b-x)^n + (n+1)\left(\frac{f(b)}{(b-a)^{n+1}} - \sum_{k=0}^{n} \frac{f^{(k)}(a)}{k!}\frac{1}{(b-a)^{n+1-k}}\right)(b-x)^n.$$

したがって, 定理 2.5.1 より, ある α $(a < \alpha < b)$ が存在して,

$$(n+1)\left(\frac{f(b)}{(b-a)^{n+1}} - \sum_{k=0}^{n} \frac{f^{(k)}(a)}{k!}\frac{1}{(b-a)^{n+1-k}}\right)(b-\alpha)^n = -\frac{f^{(n+1)}(\alpha)}{n!}(b-\alpha)^n.$$

これを書き直せば,

$$f(b) = \sum_{k=0}^{n} \frac{f^{(k)}(a)}{k!}(b-a)^k + \frac{f^{(n+1)}(\alpha)}{(n+1)!}(b-a)^{n+1}$$

を得る. □

　定理 2.5.2 から定理 2.5.5 を導いた論法とまったく同様の論法で, 定理 2.5.6 より, 次の定理を得る.

定理 2.5.7. (テイラーの定理) 実数 c を含むある開区間で定義された関数 $f(x)$ が, この区間で $n+1$ 回微分可能であれば

$$f(x) = \sum_{k=0}^{n} \frac{f^{(k)}(c)}{k!}(x-c)^k + \frac{f^{(n+1)}(c+\theta(x-c))}{(n+1)!}(x-c)^{n+1}, \ \ 0 < \theta < 1$$

となる θ が (x と c とに依存して) 存在する.

　定理 2.5.7 において,

$$R_{n+1} = \frac{f^{(n+1)}(c+\theta(x-c))}{(n+1)!}(x-c)^{n+1}$$

とおく[4]. もし, $f(x)$ が無限回微分可能で $\lim_{n\to\infty} R_n = 0$ となるならば

$$f(x) = \sum_{k=0}^{\infty} \frac{f^{(k)}(c)}{k!}(x-c)^k$$

と無限級数で表示されることになる. これを $f(x)$ の点 c における**テイラー級数**または**テイラー展開** という. $f(x)$ がこのような表示を定義域の各点 c でもつとき, $f(x)$ は **解析関数** という. 解析関数の本質は, それを複素変数の関数として考察することによって, 極めて自然に, 明らかになるが, この事柄については他書に譲ることにする.

　多くの場合, 関数値を計算するのにそれほど正確な値は必要ではない. そして, テイラーの定理によれば複雑な関数でも**多項式で近似できる**ことになり, 多項式であれば種々の計算が楽になる.

---
[4]この項を**ラグランジュの剰余項**という.

5) いくつかの関数のテイラー級数

　具体的な関数のテイラー級数を調べる. まず, 無限回微分可能な関数が上のような表示をもつことを示すために必要となる補題を述べる.

補題 2.5.8. 任意の実数 M について,

$$\lim_{n \to \infty} \frac{M^n}{n!} = 0$$

証明. $\displaystyle \lim_{n \to \infty} \left| \frac{M^n}{n!} \right| \left(= \lim_{n \to \infty} \frac{|M|^n}{n!} \right) = 0$ を示せば十分であるので, $M \geq 0$ として証明すればよい.

$$\frac{M^{n+1}}{(n+1)!} - \frac{M^n}{n!} = \frac{M^n}{n!} \left(\frac{M}{n+1} - 1 \right)$$

であるから, 数列 $\left\{ \dfrac{M^n}{n!} \right\}$ は $n \geq M$ では単調減少である. しかも, $\dfrac{M^n}{n!} \geq 0$ であるから $\displaystyle \lim_{n \to \infty} \frac{M^n}{n!}$ は存在する (第 1 章, 定理 1.2.5). この収束値を α とおくと

$$\alpha = \lim_{n \to \infty} \frac{M^{n+1}}{(n+1)!} = \lim_{n \to \infty} \frac{M}{n+1} \cdot \frac{M^n}{n!} = 0 \cdot \alpha = 0. \qquad \square$$

　特に, $c = 0$ におけるテイラー級数を**マクローリン級数**または**マクローリン展開**という.

例 2.5.2.

$$e^x = 1 + \frac{x}{1!} + \frac{x^2}{2!} + \cdots + \frac{x^n}{n!} + \frac{e^{\theta x}}{(n+1)!} x^{n+1}$$

よって, すべての実数 x に対し,

$$e^x = \sum_{k=0}^{\infty} \frac{x^k}{k!}$$

となる.

証明. 定理 2.5.7 より, e^x が無限回微分可能で $\displaystyle \lim_{n \to \infty} R_n = 0$ を示せばよい. $\dfrac{d}{dx} e^x = e^x$ であるから前半は明らか.

$$|R_n| = \left| \frac{e^{\theta x}}{n!} x^n \right| \leq \frac{|x|^n e^{|x|}}{n!}$$

であるから, 補題 2.5.8 より各 x について, $\displaystyle \lim_{n \to \infty} R_n = 0.$ $\qquad \square$

　以下, いくつかの関数のマクローリン級数を述べるが, それらにあらわれる θ は x と n とに依存して定まる $0 < \theta < 1$ をみたす定数である.

例 2.5.3.

(1)　$\displaystyle \sin x = x - \frac{x^3}{3!} + \frac{x^5}{5!} - \cdots + (-1)^{n-1} \frac{x^{2n-1}}{(2n-1)!} + (-1)^n \frac{\cos \theta x}{(2n+1)!} x^{2n+1}$

　　よって, すべての実数 x に対して $\displaystyle \sin x = \sum_{k=1}^{\infty} (-1)^{k-1} \frac{x^{2k+1}}{(2k+1)!}$ である.

(2)　$\cos x = 1 - \dfrac{x^2}{2!} + \dfrac{x^4}{4!} - \cdots + (-1)^n \dfrac{x^{2n}}{(2n)!} + (-1)^{n+1} \dfrac{\cos\theta x}{(2n+2)!} x^{2n+2}$

よって, すべての実数 x に対して $\cos x = \displaystyle\sum_{k=0}^{\infty} (-1)^k \dfrac{x^{2k}}{(2k)!}$ である.

問 2.10　例 2.5.3 を証明せよ.

テイラー級数を調べる際に, 定義どおりに剰余項を求めることは必ずしも得策ではない.
$\log(1+x)$ に定理 2.5.7 を直接適用すれば,

$$\log(1+x) = x - \frac{x^2}{2} + \frac{x^3}{3} - \cdots + (-1)^{n+1}\frac{x^n}{n} + \frac{(-1)^n}{(n+1)(1+\theta x)^{n+1}}x^{n+1}$$

であるが, この剰余項を評価することは容易ではない. 少々先ばしりすることにはなるが, これを積分を用いて評価する.

例 2.5.4.　$-1 < x$ に対し,

$$\log(1+x) = x - \frac{x^2}{2} + \frac{x^3}{3} - \cdots + (-1)^{n+1}\frac{x^n}{n} + R_{n+1},$$
$$R_{n+1} = (-1)^n \int_0^x \frac{t^n}{1+t}dt$$

となる. さらに, $-1 < x \le 1$ として, この積分を評価すると $\displaystyle\lim_{n\to\infty} R_{n+1} = 0$ となり, この区間で

$$\log(1+x) = \sum_{k=1}^{\infty} (-1)^{k+1}\frac{x^k}{k}$$

と表される.

証明.　等比数列の公式より,

$$1 - t + t^2 - \cdots + (-1)^{n-1}t^{n-1} = \frac{1-(-t)^n}{1+t} = \frac{1}{1+t} - (-1)^n\frac{t^n}{1+t}.$$

したがって,

$$\frac{1}{1+t} = 1 - t + t^2 - \cdots + (-1)^{n-1}t^{n-1} + \frac{(-1)^n t^n}{1+t}.$$

$\displaystyle\int_0^x \frac{dt}{1+t} = \log(1+x)$ に注意すれば, 前半の式を得る.

この剰余項 $R_{n+1} = (-1)^n \displaystyle\int_0^x \frac{t^n}{1+t}dt$ を評価する.

(i) $0 \le x \le 1$ のとき,

積分区間 $[0,x]$ では $\dfrac{t^n}{1+t} \le t^n$ より

$$|R_{n+1}| = \int_0^x \frac{t^n}{1+t}dt \le \int_0^x t^n dt = \frac{x^{n+1}}{n+1} \le \frac{1}{n+1}.$$

よって, $\displaystyle\lim_{n\to\infty} R_{n+1} = 0.$

(ii) $-1 < x < 0$ のとき，

積分区間 $[x, 0]$ では $\dfrac{(-t)^n}{1+t} \le \dfrac{(-t)^n}{1+x}$. よって，

$$|R_{n+1}| = \int_x^0 \frac{(-t)^n}{1+t} dt \le \int_x^0 \frac{(-t)^n}{1+x} dt = \frac{(-x)^{n+1}}{(n+1)(1+x)} \le \frac{1}{(n+1)(1+x)} \, .$$

よって，$\displaystyle\lim_{n\to\infty} R_{n+1} = 0.$ □

任意の実数 α と自然数 k とに対して

$$\alpha C_k := \frac{\alpha(\alpha-1)\cdots(\alpha-k+1)}{k!}$$

と定め，$\alpha C_0 = 1$ と規約する．これは，第 4 節で説明した 二項係数の自然な一般化になっている．

例 2.5.5. [**一般化された二項定理**] 任意の実数 α に対し，

$$(1+x)^\alpha = 1 + {}_\alpha C_1 x + {}_\alpha C_2 x^2 + \cdots + {}_\alpha C_n x^n + {}_\alpha C_{n+1}(1+\theta x)^{\alpha-n-1} x^{n+1}$$

なる $\theta\,(0 < \theta < 1)$ が存在する．さらに $|x| < 1$ において，$(1+x)^\alpha = \displaystyle\sum_{k=0}^{\infty} {}_\alpha C_k x^k$ となる表示をもつことが知られている．

6) オイラーの公式

この節の最後の話題として，オイラーの公式について少しばかり触れる．

e^x のテイラー級数による表示 (例 2.5.2) の x に形式的に iy (i は虚数単位 $\sqrt{-1}$) を代入した式を考える．

$$i^k = \begin{cases} 1 & (k = 4m) \\ i & (k = 4m+1) \\ -1 & (k = 4m+2) \\ -i & (k = 4m+3) \end{cases}$$

であることに注意すれば，

$$\begin{aligned} e^{iy} &= 1 + i\frac{y}{1!} - \frac{y^2}{2!} - i\frac{y^3}{3!} + \frac{y^4}{4!} + i\frac{y^5}{5!} + \cdots \\ &= \left(1 - \frac{y^2}{2!} + \frac{y^4}{4!} - \frac{y^6}{6!} + \cdots\right) + i\left(\frac{y}{1!} - \frac{y^3}{3!} + \frac{y^5}{5!} - \cdots\right) \end{aligned}$$

を得る．これを $\sin y$ および $\cos y$ の テイラー級数による表示 (例 2.5.3) と見較べれば，形式的に

$$e^{iy} = \cos y + i\sin y$$

なる式を得る．これを **オイラーの公式** という．

われわれは，複素数ベキの定義をしていないので，この公式は形式的な意味しかもち得ないが，適当に複素数ベキを意味付けすれば，上の式は実質的な意味をもつ．あるいは，オイラーの公式によって正の数の複素数ベキを定義してもよい．すなわち，$a > 0$ (ただし $a \ne 1$) および複素数 $x + iy$ について

$$a^{x+iy} = a^x(\cos(y \log a) + i\sin(y \log a))$$

によって定義するのである．このとき，三角関数の加法公式を用いれば指数法則 $a^{z_1+z_2} = a^{z_1} a^{z_2}$ が成り立つことは容易に確認できる．

2.6 不定形の極限値

コーシーの平均値の定理 (定理 2.5.4) の応用として, 不定形の極限について考察する.
関数 $f(x), g(x)$ において $x \to a$ のとき $f(x), g(x) \to 0, \infty$ などになるとき,

$$\lim_{x \to a} \frac{f(x)}{g(x)}$$

は形式的に

$$\frac{0}{0}, \frac{\infty}{\infty}$$

などと表され **不定形** という.

1) ロピタルの定理

不定形について次の定理が成り立つ.

> **定理 2.6.1.** (ロピタルの定理) 微分可能な関数 $f(x), g(x)$ において $\lim_{x \to a} f(x) = \lim_{x \to a} g(x) = 0$ で a の近くの任意の x に対し $g'(x) \neq 0$ であるとき, もし $\lim_{x \to a} \frac{f'(x)}{g'(x)}$ が存在すれば
>
> $$\lim_{x \to a} \frac{f(x)}{g(x)} = \lim_{x \to a} \frac{f'(x)}{g'(x)}.$$

証明. a が $f(x), g(x)$ が微分可能である区間に含まれているならば, それらは a で連続であるので $f(a) = g(a) = 0$. もし a が微分可能な区間の端点であるならば, a における値を (あらためて) $f(a) = g(a) = 0$ と定めることにことにする. いずれにせよ a の十分近くの x に対し, $f(x), g(x)$ は区間 $[a, x]$ (かつ/または $[x, a]$) で定理 2.5.4 の条件 (†) をみたす. したがって a と x の間に

$$\frac{f(x)}{g(x)} = \frac{f(x) - f(a)}{g(x) - g(a)} = \frac{f'(\alpha)}{g'(\alpha)}.$$

をみたす α が存在する. ここで $x \to a$ とすれば $\alpha \to a$ より,

$$\lim_{x \to a} \frac{f(x)}{g(x)} = \lim_{x \to a} \frac{f(x) - f(a)}{g(x) - g(a)} = \lim_{\alpha \to a} \frac{f'(\alpha)}{g'(\alpha)}.$$

$\square$

注 2.6.1. ロピタルの定理は a が $\pm\infty$ の場合にも成り立つ. また, $x \to a$ のとき $f(x) \to \pm\infty, g(x) \to \pm\infty$ の場合にも $\lim_{x \to a} \frac{f'(x)}{g'(x)}$ が存在すれば,

$$\lim_{x \to a} \frac{f(x)}{g(x)} = \lim_{x \to a} \frac{f'(x)}{g'(x)}$$

を証明することができる.

ロピタルの定理は極限値の計算に大変有用なので, しっかりマスターしておくこと.

例 2.6.1. (1) $\displaystyle\lim_{x\to1}\frac{x^2+2x-3}{x^2-3x+2}=\lim_{x\to1}\frac{2x+2}{2x-3}=-4$

(2) $\displaystyle\lim_{x\to0}\frac{1-\cos x}{x^2}=\lim_{x\to0}\frac{\sin x}{2x}=\frac{1}{2}$

(3) $\displaystyle\lim_{x\to\infty}\frac{x^n}{e^x}=\lim_{x\to\infty}\frac{nx^{n-1}}{e^x}=\lim_{x\to\infty}\frac{n(n-1)x^{n-2}}{e^x}=\cdots=\lim_{x\to\infty}\frac{n!}{e^x}=0$

(4) $\displaystyle\lim_{x\to\infty}(1+x)^{\frac{1}{x}}=\lim_{x\to\infty}e^{\frac{1}{x}\log(1+x)}=1$

　（なぜなら, $\displaystyle\lim_{x\to\infty}\frac{\log(1+x)}{x}=\lim_{x\to\infty}\frac{\frac{1}{1+x}}{1}=0$）

問 2.11 次の関数の極限値を求めよ.

(1) $\displaystyle\lim_{x\to\infty}\frac{2x^2-1}{3x^2+x}$

(2) $\displaystyle\lim_{x\to0}\frac{\sin ax^2}{\sin bx^2}\ (b\neq0)$

(3) $\displaystyle\lim_{x\to0}\frac{\tan x-x}{x-\sin x}$

(4) $\displaystyle\lim_{x\to0}\frac{e^x-e^{-x}}{\sin x}$

(5) $\displaystyle\lim_{x\to\infty}\sqrt[x]{x}$

(6) $\displaystyle\lim_{x\to+0}(-\log x)^x$

2.7　関数の極大・極小と凹凸

定理 2.7.1. $[a,b]$ で連続で, (a,b) で微分可能な関数 $f(x)$ が $[a,b]$ で単調増加（単調減少）であるための必要十分条件は, (a,b) において常に $f'(x)\geq0$ $(f'(x)\leq0)$ が成り立つことである.

証明. 区間 $[a,b]$ の任意の点 $x_1,x_2\ (x_1<x_2)$ に対し, 定理 2.5.2 より

$$f(x_2)-f(x_1)=(x_2-x_1)f'(c)\ (x_1<c<x_2)$$

をみたす c が存在する. よって, もし $f'(c)\geq0$ $(f'(c)\leq0)$ であれば $f(x_2)\geq f(x_1)$ $(f(x_2)\leq f(x_1))$ が成り立ち, また, この逆も簡単に確かめることができる. □

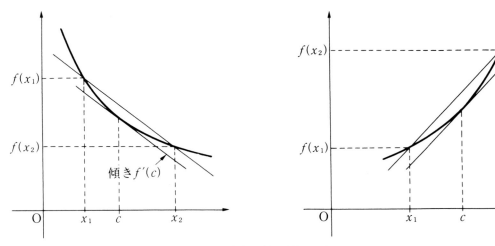

単調減少・単調増加のグラフ

点 c を含む十分小さな開区間において任意の $x\neq c$ に対し,

$$f(c) > f(x) \ (f(c) < f(x))$$

が成り立つならば, $f(x)$ は $x = c$ で **極大 (極小)** であるといい, $f(c)$ を **極大値 (極小値)** という. 極大値と極小値をあわせて **極値** という.

定理 2.7.2. 関数 $f(x)$ が $[a,b]$ で連続かつ (a,b) で微分可能であるとき, $c \in (a,b)$ とするとき, (a,c) において $f'(x) > 0 \ (f'(x) < 0)$, (c,b) において $f'(x) < 0 \ (f'(x) > 0)$ ならば $f(x)$ は $x = c$ で **極大 (極小)** である.

証明. 任意の $a < x < c$ において定理 2.5.2 より

$$f(c) = f(x) + (c-x)f'(\alpha) \ (x < \alpha < c)$$

をみたす α が存在する. $f'(\alpha) > 0$ より $f(c) > f(x)$. 同様に任意の $c < x < b$ において

$$f(x) = f(c) + (x-c)f'(\alpha) \ (c < \alpha' < x)$$

をみたす α' が存在する. $f'(\alpha') < 0$ より $f(c) > f(x)$. よって $x = c$ で極大. □

注 2.7.1. 定理 2.7.2 では, $f(x)$ が $x = c$ で微分可能である必要はない.

例 2.7.1. $f(x) = x^{\frac{2}{3}}$ は区間 $(-1,1)$ 上の連続関数で, $f'(x) = \frac{2}{3}x^{-\frac{1}{3}} < 0 \ (x \in (-1,0))$, $f'(x) > 0 \ (x \in (0,1))$. また $f(0) = 0$ より関数 f は極小値 0 をとる.

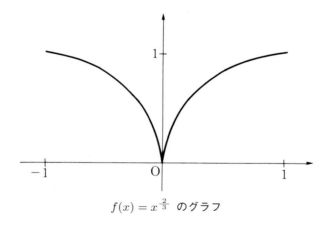

$f(x) = x^{\frac{2}{3}}$ のグラフ

$f'(x) = 0$ の解の中で, 極値をもつものは次の定理により判定できる.

定理 2.7.3. $f(x)$ は (a,b) で n 回微分可能 $(n \geq 2)$, (a,b) の点 c で $f^{(n)}(x)$ が連続,

$$f'(c) = f''(c) = \cdots = f^{(n-1)}(c) = 0, f^{(n)}(c) \neq 0$$

であるとする. このとき

(1) n が偶数で $f^{(n)}(c) > 0 \ (f^{(n)}(c) < 0)$ ならば $f(c)$ は極小値 (極大値) である.

(2) n が奇数ならば $f(x)$ は c で極値をとらない.

証明. 定理 2.5.7 より,

$$f(c+h) = f(c) + \frac{f'(c)}{1!}h + \frac{f''(c)}{2!}h^2 + \cdots + \frac{f^{(n-1)}(c)}{(n-1)!}h^{n-1} + \frac{f^{(n)}(c+\theta h)}{n!}h^n$$

すなわち,

$$f(c+h) - f(c) = \frac{f^{(n)}(c+\theta h)}{n!}h^n$$

となる θ $(0 < \theta < 1)$ が存在し, n が偶数ならば, $h^n > 0$. $f^{(n)}(x)$ が $x = c$ で連続で $f^{(n)}(c) \neq 0$ であるから $|h|$ が十分小さければ, $f^{(n)}(c+\theta h)$ は $f^{(n)}(c)$ と同符号である. よって $f^{(n)}(c) > 0$ ならば $f(c)$ は極小値. 同様に $f^{(n)}(c) < 0$ ならば $f(c)$ は極大値.

　n が奇数のときは h^n が h の正負によって符号を変えるから, $f(c+h)$ と $f(c)$ の大小関係も変わり, 極値をもたない. □

例 2.7.2. $f(x) = x + 2\sin x$ $(0 \leq x \leq 2\pi)$ の極値を求めよ.

解. $f'(x) = 1 + 2\cos x$, $f''(x) = -2\sin x$. 方程式 $f'(x) = 0$ $(0 \leq x \leq 2\pi)$ を解くと, $x = \dfrac{2}{3}\pi, \dfrac{4}{3}\pi$.

$$f''\left(\frac{2}{3}\pi\right) < 0, \quad f''\left(\frac{4}{3}\pi\right) > 0$$

であるから, $x = \dfrac{2}{3}\pi$ のとき極大で極大値は $\dfrac{2}{3}\pi + \sqrt{3}$, $x = \dfrac{4}{3}\pi$ のとき極小で極小値は $\dfrac{4}{3}\pi - \sqrt{3}$ となる. ∎

[問 2.12] 次の関数の極値を求めよ.

(1) $y = x^3 - x^2$ 　　　　　　　　(2) $y = x + \dfrac{1}{2x^2}$

(3) $y = x^{\frac{1}{x}}$ $(x > 0)$ 　　　　　(4) $y = x^{\frac{1}{3}}(1-x)^{\frac{2}{3}}$

　関数 $f(x)$ が微分可能であるとき, $x = a$ に対応する曲線 $y = f(x)$ 上の点 P における接線 PT に対し, 曲線が P の十分近くで常に PT の上方にあるとき, この曲線は $x = c$ において **下に凸** (または **上に凹**), 常に PT の下方にあるとき, この曲線は $x = c$ において **下に凹** (または **上に凸**) という. また, 凹凸の変わり目を **変曲点** という.

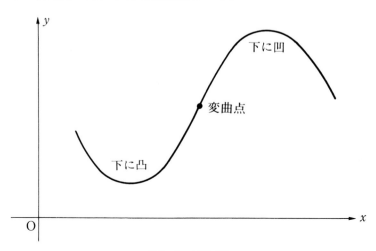

下に凸・下に凹

定理 **2.7.4.** 関数 $f(x)$ が連続 2 回微分可能であるとき, 曲線 $y = f(x)$ において, $f''(x) > 0$ となる区間では下に凸, $f''(x) < 0$ となる区間では下に凹.

証明. $f(x)$ は区間 (a,b) において, $f''(x) > 0$ とする. 点 $(c, f(c))$ $(a < c < b)$ における接線の方程式は,

$$y = f'(c)(x - c) + f(c).$$

よって $x = c + h$ のとき, 曲線が接線の上側にあることと $f(c + h) - f(c) - f'(c)h$ が正であることは同値である. 定理 2.5.7 より,

$$f(c + h) - f(c) - f'(c)h = \frac{f''(c + \theta h)}{2!} h^2 \ (0 < \theta < 1).$$

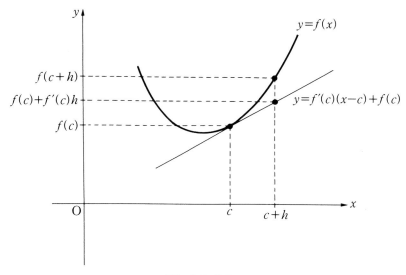

下に凸のグラフ

$f''(x)$ は連続性より $|h|$ が十分小さければ $f''(c + \theta h) > 0$ であるから $f(x)$ は $x = c$ で下に凸. 同様に $f''(x) < 0$ となる区間の任意の c においては下に凹. □

問 **2.13** 次の関数の凹凸を調べ, 変曲点を求めよ.

(1) $y = \sqrt[3]{x} + x$ (2) $y = \sqrt[3]{x} + x$

(3) $y = e^{-x^2}$ (4) $y = \dfrac{3}{2}(e^{\frac{x}{3}} + e^{-\frac{x}{3}})$

グラフで確認してみよう

マクローリン展開を用いることによって, $\sin x$, e^x などの関数が多項式の形で表されることを学んだ. しかし, 実際に同じグラフになるのだろうか? そこで, 次の関数をグラフに書いてみよう.

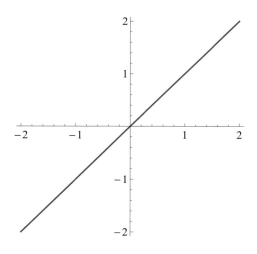

$$y = x$$

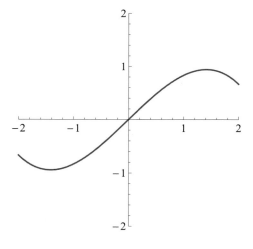

$$y = x - \frac{x^3}{3!}$$

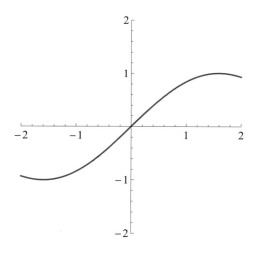

$$y = x - \frac{x^3}{3!} + \frac{x^5}{5!}$$

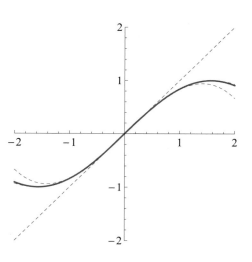

$$y = \sin x$$

第 2 章 練 習 問 題

1. 次の関数の導関数を求めよ.

(1) $y = \sqrt{x^2 - 1}$　　　(2) $y = \sin^{-1}\sqrt{1 - x^2}$　　　(3) $y = x\sqrt{1 - x^2} + \sin^{-1} x$

(4) $y = \sqrt{x + 2\sqrt{x}}$　　　(5) $y = e^{e^x}$　　　(6) $y = \log\sqrt{x^2 + 1}$

(7) $y = \tan^{-1}(\sin^{-1} x)$　　　(8) $y = \log\left(x + \sqrt{x^2 + 2}\right)$　　　(9) $y = \dfrac{x}{\sqrt{x^2 + 1}}$

(10) $y = \tan\dfrac{x + 1}{x^2}$　　　(11) $y = \sin^3 x^2$　　　(12) $y = \tan(\sin(\log x))$

2. 次の媒介変数で表示された関数について $\dfrac{dy}{dx}$ を求めよ.

(1) $\begin{cases} x = t - \sin t \\ y = 1 - \cos t \end{cases}$　　　(2) $\begin{cases} x = \dfrac{1}{\cos t} \\ y = \tan t \end{cases}$　　　(3) $\begin{cases} x = t^3 - 1 \\ y = t^2 + \sin t \end{cases}$

(4) $\begin{cases} x = t^2 - 3t \\ y = e^t \end{cases}$　　　(5) $\begin{cases} x = \cos^2 t \\ y = \sin t \end{cases}$　　　(6) $\begin{cases} x = e^t - 1 \\ y = \sin 2t \end{cases}$

3. 次の関数の n 次導関数を求めよ.

(1) $y = e^{-x}$　　　(2) $y = \sin x$　　　(3) $y = \log x$

(4) $y = \sqrt{x}$　　　(5) $y = \dfrac{1}{x - 1}$　　　(6) $y = (x^2 + n)e^x$

(7) $y = x\log x$　　　(8) $y = x\sin x$　　　(9) $y = e^x\cos x$

(10) $y = x^3\log x$　　　(11) $y = xe^{-2x}$　　　(12) $y = \dfrac{1}{x(x - 1)}$

4. 関数 $f(x) = \dfrac{1}{\sqrt{1 - x^2}}$ について,

(1) $(1 - x^2)f'(x) = xf(x)$ を示せ.　　　(2) $f^{(n)}(0)$ を求めよ.

5. 次の関数のマクローリン展開を 2 次の項まで求めよ.

(1) $y = \dfrac{e^x + e^{-x}}{2}$　　　(2) $y = (x + 3)^4$　　　(3) $y = \dfrac{1}{\sqrt{1 - x}}$

(4) $y = \tan^{-1} x$　　　(5) $y = (x - 1)^2$　　　(6) $y = 2^x$

(7) $y = e^x\sin x$　　　(8) $y = \log(e^x + 1)$　　　(9) $y = \dfrac{1}{1 - \sin x}$

(10) $y = e^{\cos x}$　　　(11) $y = (e^x - 1)^4$　　　(12) $y = \tan x$

6. 次の関数のマクローリン級数を求めよ.

(1)　$y = x^2 \sin x$

(2)　$y = e^{2x}$

(3)　$y = \dfrac{1}{x^2 + 1}$

(4)　$y = \tan^{-1} x$

(5)　$y = 3^x$

(6)　$y = x^2 e^x$

(7)　$y = e^{-x}$

(8)　$y = \dfrac{1}{x + 1}$

(9)　$y = \cos x^2$

(10)　$y = x \log(1 + x)$

(11)　$y = e^x \sin x$

7. 次の極限値を求めよ.

(1)　$\displaystyle \lim_{x \to 0} \frac{x - \sin x}{x^3}$

(2)　$\displaystyle \lim_{x \to \infty} \frac{\log(1 + e^x)}{1 + x^2}$

(3)　$\displaystyle \lim_{x \to +0} \left(\frac{1}{x} \right)^{\sin x}$

(4)　$\displaystyle \lim_{x \to \infty} x(a^{\frac{1}{x}} - 1) \ (a > 0)$

(5)　$\displaystyle \lim_{x \to 0} \frac{\cos x - \frac{1}{1 - x^2}}{x^2}$

(6)　$\displaystyle \lim_{x \to 0} \frac{e^x - 1 - x\sqrt{x + 1}}{x^3}$

(7)　$\displaystyle \lim_{x \to \infty} \frac{e^x}{1 + x + x^2}$

(8)　$\displaystyle \lim_{x \to 0} \frac{\sin x - \tan^{-1} x}{x^3}$

(9)　$\displaystyle \lim_{x \to 0} \frac{2^x - 1 - (\log 2)x}{x^2}$

8. 次の関数の極値を求めよ.

(1)　$y = (x - 4)\sqrt{x}$

(2)　$y = \dfrac{x}{\log x}$

(3)　$y = \dfrac{1 - x + x^2}{1 + x - x^2}$

(4)　$y = \sin x(1 + \cos x)$

(5)　$y = x^{\frac{1}{2}}(1 - x)^{\frac{1}{2}}$

(6)　$y = \log(x + \sqrt{x^2 + 1}\,)$

第3章 積分法1

　積分は面積や体積を求めることを目的として 18 世紀に発生したものであるが，その後の進展で，微分の逆計算として不定積分が生まれた．この章では具体的な面積を求めることから離れて，種々の関数の不定積分を求めることを学修する．

3.1　不定積分

　関数 $y = f(x)$ の $x = a$ における微分 $f'(a)$ の定義を振り返ると，次の極限値であった．

$$\frac{f(b) - f(a)}{b - a} \quad \text{で } b \longrightarrow a \text{ とした．}$$

例えば，ある物体の時刻 x における位置が関数 $y = f(x)$ で与えられているとすれば $\frac{f(b) - f(a)}{b - a}$ は時刻 a から b までの期間における速度の平均である．よって $b \longrightarrow a$ としたときの極限値 $f'(a)$ は，物体の時刻 a における速度を求めたことになる．

　いま，逆に関数 $y = f(x)$ は時刻 x における速度を表しているとする．このとき，時刻 a から b までに物体が動いた距離を求めることを考える．もし $f(x) = v$（一定）であれば，時刻 a から b までの動いた距離は，もちろん $v(b - a)$ であるが，これは，グラフで囲まれた部分の面積である．速度のグラフによって描かれる図形の面積が移動距離に対応することは，速度が一定の定数関数でない場合にも成り立つことが知られている．

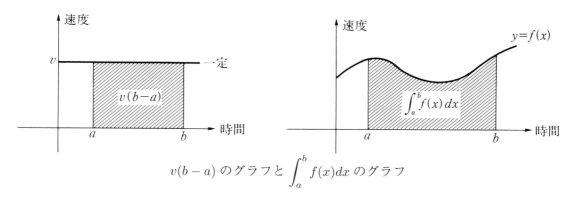

$v(b-a)$ のグラフと $\int_a^b f(x)dx$ のグラフ

　積分とは，図のように関数で囲まれた部分の面積を求める作業であり，上記の例の場合 $y = f(x)$ を積分するということは，物体が時刻 a から b までに動いた距離を求めることに対応している．高校での学習で $y = f(x) \geq 0$ の区間 $[a, b]$ での面積は $F'(x) = f(x)$ となる関数 $F(x)$ を 1 つ見つけてきて $F(b) - F(a)$ を求めればよい．したがって，積分を求めるには微分について，よくわからなければならない．第 3 章で，高校のときとは違う，複雑な関数についての微分を学習した．この章では，高校での学習を振り返りながら，そのような関数の不定積分を学修する．

　関数 $f(x)$ に対して，

$$F'(x) = f(x)$$

となる関数 $F(x)$ を $f(x)$ の **原始関数** または **不定積分**という．

例 3.1.1. (1) x^2, x^2+1 は $2x$ の不定積分である.

(2) $\sin x$, $\sin x+2$ は $\cos x$ の不定積分である. ■

　関数 $f(x)$ の不定積分は数多く存在するが, 次の定理により定数を除いてただ1つ定まる.

定理 3.1.1. $F(x)$, $G(x)$ を $f(x)$ 不定積分とすると
$$G(x) - F(x) = C \quad (C は定数)$$
が成り立つ.

証明. 不定積分の定義により　$G'(x) = F'(x) = f(x)$, したがって
$$(G(x) - F(x))' = G'(x) - F'(x) = f(x) - f(x) = 0.$$
第2章, 系 2.5.3 より $G(x) - F(x) = C$ (C は定数). □

　関数 $f(x)$ に対して, その不定積分を $\displaystyle\int f(x)\,dx$ と表す. $f(x)$ の不定積分の1つを $F(x)$ とすると, 定理 3.1.1 より
$$\int f(x)\,dx = F(x) + C$$
と表すことができる. このとき, $f(x)$ を**被積分関数**, C を**積分定数**といい関数 $f(x)$ の不定積分を求めることを**関数 $f(x)$ を積分する**という. 以下では, 積分定数は省略する.

注 3.1.1. 任意の関数の不定積分は必ずしも存在しないが, 連続関数の不定積分は常に存在する.

　不定積分の計算において, 次の定理が基本的である.

定理 3.1.2. a,b を定数とするとき
$$\int \{af(x) + bg(x)\}\,dx = a\int f(x)\,dx + b\int g(x)\,dx$$
が成り立つ.

問 3.1 上の定理を証明せよ.

　いくつかの基本的な関数の不定積分がわかれば, それらを組み合わせてより複雑な不定積分が計算できる. まず, 基本的な関数の不定積分の公式を述べる.

定理 3.1.3. (不定積分の基本公式)

(1) $\displaystyle\int x^a\,dx = \frac{x^{a+1}}{a+1} \quad (a \neq -1)$

(2) $\displaystyle\int \frac{1}{x}\,dx = \log |\,x\,|$

(3) $\displaystyle\int e^x\,dx = e^x$

(4) $\displaystyle\int a^x\,dx = \frac{a^x}{\log a} \quad (a > 0, a \neq 1)$

(5) $\displaystyle\int \cos x\,dx = \sin x$

(6) $\displaystyle\int \sin x\,dx = -\cos x$

(7) $\displaystyle\int \frac{1}{\cos^2 x}\,dx = \tan x$

(8) $\displaystyle\int \frac{1}{\sqrt{a^2 - x^2}}\,dx = \sin^{-1}\frac{x}{a} \quad (a > 0)$

(9) $\displaystyle\int \frac{1}{a^2 + x^2}\,dx = \frac{1}{a}\tan^{-1}\frac{x}{a} \quad (a > 0)$

(10) $\displaystyle\int \frac{f'(x)}{f(x)}\,dx = \log |\,f(x)\,|$

問 **3.2** 定理 3.1.3 (7), (8), (9) を証明せよ.

例 3.1.2.

(1) $\displaystyle \int \frac{1}{\sqrt{9-x^2}}\,dx = \sin^{-1}\frac{x}{3}$.

(2) $\displaystyle \int \frac{2}{4+x^2}\,dx = 2\int \frac{1}{2^2+x^2}\,dx = \tan^{-1}\frac{x}{2}$.

(3) $\displaystyle \int \tan x\,dx = \int \frac{\sin x}{\cos x}\,dx = -\int \frac{(\cos x)'}{\cos x}\,dx = -\log|\cos x|$. ■

3.2 置換積分と部分積分

1) 置換積分

x の関数 $f(x)$ において, その変数 x が変数 t によって $x = g(t)$ と表されるとき次の公式が成り立つ.

定理 3.2.1. (置換積分の公式) 関数 $f(x)$ が連続, $x = g(t)$ が微分可能, かつその導関数 $g'(t)$ が連続であるとき,
$$\int f(x)\,dx = \int f(g(t))g'(t)\,dt.$$

証明. $f(x)$ の不定積分を $F(x)$ とすると, 合成関数 $F(g(t))$ について,
$$\frac{d}{dt}F(g(t)) = \frac{dF}{dx}\frac{dx}{dt} = f(x)g'(t) = f(g(t))g'(t).$$

したがって,
$$\int f(g(t))g'(t)\,dt = F(g(t)) = F(x) = \int f(x)\,dx. \qquad \square$$

注 3.2.1. 実際の計算においては, $x = g(t)$ を微分し, $\dfrac{dx}{dt} = g'(t)$ から分母をはらった $dx = g'(t)dt$ を左辺に代入すればよい.

置換積分の公式を利用して次のように不定積分を求めることができる.

例 3.2.1. 次の不定積分を求めよ.

(1) $(2x+1)^7$　　(2) xe^{x^2}　　(3) $x\sqrt{x^2-1}$　　(4) $\dfrac{\sin x}{\cos^2 x}$

解.

(1) $t = 2x+1$ とおくと,
$$\int (2x+1)^7\,dx = \int t^7 \frac{1}{2}\,dt = \frac{1}{2}\int t^7\,dt = \frac{1}{16}t^8 = \frac{1}{16}(2x+1)^8.$$

(2) $t = x^2$ とおくと $dt = 2xdx$ であるから,
$$\int xe^{x^2}\,dx = \int e^t \frac{1}{2}\,dt = \frac{1}{2}e^t = \frac{1}{2}e^{x^2}.$$

(3) $t = x^2 - 1$ とおくと $dt = 2xdx$ であるから,

$$\int x\sqrt{x^2-1}\,dx = \int \sqrt{t}\,\frac{1}{2}\,dt = \frac{1}{2}\int \sqrt{t}\,dt = \frac{1}{3}\,t^{\frac{3}{2}} = \frac{1}{3}\,(x^2-1)^{\frac{3}{2}}.$$

(4) $t = \cos x$ とおくと $dt = -\sin x dx$ であるから,

$$\int \frac{\sin x}{\cos^2 x}\,dx = -\int \frac{1}{t^2}\,dt = \frac{1}{t} = \frac{1}{\cos x}. \qquad\blacksquare$$

問 **3.3** 次の関数の不定積分を求めよ.

(1)　$x^2 e^{x^3}$　　　(2)　$\sin 2x \cos 4x$　　　(3)　$\dfrac{x^3}{x^2+4}$　　　(4)　$\dfrac{e^x}{1+e^x}$　　　(5)　$\dfrac{\sin x}{2+\cos x}$

2) 部分積分

　置換積分の公式とならんで, 積分の計算に有力な手段となるのが部分積分の公式である.

定理 **3.2.2.** (部分積分の公式)
関数 $f'(x), g'(x)$ が連続のとき

$$\int f'(x)g(x)\,dx = f(x)g(x) - \int f(x)g'(x)\,dx.$$

証明. 積の微分の公式 (第 2 章, 定理 2.2.3) より,

$$\{f(x)g(x)\}' = f'(x)g(x) + f(x)g'(x).$$

　両辺を積分すると,

$$f(x)g(x) = \int f'(x)g(x)\,dx + \int f(x)g'(x)\,dx.$$

　式を整理して,

$$\int f'(x)g(x)\,dx = f(x)g(x) - \int f(x)g'(x)\,dx. \qquad\square$$

例 **3.2.2.** 次の不定積分を求めよ.

(1)　$\log x$　　　　　　(2)　$x\cos x$　　　　　　(3)　$\sin^{-1} x$

解.

(1) $\displaystyle\int \log x\,dx = \int 1 \cdot \log x\,dx = x\log x - \int x \cdot \frac{1}{x}\,dx = x\log x - \int dx = x\log x - x$

(2) $\displaystyle\int x\cos x\,dx = x\sin x - \int \sin x\,dx = x\sin x + \cos x$

(3) $\displaystyle\int \sin^{-1} x\, dx = x\sin^{-1} x - \int \frac{x}{\sqrt{1-x^2}}\, dx$

ここで $t = 1 - x^2$ とおくと $-2x\,dx = dt$ であるから,
$$\int \frac{x}{\sqrt{1-x^2}}\, dx = -\int \frac{1}{2\sqrt{t}}\, dt = -\sqrt{t} = -\sqrt{1-x^2}.$$

したがって, $\displaystyle\int \sin^{-1} x\, dx = x\sin^{-1} x + \sqrt{1-x^2}.$ ■

問 3.4 次の関数の不定積分を求めよ.

(1) xe^x (2) $x\sin x$ (3) $\tan^{-1} x$ (4) $\log(x^2+1)$

例 3.2.3. 不定積分 $\displaystyle\int e^x \sin x\, dx$ を求めよ.

解.
$$\int e^x \sin x\, dx = e^x \sin x - \int e^x \cos x\, dx = e^x \sin x - \left(e^x \cos x + \int e^x \sin x\, dx \right)$$

したがって, $\displaystyle\int e^x \sin x\, dx = \frac{e^x(\sin x - \cos x)}{2}.$ ■

問 3.5 次の関数の不定積分を求めよ.

(1) $x^2 e^x$ (2) $e^x \cos x$ (3) $x^2 \sin x$

例 3.2.4.

(1) n を自然数としたとき,
$$\int \cos^n x\, dx = \frac{1}{n}\cos^{n-1} x \sin x + \frac{n-1}{n}\int \cos^{n-2} x\, dx$$

を示せ.

(2) 不定積分 $\displaystyle\int \cos^3 x\, dx$ を求めよ.

解.

(1) $n=1$ のときは明らか. n を 2 以上の自然数とする.
$$\int \cos^n x\, dx = \int \cos^{n-1} x \cos x\, dx = \cos^{n-1} x \sin x + (n-1)\int \cos^{n-2} x \sin^2 x\, dx$$
$$= \cos^{n-1} x \sin x + (n-1)\int \cos^{n-2} x\, dx - (n-1)\int \cos^n x\, dx$$

したがって, 右辺の第 3 項を左辺に移項し, n で割ればよい.

(2) 上の (1) で求めた式から,
$$\int \cos^3 x\, dx = \frac{1}{3}\cos^2 x \sin x + \frac{2}{3}\int \cos x\, dx = \frac{1}{3}\cos^2 x \sin x + \frac{2}{3}\sin x$$ ■

注 3.2.2. $\cos x$ の 3 倍角の公式を利用してもよい.

問 3.6 $\displaystyle\int \sin^4 x\, dx$ を求めよ.

問 3.7 次の不定積分の漸化式をつくれ.

(1) $\displaystyle I_n = \int x^n e^{-x}\, dx$ (2) $\displaystyle I_n = \int (\log x)^n\, dx$ (3) $\displaystyle I_n = \int x^n a^x\, dx$ $(a > 0,\ a \neq 1)$

3.3　いろいろな関数の積分

1) 有理関数の積分

多項式 (第 1 章, 注 1.6.1) の分数形で表される関数を**有理関数**ということは, 第 1 章問 1.10 で述べた. 多項式 $f(x)$, $g(x)$ に対し, 有理関数 $\dfrac{g(x)}{f(x)}$ の不定積分は以下のような手順 (i)～(iv) で求められる. ここで, $\deg f(x)$ は**多項式 $f(x)$ の次数**を表す.

(i) $\deg g(x) \geq \deg f(x)$ の場合は, $g(x)$ を $f(x)$ で割って商 $q(x)$ と余り $r(x)$ を求めて,

$$\frac{g(x)}{f(x)} = q(x) + \frac{r(x)}{f(x)}, \quad \deg r(x) < \deg f(x)$$

の形にする. このとき $\displaystyle\int \frac{r(x)}{f(x)}\,dx$ が計算できればよい.

(ii) $f(x)$ を実数の範囲で因数分解して, いくつかの 2 次式と 1 次式の積に書く.

（例）　$f(x) = (x^2 + x + 1)(x^2 + 2x + 3)^2(x - 1)^3(x + 1)$

(iii) 有理関数 $\dfrac{r(x)}{f(x)}$ を部分分数の和で表す.

（例）　$f(x) = (x^2 + x + 1)(x^2 + 2x + 3)^2(x - 1)^3(x + 1)$ のとき,

$$\frac{r(x)}{f(x)} = \frac{Ax + B}{x^2 + x + 1} + \frac{Cx + D}{(x^2 + 2x + 3)^2} + \frac{C'x + D'}{x^2 + 2x + 3} +$$
$$\frac{E}{(x - 1)^3} + \frac{E'}{(x - 1)^2} + \frac{E''}{x - 1} + \frac{F}{x + 1}$$

定数 A, B, C, D, E, F 等の値を求めるには, この等式が恒等式であることを利用する (例 3.3.2 参照).

(iv) 部分分数の和において, 各項の不定積分を求める.

以上より, 有理関数の不定積分を求めるには, 次の形の不定積分がわかればよい.

(1) $\displaystyle\int \frac{dx}{ax + b} = \frac{1}{a}\,\log|ax + b| \quad (a \neq 0)$

(2) $\displaystyle\int \frac{dx}{(ax + b)^n} = \frac{1}{a(1 - n)}\,\frac{1}{(ax + b)^{n-1}} \quad (n \geq 2,\ a \neq 0)$
　　$ax + b = t$ で置換積分

(3) $\displaystyle\int \frac{Ax + B}{ax^2 + bx + c}\,dx \quad (a \neq 0,\ b^2 - 4ac < 0)$

(4) $\displaystyle\int \frac{Ax + B}{(ax^2 + bx + c)^n}\,dx \quad (n \geq 2,\ a \neq 0,\ b^2 - 4ac < 0)$

(3) の不定積分は $a = 1$ と考えてよく, 定理 3.1.3 [不定積分の基本公式] (9), (10) を利用して, 次の例題のように計算できる.

例 3.3.1. $\displaystyle\int \frac{x-5}{x^2-2x+5}\,dx$ を求めよ.

解.

$$
\begin{aligned}
\int \frac{x-5}{x^2-2x+5}\,dx &= \frac{1}{2}\int \frac{2x-2}{x^2-2x+5}\,dx - 4\int \frac{dx}{x^2-2x+5} \\
&= \frac{1}{2}\log(x^2-2x+5) - 4\int \frac{dx}{(x-1)^2+4} \\
&= \frac{1}{2}\log(x^2-2x+5) - 2\tan^{-1}\frac{x-1}{2}
\end{aligned}
$$

∎

問 3.8 次の不定積分を求めよ.

$$(1) \int \frac{x+1}{2x^2-x-1}\,dx \qquad\qquad (2) \int \frac{x-1}{x^2+x+3}\,dx$$

例 3.3.2. $\displaystyle\int \frac{dx}{x^3-1}$ を求めよ.

解. 分母の多項式は $x^3-1 = (x-1)(x^2+x+1)$ と因数分解できるから, 部分分数の和を

$$
\frac{1}{x^3-1} = \frac{A}{x-1} + \frac{Bx+C}{x^2+x+1}
$$

とおく. 未知の係数 A, B, C を求める. 両辺に x^3-1 をかけて,

$$
1 = A(x^2+x+1) + (Bx+C)(x-1) = (A+B)x^2 + (A-B+C)x + A-C
$$

を得る. x は変数であるから, 等式が常に成り立つためには x^2, x および定数項の係数を比較して,

$$
A+B = 0,\ A-B+C = 0,\ A-C = 1
$$

をみたせばよい. この連立方程式を解いて A, B, C の値を求めると, $A = \dfrac{1}{3}$, $B = -\dfrac{1}{3}$, $C = -\dfrac{2}{3}$ となる.

$$
\begin{aligned}
\int \frac{1}{x^3-1}\,dx &= \frac{1}{3}\int \frac{1}{x-1}\,dx - \frac{1}{3}\int \frac{x+2}{x^2+x+1}\,dx \\
&= \frac{1}{3}\log|x-1| - \frac{1}{6}\int \frac{2x+1}{x^2+x+1}\,dx - \frac{1}{2}\int \frac{dx}{(x+\frac{1}{2})^2+(\frac{\sqrt{3}}{2})^2} \\
&= \frac{1}{3}\log|x-1| - \frac{1}{6}\log(x^2+x+1) - \frac{1}{2}\frac{2}{\sqrt{3}}\tan^{-1}\frac{2}{\sqrt{3}}\left(x+\frac{1}{2}\right) \\
&= \frac{1}{3}\log|x-1| - \frac{1}{6}\log(x^2+x+1) - \frac{1}{\sqrt{3}}\tan^{-1}\frac{2x+1}{\sqrt{3}}
\end{aligned}
$$

∎

　　最後に (4) の形の不定積分の求め方を考えてみる. (4) の不定積分も $a = 1$ と考えてよいので, 次の (4)′ が計算できればよい.

(4)′ $\displaystyle\int \frac{Ax + B}{(x^2 + bx + c)^n}\, dx$　$(n \geq 2,\ b^2 - 4c < 0)$

$$\int \frac{Ax + B}{(x^2 + bx + c)^n}\, dx = \frac{A}{2} \int \frac{2x + b}{(x^2 + bx + c)^n}\, dx + \int \frac{B - \frac{Ab}{2}}{(x^2 + bx + c)^n}\, dx$$

$$= \frac{A}{2} \int \frac{1}{t^n}\, dt + \int \frac{B - \frac{Ab}{2}}{(x^2 + bx + c)^n}\, dx \ (t = x^2 + bx + c \text{ で置換積分}).$$

よって, 次の (4)″ の計算ができればよい.

(4)″ $\displaystyle\int \frac{dx}{(x^2 + bx + c)^n}$　$(n \geq 2,\ b^2 - 4c < 0)$

$t = x + \frac{b}{2}$ で置換積分する.

$$\int \frac{dx}{(x^2 + bx + c)^n} = \int \frac{dx}{\left((x + \frac{b}{2})^2 + c - \frac{b^2}{4}\right)^n} = \int \frac{dt}{\left(t^2 + \left(\sqrt{c - \frac{b^2}{4}}\right)^2\right)^n}$$

したがって, 最終的に $\displaystyle\int \frac{dx}{(x^2 + c^2)^n}$　$(n \geq 2,\ c > 0)$ の計算ができればよい.

$I_n = \displaystyle\int \frac{dx}{(x^2 + c^2)^n}$　$(n = 1, 2, \ldots,\ c > 0)$ の計算は漸化式を利用する.

$I_1 = \displaystyle\int \frac{dx}{x^2 + c^2} = \frac{1}{c} \tan^{-1} \frac{x}{c}$

$n \geq 2$ のとき,

$$\begin{aligned}
I_n &= \int \frac{dx}{(x^2 + c^2)^n} = \frac{1}{c^2} \int \frac{x^2 + c^2 - x^2}{(x^2 + c^2)^n}\, dx \\[2mm]
&= \frac{1}{c^2} \int \frac{dx}{(x^2 + c^2)^{n-1}} - \frac{1}{c^2} \int \frac{x^2}{(x^2 + c^2)^n}\, dx \\[2mm]
&= \frac{1}{c^2} I_{n-1} - \frac{1}{c^2} \int x \left(\frac{1}{2(1 - n)} \frac{1}{(x^2 + c^2)^{n-1}} \right)'\, dx \\[2mm]
&= \frac{1}{c^2} I_{n-1} - \frac{1}{c^2} \frac{1}{2(1 - n)} \frac{x}{(x^2 + c^2)^{n-1}} + \frac{1}{c^2} \frac{1}{2(1 - n)} \int \frac{dx}{(x^2 + c^2)^{n-1}} \\[2mm]
&= \frac{1}{c^2} I_{n-1} - \frac{1}{c^2} \frac{1}{2(1 - n)} \frac{x}{(x^2 + c^2)^{n-1}} + \frac{1}{c^2} \frac{1}{2(1 - n)} I_{n-1} \\[2mm]
&= \frac{1}{c^2} \frac{1}{2(n - 1)} \frac{x}{(x^2 + c^2)^{n-1}} + \frac{1}{c^2} \left(1 + \frac{1}{2(1 - n)} \right) I_{n-1}
\end{aligned}$$

よって, $n \geq 2$ のとき I_n の漸化式は次のようになる.

$$I_n = \frac{1}{c^2} \frac{1}{2(n-1)} \frac{x}{(x^2+c^2)^{n-1}} + \frac{1}{c^2} \left(1 + \frac{1}{2(1-n)} \right) I_{n-1}$$

問 3.9 漸化式を利用して, 次の不定積分を求めよ.

$$(1) \int \frac{dx}{(x^2+1)^2} \qquad\qquad (2) \int \frac{dx}{(x^2+1)^3}$$

例 3.3.3. $\displaystyle\int \frac{2x+1}{(x^2+2x+5)^2}\, dx$ を求めよ.

解.

$$\int \frac{2x+1}{(x^2+2x+5)^2}\, dx = \int \frac{2x+2}{(x^2+2x+5)^2}\, dx - \int \frac{dx}{(x^2+2x+5)^2}$$

$$= \; -\frac{1}{x^2+2x+5} - \int \frac{dx}{\{(x+1)^2+2^2\}^2} \quad (\text{第 1 項は } t = x^2+2x+5 \text{ で置換積分})$$

$$= \; -\frac{1}{x^2+2x+5} - \int \frac{dt}{(t^2+2^2)^2} \quad (t = x+1 \text{ で置換積分}).$$

ここで漸化式を利用して,

$$\int \frac{dt}{(t^2+2^2)^2} = \frac{1}{8} \frac{t}{t^2+2^2} + \frac{1}{16} \tan^{-1} \frac{t}{2} = \frac{1}{8} \frac{x+1}{x^2+2x+5} + \frac{1}{16} \tan^{-1} \frac{x+1}{2}.$$

よって,

$$\int \frac{2x+1}{(x^2+2x+5)^2}\, dx = -\frac{1}{x^2+2x+5} - \frac{1}{8} \frac{x+1}{x^2+2x+5} - \frac{1}{16} \tan^{-1} \frac{x+1}{2}$$

$$= -\frac{1}{8} \frac{x+9}{x^2+2x+5} - \frac{1}{16} \tan^{-1} \frac{x+1}{2}.$$

∎

問 3.10 不定積分 $\displaystyle\int \frac{x+3}{(x^2+2x+2)^2}\, dx$ を求めよ.

2) 三角関数の積分

$R(x)$ は x の有理関数, $R(x,y)$ は 2 変数 x,y の有理関数とする.

(1) $\displaystyle \int R(\cos x, \sin x)\, dx$

$\tan \dfrac{x}{2} = t$ とおくと,

$$\sin x = 2\tan\frac{x}{2}\cos^2\frac{x}{2} = \frac{2\tan\frac{x}{2}}{1+\tan^2\frac{x}{2}} = \frac{2t}{1+t^2}.$$

$$\cos x = 2\cos^2\frac{x}{2} - 1 = \frac{2}{1+\tan^2\frac{x}{2}} - 1 = \frac{1-\tan^2\frac{x}{2}}{1+\tan^2\frac{x}{2}} = \frac{1-t^2}{1+t^2}.$$

$$dx = 2\cos^2\frac{x}{2}\, dt = \frac{2}{1+\tan^2\frac{x}{2}}\, dt = \frac{2}{1+t^2}\, dt.$$

$$\int R(\cos x, \sin x)\, dx = \int R\left(\frac{1-t^2}{1+t^2}, \frac{2t}{1+t^2}\right)\frac{2}{1+t^2}\, dt$$

となり, 有理関数の積分に帰着する.

(2) $\displaystyle \int R(\tan x)\, dx$

$\tan x = t$ とおくと, $dx = \cos^2 x\, dt = \dfrac{1}{1+\tan^2 x}\, dt = \dfrac{1}{1+t^2}\, dt$ より,

$\displaystyle \int R(\tan x)\, dx = \int R(t)\frac{1}{1+t^2}\, dt$ となり, 有理関数の積分に帰着する.

例 3.3.4. 次の不定積分を求めよ.

(1) $\displaystyle \int \frac{dx}{\sin x}$　　　　　　(2) $\displaystyle \int \tan^3 x\, dx$

解. (1) $\tan \dfrac{x}{2} = t$ とおくと,

$$\int \frac{dx}{\sin x} = \int \frac{1+t^2}{2t}\frac{2}{1+t^2}\, dt = \int \frac{dt}{t} = \log |t| = \log\left|\tan\frac{x}{2}\right|.$$

(2) $\tan x = t$ とおくと,

$$\int \tan^3 x\, dx = \int \frac{t^3}{1+t^2}\, dt = \int \left(t - \frac{t}{1+t^2}\right) dt$$

$$= \frac{t^2}{2} - \frac{1}{2}\log(1+t^2) = \frac{1}{2}\tan^2 x - \frac{1}{2}\log(1+\tan^2 x).$$

∎

問 3.11 次の不定積分を求めよ.

(1) $\displaystyle \int \frac{dx}{1+\cos x + \sin x}$　　(2) $\displaystyle \int \sin^3 x \cos^3 x\, dx$　　(3) $\displaystyle \int \frac{dx}{1-\tan^2 x}$

3) 無理関数の積分

基本的な無理関数の不定積分を考える.

定理 3.3.1. (無理関数の不定積分)

(1) $\displaystyle\int \frac{dx}{\sqrt{a^2-x^2}} = \sin^{-1}\frac{x}{a} \quad (a>0)$

(2) $\displaystyle\int \sqrt{a^2-x^2}\,dx = \frac{1}{2}\left(x\sqrt{a^2-x^2}+a^2\sin^{-1}\frac{x}{a}\right) \quad (a>0)$

(3) $\displaystyle\int \frac{dx}{\sqrt{x^2+A}} = \log|x+\sqrt{x^2+A}|$

(4) $\displaystyle\int \sqrt{x^2+A}\,dx = \frac{1}{2}\left(x\sqrt{x^2+A}+A\log|x+\sqrt{x^2+A}|\right)$

証明. (1) の証明: 第 2 章定理 2.3.4 から,

$$\left(\sin^{-1}\frac{x}{a}\right)' = \frac{1}{a}\frac{1}{\sqrt{1-\left(\frac{x}{a}\right)^2}} = \frac{1}{\sqrt{a^2-x^2}}$$

(2) の証明:

$$\int \sqrt{a^2-x^2}\,dx = \int (x)'\sqrt{a^2-x^2}\,dx = x\sqrt{a^2-x^2} - \int \frac{-x^2}{\sqrt{a^2-x^2}}\,dx$$

$$= x\sqrt{a^2-x^2} - \int \frac{a^2-x^2-a^2}{\sqrt{a^2-x^2}}\,dx$$

$$= x\sqrt{a^2-x^2} - \int \sqrt{a^2-x^2}\,dx + a^2\int \frac{dx}{\sqrt{a^2-x^2}}$$

$$= x\sqrt{a^2-x^2} - \int \sqrt{a^2-x^2}\,dx + a^2\sin^{-1}\frac{x}{a}$$

(3) の証明：

$\sqrt{x^2+A}=t-x$ とおき, 両辺を 2 乗して整理すると, $x=\dfrac{1}{2}\left(t-\dfrac{A}{t}\right)$

$$\sqrt{x^2+A} = t-x = t-\frac{1}{2}\left(t-\frac{A}{t}\right) = \frac{t^2+A}{2t}$$

$dx = \dfrac{t^2+A}{2t^2}\,dt$　なので,

$$\int \frac{dx}{\sqrt{x^2+A}} = \int \frac{2t}{t^2+A}\frac{t^2+A}{2t^2}\,dt = \int \frac{1}{t}\,dt = \log|t| = \log|x+\sqrt{x^2+A}|$$

(4) の証明：

$$\int \sqrt{x^2+A}\,dx = \int (x)'\sqrt{x^2+A}\,dx = x\sqrt{x^2+A} - \int \frac{x^2}{\sqrt{x^2+A}}\,dx$$

$$= x\sqrt{x^2+A} - \int \frac{x^2+A-A}{\sqrt{x^2+A}}\,dx = x\sqrt{x^2+A} - \int \sqrt{x^2+A}\,dx + A\int \frac{dx}{\sqrt{x^2+A}}$$

$$= x\sqrt{x^2+A} - \int \sqrt{x^2+A}\,dx + A\log|x+\sqrt{x^2+A}| \qquad \square$$

　その他の無理関数の積分は複雑であるが, 適当な置換積分を行うことで有理関数や既知の問題に帰着させることができる. 以下の (1)〜(3) の他に三角関数で置換積分を行う方法もある.

(1) $\displaystyle\int R\left(x, \sqrt[n]{\dfrac{ax+b}{cx+d}}\,\right) dx$ 　　$(ad-bc\neq 0)$

$\sqrt[n]{\dfrac{ax+b}{cx+d}} = t$ とおくと,

$$x = \frac{dt^n - b}{a - ct^n}\,, \qquad dx = \frac{n(ad-bc)t^{n-1}}{(a - ct^n)^2}dt$$

となり, 有理関数の積分になる.

(2) $\displaystyle\int R(x, \sqrt{ax^2+bx+c})\,dx$ 　$(a > 0)$

$\sqrt{ax^2+bx+c} = t - \sqrt{a}x$ とおくと,

$$x = \frac{t^2 - c}{2\sqrt{a}t + b}\,, \qquad dx = \frac{2(\sqrt{a}t^2 + bt + \sqrt{a}c)}{(2\sqrt{a}t + b)^2}dt$$

となり, 有理関数の積分になる.

(3) $\displaystyle\int R(x, \sqrt{ax^2+bx+c})\,dx$ 　$(a < 0, \quad b^2 - 4ac > 0)$

$ax^2 + bx + c = 0$ の 2 つの実数解を $\alpha, \beta(\alpha < \beta)$ とすると

$$\sqrt{ax^2+bx+c} = \sqrt{a(x-\alpha)(x-\beta)} = (x-\alpha)\sqrt{\frac{a(x-\beta)}{x-\alpha}} \qquad (\alpha < x < \beta)$$

であるから, $\sqrt{\dfrac{a(x-\beta)}{x-\alpha}} = t$ とおくと (1) の積分になる.

例 **3.3.5.** 不定積分 $\displaystyle\int \sqrt{\dfrac{2+x}{2-x}}\,dx$ を求めよ.

解. $\sqrt{\dfrac{2+x}{2-x}} = t$ とおくと,

$$\begin{aligned}\int \sqrt{\frac{2+x}{2-x}}\,dx &= \int \frac{8t^2}{(t^2+1)^2}\,dt = -\frac{4t}{t^2+1} + \int \frac{4}{t^2+1}\,dt \\ &= -\frac{4t}{t^2+1} + 4\tan^{-1} t = -\sqrt{4-x^2} + 4\tan^{-1}\sqrt{\frac{2+x}{2-x}}.\end{aligned}$$

■

問 **3.12** 次の不定積分を求めよ.

(1) $\dfrac{\sqrt{x}}{1+\sqrt{x}}$ 　　(2) $\dfrac{1}{1+\sqrt{x^2+1}}$ 　　(3) $\dfrac{1}{x^2\sqrt{1-x^2}}$ 　　(4) $x^2\sqrt{a^2-x^2}$

第 3 章 練 習 問 題

1. 次の関数の不定積分を求めよ.

(1) $x(2x+1)^8$　　　　(2) $\sin(3x+1)$　　　　(3) $\dfrac{(\log x)^2}{x}$　　　　(4) $\dfrac{e^x}{1+e^x}$

(5) $x\log x$　　　　(6) $x\tan^{-1}x$　　　　(7) $\dfrac{1}{x^2-2x-3}$　　　　(8) $\dfrac{1}{x^4+1}$

(9) $\dfrac{1}{x^2-1}$　　　　(10) $\dfrac{1}{(x^2+1)(x^2+4)}$　　　　(11) $\dfrac{x+3}{x^2+x+4}$　　　　(12) $\dfrac{\sin x}{2+\tan^2 x}$

(13) $\dfrac{\cos^3 x}{\sin^2 x}$　　　　(14) $\sin(\log x)$　　　　(15) $\tan^{-1}\sqrt{x}$　　　　(16) $\dfrac{1}{x\sqrt{1+x^2}}$

(17) $\dfrac{\sqrt{1+\log x}}{x}$　　　　(18) $\sqrt{4x-x^2}$

2. 次の等式を証明せよ.

(1) $\displaystyle\int f(x)\,dx = F(x)$ とするとき

$$\int f(ax+b)\,dx = \frac{1}{a}F(ax+b) \quad (a\neq 0)$$

(2)

$$\int f'(x)\{f(x)\}^a\,dx = \begin{cases} \dfrac{\{f(x)\}^{a+1}}{a+1} & (a\neq -1 \text{ のとき}) \\[2mm] \log|f(x)| & (a=-1 \text{ のとき}) \end{cases}$$

注 (1), (2) は公式としても利用する.

3. 次の漸化式を証明せよ.

(1) $I(m,n) = \displaystyle\int \sin^m x\cos^n x\,dx$ とおくと

$$I(m,n) = \frac{\sin^{m+1}x\cos^{n-1}x}{m+n} + \frac{n-1}{m+n}I(m,n-2) \qquad (m+n\neq 0)$$

(2) $I_n = \displaystyle\int \frac{\sin nx}{\sin x}\,dx$ とおくと

$$(n-1)(I_n - I_{n-1}) = 2\sin(n-1)x \qquad (n\geq 2)$$

第4章 積分法2

　本章では定積分の定義と基本的な性質について扱う．また定積分の広義積分への拡張と面積，曲線の長さを求める問題への応用について学修する．

4.1　定積分

　連続な関数 $f(x)$ が閉区間 $[a,b]$ で $f(x) \geq 0$ のとき，曲線 $y = f(x)$，x 軸，直線 $x = a$，$x = b$ で囲まれた部分の面積を $\displaystyle\int_a^b f(x)dx$ と表し，これを**定積分**という．ここでは $f(x)$ を有界な関数に一般化し，面積に相当する量として定積分を定義する．

1) 定積分の定義

　$f(x)$ を閉区間 $[a,b]$ $(a < b)$ で定義された関数とする．a と b の間に適当に点
$$x_0 = a < x_1 < \cdots < x_{n-1} < x_n = b$$
をとり，$\Delta = \{x_0 = a, x_1, \ldots, x_{n-1}, x_n = b\}$ を閉区間 $[a,b]$ の**分割**という．
　また分割 Δ に対して，値
$$|\Delta| = \max\{x_k - x_{k-1} : 1 \leq k \leq n\}$$
を Δ の**幅**という．各小区間 $[x_{k-1}, x_k]$ $(1 \leq k \leq n)$ から任意に代表点 $\alpha_k \in [x_{k-1}, x_k]$ をとる．区間 $[x_{k-1}, x_k]$ に対して，これを底辺とし，高さを $f(\alpha_k)$ とする長方形の面積は $f(\alpha_k)(x_k - x_{k-1})$ となる．ただし $f(\alpha_k)$ の符号によりこの面積は正の値とは限らないことに注意する．この $f, \Delta, \{\alpha_1, \ldots, \alpha_n\}$ で決まる符号付きの長方形の面積の和を $S(f, \Delta, \{\alpha_1, \ldots, \alpha_n\})$ とする．
$$S(f, \Delta, \{\alpha_1, \ldots, \alpha_n\}) = \sum_{k=1}^{n} f(\alpha_k)(x_k - x_{k-1})$$

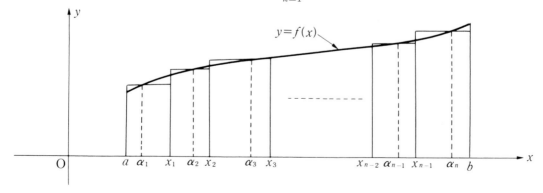

定積分の図

　区間の幅 $|\Delta|$ を限りなく小さくするとき，和 $S(f, \Delta, \{\alpha_1, \ldots, \alpha_n\})$ が一定の値 I に近づけば，I を面積に相当する量とみなせる．ただし I は分割のしかたや代表点の取り方によらずに同じ値となる必要がある．このことを厳密に定義すると次の条件 $(\diamond)$ になる．

条件 ($\diamondsuit$)

　任意の $\varepsilon > 0$ に対して, ある $\delta > 0$ が存在して, $|\Delta| < \delta$ をみたす任意の分割 $\Delta = \{x_0 = a, x_1, \ldots, x_{n-1}, x_n = b\}$ と, 任意の $\alpha_k \in [x_{k-1}, x_k]$ $(1 \leq k \leq n)$ に対して以下が成り立つ.

$$|S(f, \Delta, \{\alpha_1, \ldots, \alpha_n\}) - I| < \varepsilon$$

定義 4.1.1. $f(x)$ を閉区間 $[a, b]$ $(a < b)$ で定義された関数とする. $f(x)$ に対して, 条件 ($\diamondsuit$) をみたす定数 I が存在するとき, $f(x)$ は $[a, b]$ で**積分可能**であるという. また, 定数 I を $f(x)$ の a から b までの**定積分**といい, $I = \displaystyle\int_a^b f(x)\,dx$ で表す.

　便宜上, $\displaystyle\int_a^a f(x)\,dx = 0$, $\displaystyle\int_b^a f(x)\,dx = -\int_a^b f(x)\,dx$ と定める.

注 4.1.1. $f(x)$ が $[a, b]$ で積分可能であるとき, 定積分は一意的に定まる.

例 4.1.1. $f(x) = C$ （C は定数）のとき $f(x)$ は積分可能で, $\displaystyle\int_a^b f(x)\,dx = C(b-a)$.

証明. $[a, b]$ の任意の分割 $\Delta = \{x_0 = a, x_1, \ldots, x_{n-1}, x_n = b\}$ と, 任意の $\alpha_k \in [x_{k-1}, x_k]$ $(1 \leq k \leq n)$ に対して,

$$S(f, \Delta, \{\alpha_1, \ldots, \alpha_n\}) = \sum_{k=1}^n f(\alpha_k)(x_k - x_{k-1}) = \sum_{k=1}^n C(x_k - x_{k-1}) = C(b-a).$$

ここで $I = C(b-a)$ とすれば, 定義 4.1.1 の条件 ($\diamondsuit$) をみたし $\displaystyle\int_a^b f(x)\,dx = C(b-a)$ である. □

例 4.1.2. $[0, 1]$ で定義された次の関数は積分可能ではないことを示せ.

$$f(x) = \begin{cases} 0 & (x \text{ は有理数}) \\ 1 & (x \text{ は無理数}) \end{cases}$$

証明. $[0, 1]$ の任意の分割 $\Delta = \{x_0 = 0, x_1, \ldots, x_{n-1}, x_n = 1\}$ をとり, $\alpha_k \in [x_{k-1}, x_k]$ $(k = 1, \ldots, n)$ を選ぶ. このとき, 代表点 α_k をすべて有理数に選んだ場合は,

$$S(f, \Delta, \{\alpha_1, \ldots, \alpha_n\}) = \sum_{k=1}^n f(\alpha_k)(x_k - x_{k-1}) = 0.$$

また, 代表点 α_k をすべて無理数に選んだ場合は,

$$S(f, \Delta, \{\alpha_1, \ldots, \alpha_n\}) = \sum_{k=1}^n f(\alpha_k)(x_k - x_{k-1}) = 1.$$

よって, 定義 4.1.1 の条件 ($\diamondsuit$) をみたす定数 I は存在しないため, $f(x)$ は $[0, 1]$ で積分可能ではない. □

証明は与えないが, 次の結果がダルブーによって示されている.

> **定理 4.1.2.** $f(x)$ が $[a, b]$ で連続であれば, $f(x)$ は $[a, b]$ で積分可能である.

2) 定積分の基本的な性質

定積分に関する基本的な性質を述べる. 以下の定理は定義 4.1.1 から容易に導かれる.

> **定理 4.1.3.** $[a, b]$ で $f(x)$ と $g(x)$ は積分可能であるとする.
>
> 1. $\alpha f(x) + \beta g(x)$ も積分可能で　（α, β は定数)
> $$\int_a^b (\alpha f(x) + \beta g(x))\, dx = \alpha \int_a^b f(x)\, dx + \beta \int_a^b g(x)\, dx \quad (\text{線形性}).$$
>
> 2. $f(x) \geq g(x)$ ならば, $\displaystyle\int_a^b f(x)\, dx \geq \int_a^b g(x)\, dx$　（単調性).
>
> 3. $f(x)$ が $[a, c], [c, b]$ で積分可能なとき,
> $$\int_a^b f(x)\, dx = \int_a^c f(x)\, dx + \int_c^b f(x)\, dx \quad (\text{区間に関する加法性}).$$
>
> この式は, a, b, c の大小を問わず成り立つことがわかる.
>
> 4. $|f(x)|$ も積分可能で $\left| \displaystyle\int_a^b f(x)\, dx \right| \leq \int_a^b |f(x)|\, dx.$
>
> 5. $[a, b]$ で $m \leq f(x) \leq M,$ $(m, M$ は定数) とする. このとき,
> $$m(b - a) \leq \int_a^b f(x)\, dx \leq M(b - a).$$

中間値の定理と定理 4.1.3 (5) を用いると, 次の積分に関する平均値の定理が証明できる.

> **定理 4.1.4. (積分に関する平均値の定理)** $f(x)$ が $[a, b]$ で連続なとき, 区間 (a, b) 内のある α に対し,
> $$\int_a^b f(x)\, dx = (b - a) f(\alpha).$$

3) 微分積分学の基本定理

ある閉区間で $f(x)$ が積分可能のとき, その区間内の一定点を a, 任意の点を x とすると, $\displaystyle\int_a^x f(t)\, dt$ は x の関数である. これを $f(x)$ の**積分関数**といい, $F_a(x) = \displaystyle\int_a^x f(t)\, dt$ と書く. C を任意の定数とするとき, $F(x) = F_a(x) + C$ とおく. これも**積分関数**という.

定理 4.1.5. 区間 $[a,b]$ で $f(x)$ が連続ならば, $F_a(x) = \displaystyle\int_a^x f(t)\,dt$ は x について微分可能 (したがって, 連続) で,

$$\left(\int_a^x f(t)\,dt\right)' = f(x).$$

すなわち, 積分関数 $F(x) = F_a(x) + C$ は $f(x)$ の原始関数である.

証明. 積分に関する平均値の定理より,

$$F(x+h) - F(x) = F_a(x+h) - F_a(x) = \int_a^{x+h} f(t)\,dt - \int_a^x f(t)\,dt$$
$$= \int_x^{x+h} f(t)\,dt = hf(\alpha), \quad \alpha \in [x, x+h].$$

$f(x)$ は連続であるから

$$\lim_{h\to 0} \frac{F(x+h) - F(x)}{h} = f(x).$$

すなわち,

$$F'(x) = f(x). \qquad\qquad \square$$

　定理 4.1.5 によって, 第3章注 3.1.1 で述べた「連続関数には原始関数 (不定積分) が存在する」ことが証明された. また,

$$F(b) - F(a) = F_a(b) - F_a(a) = \int_a^b f(t)\,dt - \int_a^a f(t)\,dt = \int_a^b f(x)\,dx$$

であるから,

$$\int_a^b f(x)\,dx = F(b) - F(a)$$

となることがわかり, 定理 4.1.5 と組み合わせると次の定理が得られる.

定理 4.1.6. (微分積分学の基本定理) $[a,b]$ で $f(x)$ が連続で, $F'(x) = f(x)$ のとき,

$$\int_a^b f(x)\,dx = F(b) - F(a).$$

このとき, 右辺を $[F(x)]_a^b$ と書く.

 定積分を定義 4.1.1 から直接計算するのは煩雑である. 定理 4.1.6 によって連続関数の定積分は不定積分から容易に求めることができる.

問 4.1 次の定積分を求めよ.

$$(1) \int_0^{\frac{1}{2}} \frac{dx}{\sqrt{1-x^2}} \qquad\qquad (2) \int_0^1 \frac{dx}{\sqrt{1+x^2}}$$

問 4.2 $f(x)$ を連続関数とするとき, 次の x の関数を微分せよ.

$$(1) \int_x^{x^2} f(t)\,dt \qquad\qquad (2) \int_0^{x+1} xf(t)\,dt$$

4) 置換積分と部分積分

> **定理 4.1.7. (置換積分法)**
> $[a,b]$ で $x = \varphi(t)$ と $\varphi'(t)$ とが連続で, $x = \varphi(t)$ の値域において $f(x)$ が連続であるとき, $a = \varphi(\alpha)$, $b = \varphi(\beta)$ とすれば,
> $$\int_a^b f(x)\,dx = \int_\alpha^\beta f(\varphi(t))\,\varphi'(t)\,dt.$$

> **定理 4.1.8. (部分積分法)**
> $[a,b]$ で $f(x), g'(x)$ が連続で, $F'(x) = f(x)$ のとき,
> $$\int_a^b f(x)g(x)\,dx = [F(x)g(x)]_a^b - \int_a^b F(x)g'(x)\,dx.$$

例 4.1.3. 次の定積分を求めよ.

$$(1) \int_0^1 \sqrt{1-x^2}\,dx \qquad\qquad (2) \int_0^{\frac{1}{\sqrt{2}}} \frac{x\sin^{-1}x^2}{\sqrt{1-x^4}}\,dx$$

解. (1) $x = \sin t$ とおくと

$$\int_0^1 \sqrt{1-x^2}\,dx = \int_0^{\frac{\pi}{2}} \cos^2 t\,dt = \frac{1}{2}\int_0^{\frac{\pi}{2}}(1+\cos 2t)\,dt = \frac{1}{2}\left[t + \frac{\sin 2t}{2}\right]_0^{\frac{\pi}{2}} = \frac{\pi}{4}.$$

(2) $\sin^{-1}x^2 = t$ とおくと, $x = 0$ のとき $t = 0$, $x = \frac{1}{\sqrt{2}}$ のとき $t = \frac{\pi}{6}$ で,

$$dt = \frac{2x}{\sqrt{1-x^4}}\,dx$$

であるから, 求める積分は,

$$\frac{1}{2}\int_0^{\frac{\pi}{6}} t\,dt = \frac{1}{4}\left[t^2\right]_0^{\frac{\pi}{6}} = \frac{\pi^2}{144}.$$

∎

>
> 定積分の置換積分では積分区間も変わることに注意する. 例えば, 例 4.1.3 (1) では t の 0 から $\frac{\pi}{2}$ への変化が x の 0 から 1 への変化に対応するので, 変数と区間を同時に置き換える.

次の直観的に明らかな事実も置換積分を用いて証明される.

5) 偶関数および奇関数の性質

例 4.1.4. $f(x)$ は連続であるとする. 次の関係が成立する.

(1) $f(x)$ が奇関数, すなわち, $f(-x) = -f(x)$ のとき, $\displaystyle\int_{-a}^a f(x)\,dx = 0$.

(2) $f(x)$ が偶関数, すなわち, $f(-x) = f(x)$ のとき, $\displaystyle\int_{-a}^a f(x)\,dx = 2\int_0^a f(x)\,dx$.

証明. (1) のみ証明する. (2) も (1) と同様に証明できる.

$$\int_{-a}^{a} f(x)\,dx = \int_{-a}^{0} f(x)\,dx + \int_{0}^{a} f(x)\,dx$$

ここで, $x = -t$ とおくと $dx = -dt$ であるから,

$$\int_{-a}^{0} f(x)\,dx = \int_{a}^{0} f(-t)(-dt).$$

奇関数の性質から $f(-t) = -f(t)$ なので, 右辺の積分は,

$$\int_{a}^{0} f(t)\,dt = -\int_{0}^{a} f(t)\,dt$$

に等しいので,

$$\int_{-a}^{a} f(x)\,dx = \int_{-a}^{0} f(x)\,dx + \int_{0}^{a} f(x)\,dx = -\int_{0}^{a} f(x)\,dx + \int_{0}^{a} f(x)\,dx = 0$$

となる. □

問 4.3 次の定積分を求めよ.

(1) $\displaystyle\int_{0}^{1} (3x-1)^2\,dx$　　　　(2) $\displaystyle\int_{0}^{4} \frac{x}{9+x^2}\,dx$　　　　(3) $\displaystyle\int_{0}^{1} \frac{x-2}{x^2+x+1}\,dx$

(4) $\displaystyle\int_{e}^{e^2} \frac{dx}{x(\log x)^4}$　　　　(5) $\displaystyle\int_{0}^{\frac{\pi}{4}} \frac{dx}{a^2\sin^2 x + b^2\cos^2 x}$　　$(ab \neq 0)$

例 4.1.5. 次の定積分を求めよ.

(1) $\displaystyle\int_{0}^{1} xe^x\,dx$　　　　　　　　　(2) $\displaystyle\int_{0}^{1} x^2\log(x+2)\,dx$

解. ともに部分積分を使って計算できる.

(1) $\displaystyle\int_{0}^{1} xe^x\,dx = [xe^x]_{0}^{1} - \int_{0}^{1} e^x\,dx = e - (e-1) = 1$

(2) $\displaystyle\int_{0}^{1} x^2\log(x+2)\,dx = \left[\frac{x^3}{3}\log(x+2)\right]_{0}^{1} - \frac{1}{3}\int_{0}^{1} \frac{x^3}{x+2}\,dx$

$$= \frac{1}{3}\log 3 - \frac{1}{3}\int_{0}^{1} \left(x^2 - 2x + 4 - \frac{8}{x+2}\right)\,dx$$

$$= \frac{1}{3}\log 3 - \frac{1}{3}\left[\frac{1}{3}x^3 - x^2 + 4x - 8\log(x+2)\right]_{0}^{1}$$

$$= 3\log 3 - \frac{10}{9} - \frac{8}{3}\log 2$$

■

次に応用上で重要な公式を部分積分を使って導こう.

例 4.1.6. $I_n = \displaystyle\int_0^{\frac{\pi}{2}} \sin^n x\,dx = \int_0^{\frac{\pi}{2}} \cos^n x\,dx$ を示し, I_n を求めよ (n は 0 または自然数).

解. $x = \dfrac{\pi}{2} - t$ とおいて置換積分を行うと

$$\int_0^{\frac{\pi}{2}} \sin^n x\,dx = -\int_{\frac{\pi}{2}}^0 \cos^n t\,dt = \int_0^{\frac{\pi}{2}} \cos^n t\,dt.$$

また部分積分を用いて

$$I_n = \int_0^{\frac{\pi}{2}} \sin^n x\,dx = \left[-\frac{\sin^{n-1} x \cos x}{n} \right]_0^{\frac{\pi}{2}} + \frac{n-1}{n} \int_0^{\frac{\pi}{2}} \sin^{n-2} x\,dx$$

$$= \frac{n-1}{n} \int_0^{\frac{\pi}{2}} \sin^{n-2} x\,dx = \frac{n-1}{n} I_{n-2} \quad (n \geq 2).$$

$I_0 = \dfrac{\pi}{2}, I_1 = 1$ であるから, $n \geq 2$ で I_n は次のようになる.

$$\int_0^{\frac{\pi}{2}} \sin^n x\,dx = \int_0^{\frac{\pi}{2}} \cos^n x\,dx = \begin{cases} \dfrac{n-1}{n} \cdot \dfrac{n-3}{n-2} \cdots \dfrac{3}{4} \cdot \dfrac{1}{2} \cdot \dfrac{\pi}{2} & (\text{n が 2 以上の偶数}) \\[3mm] \dfrac{n-1}{n} \cdot \dfrac{n-3}{n-2} \cdots \dfrac{2}{3} & (\text{n が 3 以上の奇数}) \end{cases}$$

∎

 この積分は面積や体積を求める場面で良くあらわれるので, しっかり覚えること.

問 4.4 次の定積分を求めよ.

(1) $\displaystyle\int_1^2 \log x\,dx$ 　　　(2) $\displaystyle\int_0^1 x^2 \tan^{-1} x\,dx$ 　　　(3) $\displaystyle\int_0^{\frac{\pi}{2}} \sin^7 x\,dx$

(4) $\displaystyle\int_{-\frac{\pi}{2}}^{\frac{\pi}{2}} \cos^5 x\,dx$ 　　　(5) $\displaystyle\int_0^{3\pi} \sin^4 \frac{x}{3}\,dx$ 　　　(6) $\displaystyle\int_0^1 x^5 \sqrt{1-x^2}\,dx$

問 4.5 $0 \leq x \leq \dfrac{\pi}{2}$ において $\sin^{2n+1} x \leq \sin^{2n} x \leq \sin^{2n-1} x$ であることを使って, 次の式

(ウォリスの公式) を証明せよ.

$$\lim_{n \to \infty} \frac{1}{n} \left\{ \frac{2 \cdot 4 \cdots (2n)}{1 \cdot 3 \cdots (2n-1)} \right\}^2 = \pi$$

例 4.1.7. $\displaystyle\int_0^{\pi} \frac{x \sin x}{1 + \cos^2 x}\,dx$ を求めよ.

解. $x = \pi - t$ とおくと,

$$\int_0^{\pi} \frac{x \sin x}{1 + \cos^2 x}\,dx = -\int_{\pi}^0 \frac{(\pi - t) \sin t}{1 + \cos^2 t}\,dt = \pi \int_0^{\pi} \frac{\sin t}{1 + \cos^2 t}\,dt - \int_0^{\pi} \frac{t \sin t}{1 + \cos^2 t}\,dt$$

ゆえに,

$$\int_0^{\pi} \frac{x \sin x}{1 + \cos^2 x}\,dx = \frac{\pi}{2} \int_0^{\pi} \frac{\sin t}{1 + \cos^2 t}\,dt = \frac{\pi}{2} \left[-\tan^{-1}(\cos t) \right]_0^{\pi} = \frac{\pi^2}{4}.$$

∎

問 **4.6** m を任意の実数とするとき，$\displaystyle\int_0^{\frac{\pi}{2}} \frac{\cos^m x}{\sin^m x + \cos^m x}\,dx$ の値を求めよ．

次の例と問はフーリエ級数の理論を展開するときに使われる．

例 4.1.8. m, n を自然数とするとき，$\displaystyle\int_{-\pi}^{\pi} \cos mx \cos nx\,dx$ を求めよ．

解. 加法定理より，$\cos mx \cos nx = \dfrac{1}{2}\{\cos(m+n)x + \cos(m-n)x\}$ であるから，

$$\int_{-\pi}^{\pi} \cos mx \cos nx\,dx = \frac{1}{2}\left\{\int_{-\pi}^{\pi} \cos(m+n)x\,dx + \int_{-\pi}^{\pi} \cos(m-n)x\,dx\right\}$$
$$= \int_0^{\pi} \cos(m+n)x\,dx + \int_0^{\pi} \cos(m-n)x\,dx = \int_0^{\pi} \cos(m-n)x\,dx.$$

ゆえに，

$$\int_{-\pi}^{\pi} \cos mx \cos nx\,dx = \begin{cases} \pi & (m = n) \\ 0 & (m \neq n) \end{cases}$$

∎

問 **4.7** m, n を自然数とするとき，次の定積分を求めよ．

(1) $\displaystyle\int_{-\pi}^{\pi} \sin mx \sin nx\,dx$ \qquad\qquad (2) $\displaystyle\int_{-\pi}^{\pi} \sin mx \cos nx\,dx$

例 4.1.9. m, n を自然数とするとき，$\displaystyle\int_0^1 x^m(1-x)^n\,dx$ を求めよ．

解. 部分積分を用いて，

$$\int_0^1 x^m(1-x)^n\,dx = \left[-x^m \frac{(1-x)^{n+1}}{n+1}\right]_0^1 + \frac{m}{n+1}\int_0^1 x^{m-1}(1-x)^{n+1}\,dx$$
$$= \frac{m}{n+1}\int_0^1 x^{m-1}(1-x)^{n+1}\,dx$$
$$= \frac{m}{n+1}\frac{m-1}{n+2}\int_0^1 x^{m-2}(1-x)^{n+2}\,dx = \cdots$$
$$= \frac{m(m-1)\cdots 2\cdot 1}{(n+1)(n+2)\cdots(n+m)}\int_0^1 (1-x)^{n+m}\,dx$$
$$= \frac{m(m-1)\cdots 2\cdot 1}{(n+1)(n+2)\cdots(n+m)}\left[\frac{-(1-x)^{n+m+1}}{n+m+1}\right]_0^1$$
$$= \frac{m(m-1)\cdots 2\cdot 1}{(n+1)(n+2)\cdots(n+m)}\cdot\frac{1}{n+m+1}$$
$$= \frac{n!\,m!}{(n+m+1)!}.$$

∎

$I_{m,n} = \displaystyle\int_0^1 x^m(1-x)^n\,dx$ とおくと，2番目の等式から漸化式 $I_{m,n} = \dfrac{m}{n+1}I_{m-1,n+1}$ を得る．この操作を繰り返して m を1つずつ減らすことで容易に計算できる $I_{0,n+m}$ に帰着している．

$\boxed{\text{問 } 4.8}$ m, n を自然数とするとき, 次の定積分を求めよ.

(1) $\displaystyle\int_0^1 (1 - x^2)^n \, dx$
(2) $\displaystyle\int_a^b (x - a)^m (b - x)^n \, dx$

例 4.1.10. 次の式を証明せよ. ただし, n は 3 以上の自然数である.

$$\frac{1}{2} < \int_0^{\frac{1}{2}} \frac{dx}{\sqrt{1 - x^n}} < \frac{\pi}{6}$$

証明. $0 < x < \dfrac{1}{2}$ において, $1 < \dfrac{1}{\sqrt{1 - x^n}} < \dfrac{1}{\sqrt{1 - x^2}}$ であるから,

$$\int_0^{\frac{1}{2}} dx < \int_0^{\frac{1}{2}} \frac{dx}{\sqrt{1 - x^n}} < \int_0^{\frac{1}{2}} \frac{dx}{\sqrt{1 - x^2}}.$$

ここで,

$$\int_0^{\frac{1}{2}} \frac{dx}{\sqrt{1 - x^2}} = \left[\sin^{-1} x\right]_0^{\frac{1}{2}} = \frac{\pi}{6}$$

より問題の不等式は証明される. □

$\boxed{\text{問 } 4.9}$ 次の式を証明せよ. ただし, n は自然数である.

$$\frac{1}{2(n + 1)} < \int_0^1 \frac{x^n}{1 + x} \, dx < \frac{1}{n + 1}$$

6) 区分求積法

$f(x)$ は閉区間 $[0, 1]$ で積分可能とする. $[0, 1]$ を n 等分する分割

$$\Delta_n = \left\{0 = \frac{0}{n}, \frac{1}{n}, \frac{2}{n}, \dots, \frac{n - 1}{n}, \frac{n}{n} = 1\right\}$$

を考え, 各小区間 $[\frac{k-1}{n}, \frac{k}{n}]$ から右端の点 $\frac{k}{n}$ $(k = 1, \cdots, n)$ をとる. Δ_n と $\frac{k}{n}$ $(k = 1, \cdots, n)$ で決まる次の値 $S(\Delta_n)$ を考える.

$$S(\Delta_n) = \sum_{k=1}^n f\left(\frac{k}{n}\right) \frac{1}{n} = \frac{1}{n} \sum_{k=1}^n f\left(\frac{k}{n}\right)$$

定理 4.1.9. $\displaystyle\lim_{n \to \infty} S(\Delta_n) = \lim_{n \to \infty} \frac{1}{n} \sum_{k=1}^n f\left(\frac{k}{n}\right) = \int_0^1 f(x) \, dx$

証明. $I = \displaystyle\int_0^1 f(x) \, dx$ とし, $\displaystyle\lim_{n \to \infty} S(\Delta_n) = I$ を示す. 任意に $\varepsilon > 0$ をとる. 定義 4.1.1 より, この ε に対してある $\delta > 0$ が存在して I は次の条件をみたしている.

条件: $|\Delta| < \delta$ をみたす $[0, 1]$ の任意の分割 $\Delta = \{x_0 = 0, x_1, \dots, x_{n-1}, x_n = 1\}$ と, 各小区間 $[x_{k-1}, x_k]$ からの任意の点の選び方 $\{\alpha_1, \dots, \alpha_n\}$ に対して,

$$|S(f, \Delta, \{\alpha_1, \dots, \alpha_n\}) - I| < \varepsilon \quad \cdots (*) \quad \text{が成り立つ.}$$

ここで $\frac{1}{n_0} < \delta$ をみたす n_0 をとると, 任意の $n \geq n_0$ に対して $|\Delta_n| = \frac{1}{n} \leq \frac{1}{n_0} < \delta$ であるから, $(*)$ より $|S(\Delta_n) - I| < \varepsilon$ $(n \geq n_0)$ となる. □

定理 4.1.9 の証明において, Δ_n の各小区間 $[\frac{k-1}{n}, \frac{k}{n}]$ から左端の点 $\frac{k-1}{n}$ $(k = 1, \cdots, n)$ をとると, 次の定理が成立することがわかる.

定理 4.1.10. $\displaystyle \lim_{n \to \infty} \frac{1}{n} \sum_{k=0}^{n-1} f\left(\frac{k}{n}\right) = \int_0^1 f(x)\,dx$

定理 4.1.9, 4.1.10 以外にも区間や代表点の取り方を変えることで色々な派生形がつくれる. 形を暗記するのではなく, 定積分の定義 (定義 4.1.1) に基づいて理解すること.

例 4.1.11. $\displaystyle \lim_{n \to \infty} \left\{ \frac{1}{n+1} + \frac{1}{n+2} + \cdots + \frac{1}{n+n} \right\}$ を計算せよ.

解.

$$\lim_{n \to \infty} \left\{ \frac{1}{n+1} + \frac{1}{n+2} + \cdots + \frac{1}{n+n} \right\} = \lim_{n \to \infty} \frac{1}{n} \left\{ \frac{1}{1 + \frac{1}{n}} + \frac{1}{1 + \frac{2}{n}} + \cdots + \frac{1}{1 + \frac{n}{n}} \right\}$$

$$= \lim_{n \to \infty} \frac{1}{n} \sum_{k=1}^{n} \frac{1}{1 + \frac{k}{n}} = \int_0^1 \frac{dx}{1+x} = [\log(1+x)]_0^1 = \log 2$$

∎

このような求め方を **区分求積法** という.

問 4.10　次の極限値を区分求積法で求めよ.

$$\lim_{n \to \infty} \left\{ \frac{1}{n} + \frac{n}{n^2 + 1} + \frac{n}{n^2 + 2^2} + \cdots + \frac{n}{n^2 + (n-1)^2} \right\}$$

4.2 広義積分

　前節までは定積分を有限区間の有界な関数に限って扱ってきたが, 積分区間が無限に延びている場合や, 関数が区間内のいくつかの点で定義されていない, あるいは有界でない場合にも定積分に相当する量が定められれば応用上有益である. このような場合には, まず積分が可能な区間に対して定積分を求め, 次に区間についての極限をとることで拡張的に積分の値を定める. これを**広義積分**, あるいは, **異常積分**という. ここでは広義積分を例題を用いて説明し, 定積分の計算に幅広く用いられるガンマ関数とベータ関数を紹介する.

例 4.2.1. $\displaystyle\int_0^\infty \frac{dx}{1+x^2}$ を求めよ.

解. 積分区間が無限に延びていて, 任意の数 a に対して, $[0, a]$ で積分可能な場合である. 次のように計算する.

$$\int_0^\infty \frac{dx}{1+x^2} = \lim_{a\to\infty}\int_0^a \frac{dx}{1+x^2} = \lim_{a\to\infty}\left[\tan^{-1} x\right]_0^a = \lim_{a\to\infty}\tan^{-1} a = \frac{\pi}{2}$$

∎

$\displaystyle\int_{-\infty}^0 \frac{dx}{1+x^2}, \int_{-\infty}^\infty \frac{dx}{1+x^2}$ なども同様に定められる.

例 4.2.2. $\displaystyle\int_0^1 \frac{dx}{\sqrt{x}}$ を求めよ.

解. $x \to +0$ のとき, $\dfrac{1}{\sqrt{x}} \to \infty$ で, $0 < a \le 1$ なる任意の数 a に対して, $[a, 1]$ で積分可能な場合である.

$$\int_0^1 \frac{dx}{\sqrt{x}} = \lim_{a\to +0}\int_a^1 \frac{dx}{\sqrt{x}} = \lim_{a\to +0}\left[2\sqrt{x}\right]_a^1 = 2$$

∎

例 4.2.3. $\displaystyle\int_0^1 \frac{dx}{\sqrt{1-x^2}}$ を求めよ.

解. $x \to 1-0$ のとき, $\dfrac{1}{\sqrt{1-x^2}} \to \infty$ で, $0 \le a < 1$ なる任意の数 a に対して, $[0, a]$ で積分可能な場合である.

$$\int_0^1 \frac{dx}{\sqrt{1-x^2}} = \lim_{a\to 1-0}\int_0^a \frac{dx}{\sqrt{1-x^2}} = \lim_{a\to 1-0}\left[\sin^{-1} x\right]_0^a = \lim_{a\to 1-0}\sin^{-1} a = \frac{\pi}{2}$$

∎

例 4.2.4. $\displaystyle\int_{-1}^1 \frac{dx}{x}$ を求めよ.

解. $x = 0$ を除く区間で積分可能な場合である. 区間を 0 で 2 つに分割する.

$$\int_{-1}^1 \frac{dx}{x} = \int_{-1}^0 \frac{dx}{x} + \int_0^1 \frac{dx}{x}$$

右辺の 2 つの積分を個別に考える. $-1 \le a < 0 < b \le 1$ をみたす任意の a, b について, $[-1, a]$ と $[b, 1]$ で積分可能であるので, 定積分の値をそれぞれ 0 に近づけるよう極限をとる.

$$\int_{-1}^0 \frac{dx}{x} = \lim_{a \to -0} \int_{-1}^a \frac{dx}{x} = \lim_{a \to -0} [\log |x|]_{-1}^a = \log |a| = -\infty$$

$$\int_0^1 \frac{dx}{x} = \lim_{b \to +0} \int_b^1 \frac{dx}{x} = \lim_{b \to +0} [\log |x|]_b^1 = -\log b = \infty$$

となるので, $\int_{-1}^1 \frac{dx}{x}$ は**存在しない**. あるいは, （広義）**積分不可能**であるという. ■

注 4.2.1. 例 4.2.4 のように, 複数の区間の積分に分割されるときは, 分割した区間ごとに極限値を考えること. 1 つでも極限値が存在しない場合は積分不可能となる.

　例 4.2.1, 4.2.2, 4.2.3 のように定積分の極限値が存在するとき, $f(x)$ は（広義）**積分可能**である, あるいは（広義）**積分が収束する**という. またその極限値を**広義積分**という.

　例 4.2.4 の点 0 について考える. $c < 0 < d$ を 0 の近くにとると, 区間 $[c, d]$ の部分閉区間 $[c', d']$ が 0 を含まなければ, $\frac{1}{x}$ は $[c', d']$ で狭い意味で積分可能であるが, 0 を含めば, 狭い意味で積分可能でない. このようなとき, **点 0 は 特異点** であるという.

　ここでは厳密な定義は述べずに, 具体的な例をあげて広義積分の定め方を示したが, 実用上これで十分であろう. また広義積分においても, 収束性に注意すれば置換積分や部分積分等, 通常の積分の計算方法を用いることができる.

　問 4.11　次の積分を求めよ.

(1) $\int_0^\infty e^{-x}\, dx$
(2) $\int_1^\infty x^\alpha\, dx \ (\alpha > -1)$
(3) $\int_1^\infty \frac{dx}{x(x+1)}$
(4) $\int_0^\infty \frac{dx}{x^4+4}$
(5) $\int_0^1 \log x\, dx$
(6) $\int_{-1}^1 \frac{x \sin^{-1} x}{\sqrt{1-x^2}}\, dx$
(7) $\int_{-1}^1 \frac{dx}{\sqrt[3]{x^2}}$
(8) $\int_{-1}^1 \frac{dx}{x^2}$

1) ガンマ関数

　広義積分で定義される 2 つの関数を紹介する. これらは, いろいろな定積分の値を求めるのに有効である.

　$s > 0$ のとき, $\int_0^\infty e^{-x} x^{s-1}\, dx$ は広義積分可能であることが知られている. そこで,

$$\Gamma(s) = \int_0^\infty e^{-x} x^{s-1}\, dx$$

とおくと, 区間 $s > 0$ において 1 つの関数が定義される. この関数を Euler の**ガンマ関数 (Γ 関数)** という.

例 4.2.5. $\Gamma(s)$ に対して, 次の関係式が成り立つことを示せ.
(1) $\Gamma(s+1) = s\Gamma(s)$
(2) n を自然数とするとき, $\Gamma(n) = (n-1)!$.

証明. (1) $\mathbf{\Gamma}(s+1) = \displaystyle\int_0^\infty e^{-x}x^s\, dx = \left[-e^{-x}x^s\right]_0^\infty + s\int_0^\infty e^{-x}x^{s-1}\, dx = s\mathbf{\Gamma}(s)$

(2) (1) より

$$\mathbf{\Gamma}(n) = (n-1)\mathbf{\Gamma}(n-1) = (n-1)(n-2)\mathbf{\Gamma}(n-2) = \cdots = (n-1)!\mathbf{\Gamma}(1).$$

ここで，

$$\mathbf{\Gamma}(1) = \int_0^\infty e^{-x}\, dx = \left[-e^{-x}\right]_0^\infty = 1.$$

よって，$\mathbf{\Gamma}(n) = (n-1)!$ である． ∎

注 4.2.2. $\mathbf{\Gamma}(0.5) = \displaystyle\int_0^\infty e^{-x}x^{-\frac{1}{2}}\, dx$ において，$\sqrt{x} = t$ とおくと，$\mathbf{\Gamma}(0.5) = 2\displaystyle\int_0^\infty e^{-t^2}\, dt$ が得られる．この積分を求めるためには第 6 章で扱う重積分の知識が必要となる．詳細は第 6 章例 6.3.5 を参照されたい．しかし，次の問は例 4.2.5 の性質のみで解ける．

問 **4.12** 次の値を求めよ．

(1) $\dfrac{\mathbf{\Gamma}(6)}{2\mathbf{\Gamma}(3)}$ 　　　　(2) $\dfrac{\mathbf{\Gamma}(2.5)}{\mathbf{\Gamma}(0.5)}$ 　　　　(3) $\dfrac{\mathbf{\Gamma}(3)\mathbf{\Gamma}(2.5)}{\mathbf{\Gamma}(5.5)}$ 　　　　(4) $\dfrac{6\mathbf{\Gamma}(\frac{8}{3})}{5\mathbf{\Gamma}(\frac{2}{3})}$

s が大きくなると，$\mathbf{\Gamma}(s)$ の計算は非常に困難になるが，次の関係式

$$\mathbf{\Gamma}(s+1) = \sqrt{2\pi s}\, s^s e^{-s} e^{\frac{\theta}{12(s+1)}} \quad (0 < \theta < 1)$$

が使われる．大きな s に対しては $e^{\frac{\theta}{12(s+1)}}$ は 1 に近く省略できる．また，この式から整数 n に対して，

$$n! \sim \sqrt{2\pi n}\, n^n e^{-n}$$

ということが読み取れる．"$\sim$" は，大きな n に対してほぼ等しいという意味である．この式は $n!$ が十分大きな n に対して，どのくらいの程度で大きくなるかを示しており，**スターリングの公式**という．

問 **4.13** $\displaystyle\lim_{n\to\infty} \dfrac{\sqrt[n]{n!}}{n}$ を求めよ．

2) ベータ関数

$p > 0$, $q > 0$ のとき，

$$B(p,q) = \int_0^1 x^{p-1}(1-x)^{q-1}\, dx$$

は収束することが知られている．$B(p,q)$ を**ベータ関数** (β 関数) といい，次の関係が知られている．この式の証明は第 6 章例 6.3.6 で与える．

$$B(p,q) = \frac{\mathbf{\Gamma}(p)\mathbf{\Gamma}(q)}{\mathbf{\Gamma}(p+q)}$$

例 4.2.6. 次の等式を証明せよ．

(1) $B(p,q) = B(q,p)$ 　　　　(2) $B(p,q) = 2\displaystyle\int_0^{\frac{\pi}{2}} \sin^{2p-1}\theta \cos^{2q-1}\theta\, d\theta$

解. (1) は $x = 1-y$, (2) は $x = \sin^2\theta$ とおいて置換積分せよ． ∎

問 **4.14** $\mathbf{\Gamma}$ 関数と β 関数を用いて，次の積分の値を求めよ．(n は自然数で，$m > -1$)

(1) $\displaystyle\int_0^1 x^4(1-x)^3\, dx$ 　　　(2) $\displaystyle\int_0^{\frac{\pi}{2}} \sin^4\theta \cos^5\theta\, d\theta$ 　　　(3) $\displaystyle\int_0^1 x^m(\log x)^n\, dx$

4.3 定積分の応用

1) 面 積

$[a, b]$ において $f(x)$ は有界かつ連続で, $f(x) \geq 0$ であるとする. このとき, 定積分 $\displaystyle\int_a^b f(x)\,dx$ が定まる. この値を, 曲線 $y = f(x)$ と 2 直線 $x = a, x = b$ および x 軸とで囲まれた図形の面積 S とすることは, 本章の冒頭で述べた通り, 定積分の定義を考えれば自然な考えであろう. すなわち,

$$S = \int_a^b f(x)\,dx$$

である.

> **Point** この事実は知っている人も多いだろうが, 高校では $f(x)$ は連続だと仮定して, 面積に対応する関数 $S(x) = \displaystyle\int_a^x f(t)dt$ の微分が $f(x)$ と等しくなると説明されたはずである. 定積分の定義と, 細い長方形の和で面積を近似していく考え方にたてば, 連続でなくても面積を計算できる場合がある. また, 質量・エネルギーなど様々な量を微小な部分の和で近似していく定積分の考え方は理工学で重要である.

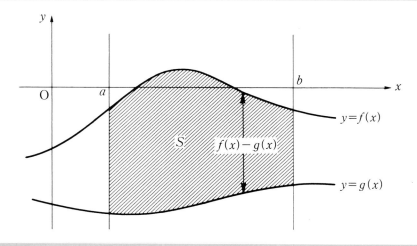

> **定理 4.3.1.** $[a, b]$ で連続な 2 つの関数 $f(x), g(x)$ があって, $f(x) \geq g(x)$ であるとき, 2 つの曲線 $y = f(x), y = g(x)$ と 2 直線 $x = a, x = b$ とによって囲まれた図形の面積 S は,
> $$S = \int_a^b \{f(x) - g(x)\}\,dx.$$

円の面積を計算してみる.

例 4.3.1. 円 $x^2 + y^2 = a^2$ の面積を求めよ. $(a > 0)$

解. $y = \pm\sqrt{a^2 - x^2}$ であるから,

$$S = 4\int_0^a \sqrt{a^2 - x^2}\,dx = 4\int_0^{\frac{\pi}{2}} \sqrt{a^2 - (a\sin\theta)^2}\,a\cos\theta\,d\theta = 4\int_0^{\frac{\pi}{2}} a^2\cos^2\theta\,d\theta = 4a^2\frac{\pi}{4} = \pi a^2.$$

■

注 4.3.1. 楕円 $\dfrac{x^2}{a^2} + \dfrac{y^2}{b^2} = 1$ の面積は πab であることが，まったく同様な計算で示されるので確かめてみよ．

$\boxed{問\ 4.15}$ 次の面積を求めよ．
  (1) 曲線 $y = x(x-1)$ と x 軸との間の部分
  (2) 曲線 $\sqrt{x} + \sqrt{y} = 1$, x 軸と y 軸の間の部分

$\boxed{問\ 4.16}$ 2 つの放物線 $y^2 = 4px,\, x^2 = 4py$ で囲まれる部分の面積を求めよ．

$\boxed{問\ 4.17}$ 曲線 $y^2 = x(x - a^2)^2$ の囲む部分の面積を求めよ． $(a \neq 0)$

曲線がパラメータで表されているときは，置換積分の考え方で処理できる．

例 4.3.2. サイクロイド $x = a(t - \sin t),\, y = a(1 - \cos t),\, 0 \le t \le 2\pi$ と x 軸の囲む面積を求めよ．

解. この曲線は下図のようになり，$t = 0$ のとき $x = 0$, $t = 2\pi$ のとき $x = 2\pi a$ である．

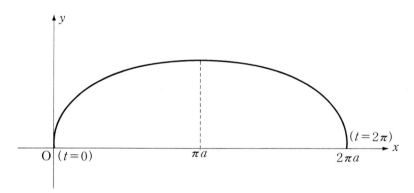

サイクロイドの図

$x'(t) = a(1 - \cos t)$ より，

$$S = \int_0^{2\pi a} y\, dx = \int_0^{2\pi} a^2 (1 - \cos t)^2\, dt = a^2 \int_0^{2\pi} (1 - 2\cos t + \cos^2 t)\, dt.$$

$\displaystyle \int_0^{2\pi} \cos t\, dt = 0,\ \int_0^{2\pi} \cos^2 t\, dt = 4 \int_0^{\frac{\pi}{2}} \cos^2 t\, dt = 4 \cdot \dfrac{1}{2} \cdot \dfrac{\pi}{2} = \pi$ に注意して，

$$S = 3\pi a^2.$$

を得る． ∎

$\boxed{問\ 4.18}$ 曲線 $x = t^3,\, y = t^2 - 4$ $(0 \le t \le 2)$ と両座標軸で囲まれた図形の面積を求めよ．

次に, 極座標によって方程式 $r = f(\theta)$ で表される曲線と, 極を通り偏角が α, β なる2直線によって囲まれる図形の面積 S を考える.

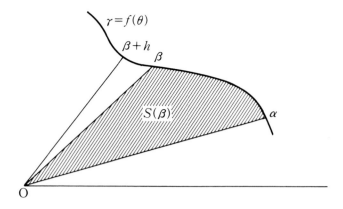

上の図で, 2直線 $\theta = \alpha, \theta = \beta$ と曲線 $r = f(\theta)$ によって囲まれる図形の面積は α を固定すれば β によって決まるので, これを $S(\beta)$ とおく. 閉区間 $[\beta, \beta + h]$ における $f(\theta)$ の最大値, 最小値をそれぞれ M, m とすると,

$$\frac{1}{2} m^2 h \leq S(\beta + h) - S(\beta) \leq \frac{1}{2} M^2 h.$$

したがって,

$$\frac{1}{2} m^2 \leq \frac{S(\beta + h) - S(\beta)}{h} \leq \frac{1}{2} M^2.$$

ここで, $h \to 0$ とすると, $m, M \to f(\beta)$ であるから,

$$S'(\beta) = \frac{1}{2} f(\beta)^2.$$

よって, 求める面積 $S(\beta)$ は

$$S(\beta) = S(\beta) - S(\alpha) = \frac{1}{2} \int_\alpha^\beta f(\theta)^2 \, d\theta.$$

定理 4.3.2. $r = f(\theta)$ で表される曲線と, 極を通り偏角が α, β なる2直線によって囲まれる図形の面積 S は,

$$S = \frac{1}{2} \int_\alpha^\beta f(\theta)^2 \, d\theta.$$

例 4.3.3. 曲線 $r = |a \cos 2\theta|$ の囲む部分の面積を求めよ. $(a > 0)$

解. 右図に示すように $[0, \frac{\pi}{4}]$ にある図形の面積の8倍を求めればよいから,

$$S = 8 \cdot \frac{1}{2} \int_0^{\frac{\pi}{4}} a^2 \cos^2 2\theta \, d\theta$$

$$= 2a^2 \int_0^{\frac{\pi}{4}} (1 + \cos 4\theta) \, d\theta$$

$$= 2a^2 \left[\theta + \frac{\sin 4\theta}{4} \right]_0^{\frac{\pi}{4}} = \frac{\pi}{2} a^2.$$

$\blacksquare$

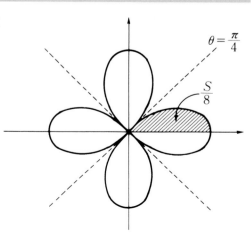

問 **4.19** 円 $x^2 + y^2 = a^2$ の極方程式は $r = a,$　$(0 \leq \theta \leq 2\pi)$ であることを用いて, 円の面積を計算せよ.

問 **4.20** 曲線 $r = a|\sin 3\theta|$ の囲む面積を求めよ. $(a > 0)$

問 **4.21** レムニスケート $r^2 = 2a^2 \cos 2\theta$ の囲む面積を求めよ.

無限に延びている図形に対しても, 広義積分を使えば, 面積に相当するものを定められる.

例 4.3.4. 曲線 $y = \dfrac{1}{e^x + e^{-x}}$ と x 軸との間の面積を求めよ.

解. 右図のように, この曲線は x 軸を漸近線にもち, y 軸に対して対称である. 求める面積 S は,

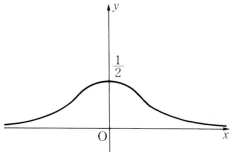

$$S = \int_{-\infty}^{\infty} y\, dx = 2 \int_0^{\infty} \frac{dx}{e^x + e^{-x}}$$
$$= 2 \lim_{a \to \infty} \int_0^a \frac{e^x}{e^{2x} + 1}\, dx.$$

$e^x = t,\ b = e^a$ とおくと, $e^x\, dx = dt$ でこの積分は,

$$2 \lim_{b \to \infty} \int_1^b \frac{1}{t^2 + 1}\, dt = 2 \lim_{b \to \infty} \left[\tan^{-1} t\right]_1^b = 2 \lim_{b \to \infty} \left(\tan^{-1} b - \tan^{-1} 1\right) = 2\left(\frac{\pi}{2} - \frac{\pi}{4}\right) = \frac{\pi}{2}. \quad \blacksquare$$

問 **4.22** 次の図形の面積を求めよ.
(1) 曲線 $y = \dfrac{1}{x^2}$ と x 軸の $x \geq 1$ の部分, および直線 $x = 1$ とで囲まれた図形.

(2) 曲線 $y = \dfrac{1}{(1 + x^2)^2}$ と x 軸との間の部分.

2) 曲線の長さ

閉区間 $[a, b]$ における曲線 $y = f(x)$ の長さを考える. 下図のように, $P_0(a, f(a))$ と $P_n(b, f(b))$ の間に, 順に区分点 $P_1, P_2, \cdots, P_{n-1}$ をとる. 曲線の点 P_{k-1} と点 P_k の間の部分を線分 $P_{k-1}P_k$ でおきかえ, それらをつなげた折れ線で曲線を近似してみる. いいかえれば, 折れ線の長さの総和を考えるのである. もし, さらに区分点を追加すれば, 明らかにこの和は大きくなる. そこで, 曲線のあらゆる分割に対する折れ線の長さの上限を, この曲線の長さとするのである.

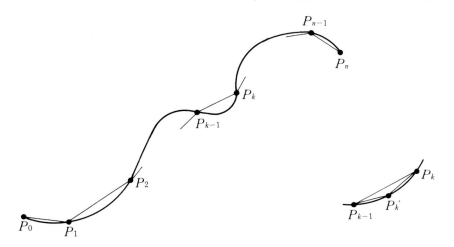

注 4.3.2. 以下の曲線の長さについての定理で仮定されている条件は, この上限が存在するための十分条件である.

$f(x)$ は $[a,b]$ で定義された関数で, $f'(x)$ は連続であるとする. $[a,b]$ における曲線 $y = f(x)$ の長さは, 定積分によって計算することができる.

$[a,b]$ を n 個に分割し, 区分点を $x_1 < x_2 < \cdots < x_{n-1}$, $x_0 = a, x_n = b$ とする. 各 x_k に応じて, 曲線上にも区分点 $P_k(x_k, f(x_k))$ がとれる. 曲線の点 P_{k-1} と点 P_k の間の部分を線分 $P_{k-1}P_k$ でおきかえ, それらをつなげた折れ線で曲線を近似してみる. 点 P_{k-1} と P_k の距離は,

$$\overline{P_{k-1}P_k} = \sqrt{(x_k - x_{k-1})^2 + \{f(x_k) - f(x_{k-1})\}^2}.$$

ラグランジュの平均値の定理 (第 2 章, 定理 2.5.2) より, $\alpha_k \in (x_{k-1}, x_k)$ で

$$f(x_k) - f(x_{k-1}) = f'(\alpha_k)(x_k - x_{k-1})$$

をみたすものが存在する. このとき,

$$\overline{P_{k-1}P_k} = \sqrt{1 + (f'(\alpha_k))^2}(x_k - x_{k-1})$$

である. 分割を限りなく細かくするとき, $\delta_k \to 0$ で, 右辺の極限は定積分の定義から,

$$\int_a^b \sqrt{1 + (f'(x))^2}\, dx$$

となる. 実際, 次の定理が成り立つ.

定理 4.3.3. 曲線 C を $y = f(x)$, $a \le x \le b$ とする. $f'(x)$ が $[a,b]$ で連続ならば, C の長さ L は,

$$L = \int_a^b \sqrt{1 + (f'(x))^2}\, dx.$$

例 4.3.5. 密度が一様な綱が, 両端を地面から同じ高さに固定されてつるされているとき, この綱の形状は**懸垂線(カテナリー)** といい, 次の方程式

$$y = \frac{a}{2}\left(e^{\frac{x}{a}} + e^{-\frac{x}{a}}\right)$$

で表されることが知られている. ここで, a は正の定数である. この曲線上の $x = 0$ に対応する点から $x = b$ に対応する点までの曲線の長さを求めよ. ただし, $0 < b$ とする.

解. $y' = \frac{1}{2}\left(e^{\frac{x}{a}} - e^{-\frac{x}{a}}\right)$ であるから,

$$1 + y'^2 = 1 + \frac{1}{4}\left(e^{\frac{2x}{a}} - 2 + e^{-\frac{2x}{a}}\right) = \frac{1}{4}\left(e^{\frac{2x}{a}} + 2 + e^{-\frac{2x}{a}}\right) = \frac{1}{4}\left(e^{\frac{x}{a}} + e^{-\frac{x}{a}}\right)^2$$

である. よって, 求める曲線の長さ L は,

$$L = \int_0^b \sqrt{1 + y'^2}\, dx = \int_0^b \frac{1}{2}\left(e^{\frac{x}{a}} + e^{-\frac{x}{a}}\right) dx = \frac{1}{2}\left[ae^{\frac{x}{a}} - ae^{-\frac{x}{a}}\right]_0^b = \frac{a}{2}\left(e^{\frac{b}{a}} - e^{-\frac{b}{a}}\right) \quad \blacksquare$$

問 **4.23** 次の曲線の長さを求めよ.

(1) 曲線 $y = \dfrac{2}{3}\sqrt{x^3}$ の $0 \leq x \leq 8$ の部分

(2) 曲線 $3y^2 = x(x-1)^2$ の輪線部

曲線が媒介変数によって表されているときには, 次の定理が成り立つ.

定理 **4.3.4.** xy-平面上の曲線 C が媒介変数 t により
$$x = \varphi(t),\ y = \psi(t),\ a \leq t \leq b$$
と表されているとき, $\varphi'(t), \psi'(t)$ が $[a,b]$ で連続ならば, C の長さ L は,
$$L = \int_a^b \sqrt{(\varphi'(t))^2 + (\psi'(t))^2}\,dt$$
で与えられる.

注 **4.3.3.** 定理 4.3.4 も, 定理 4.3.3 の導入で述べた考え方で証明できる. また, 定理 4.3.3 は, 定理 4.3.4 で $x = \phi(t) = t,\ y = \psi(t) = f(t)$ とした特別な場合と考えることもできる.

例 **4.3.6.** 楕円 $\dfrac{x^2}{a^2} + \dfrac{y^2}{b^2} = 1$ $(a > b > 0)$ の全長 L は次の式で表されることを示せ.
$$L = 4b \int_0^{\frac{\pi}{2}} \sqrt{1 + e^2 \sin^2 t}\,dt,\quad e = \frac{\sqrt{a^2 - b^2}}{b}$$

解. 楕円のパラメータ表示 $x = a\cos t,\ y = b\sin t$ $(0 \leq t \leq 2\pi)$ を利用してみる.
$x'(t) = -a\sin t,\ y'(t) = b\cos t$ より,
$$\sqrt{x'(t)^2 + y'(t)^2} = \sqrt{a^2\sin^2 t + b^2\cos^2 t} = \sqrt{a^2\sin^2 t + b^2(1 - \sin^2 t)} = \sqrt{(a^2 - b^2)\sin^2 t + b^2}.$$
$a^2 - b^2 = b^2 e^2$ を代入すると, 上の式は $\sqrt{b^2 e^2 \sin^2 t + b^2}$ となる. したがって, 楕円の全長 L は,
$$L = \int_0^{2\pi} \sqrt{x'(t)^2 + y'(t)^2}\,dt = 4\int_0^{\frac{\pi}{2}} \sqrt{x'(t)^2 + y'(t)^2}\,dt = 4b \int_0^{\frac{\pi}{2}} \sqrt{1 + e^2 \sin^2 t}\,dt$$
である. ∎

問 **4.24** 次の曲線の長さを求めよ. ただし a は正の定数である.
(1) $x = a(\cos t + t\sin t),\ y = a(\sin t - t\cos t)$ の $0 \leq t \leq 2\pi$ の部分
(2) サイクロイド $x = a(t - \sin t),\ y = a(1 - \cos t)$ $(0 \leq t \leq 2\pi)$

定理 4.3.4 の特別な場合として次の定理が得られる.

定理 **4.3.5.** xy-平面上の曲線 C が極座標 (r, θ) により
$$r = f(\theta),\quad \alpha \leq \theta \leq \beta$$
と表されているとき, $f'(\theta)$ が $[\alpha, \beta]$ で連続ならば, C の長さ L は,
$$L = \int_\alpha^\beta \sqrt{(f(\theta))^2 + (f'(\theta))^2}\,d\theta$$
で与えられる.

証明. $x = r\cos\theta = f(\theta)\cos\theta$, $y = r\sin\theta = f(\theta)\sin\theta$ であるから, 曲線 C がパラメータ θ を使って表されている. 定理 4.3.4 より,

$$L = \int_\alpha^\beta \sqrt{x'(\theta)^2 + y'(\theta)^2}\, d\theta.$$

ここで, $x'(\theta) = f'(\theta)\cos\theta + f(\theta)\sin\theta$, $y'(\theta) = -f'(\theta)\sin\theta + f(\theta)\cos\theta$ であるから,

$$x'(\theta)^2 + y'(\theta)^2 = f(\theta)^2 + f'(\theta)^2$$

となり, 定理が証明される. □

例 4.3.7. カージオイド $r = a(1 + \cos\theta)$ の全長を求めよ.

解. $r'(\theta) = -a\sin\theta$ であるから,

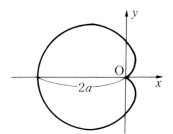

$$\begin{aligned} r^2 + (r')^2 &= a^2\left\{(1+\cos\theta)^2 + \sin^2\theta\right\} \\ &= 2a^2(1+\cos\theta) = 4a^2\cos^2\frac{\theta}{2} \end{aligned}$$

ゆえに,

$$L = \int_{-\pi}^\pi \sqrt{4a^2\cos^2\frac{\theta}{2}}\, d\theta = 2a\int_{-\pi}^\pi \cos\frac{\theta}{2}\, d\theta = 4a\left[\sin\frac{\theta}{2}\right]_{-\pi}^\pi = 8a.$$

■

問 4.25 曲線 $r = a\theta$ の $0 \le \theta \le \alpha$ の部分の長さを求めよ. a は正の定数である.

問 4.26 レムニスケート $r^2 = 2a^2\cos 2\theta$ $(a > 0)$ の全長は次の式で表されることを示せ.

$$L = 4\sqrt{2}a\int_0^1 \frac{dx}{\sqrt{1-x^4}}$$

第 4 章 練 習 問 題

1. 次の定積分の値を求めよ.

(1) $\displaystyle\int_{-2}^2 \frac{x^2-4}{x^2+4}\, dx$

(2) $\displaystyle\int_{\frac{\pi}{4}}^{\frac{\pi}{3}} \frac{x\cos x}{\sin^3 x}\, dx$

(3) $\displaystyle\int_0^{\frac{\pi}{2}} \cos^2 x\sin^6 x\, dx$

(4) $\displaystyle\int_0^{\frac{\pi}{4}} \frac{dx}{\cos^4 x}$

(5) $\displaystyle\int_0^{\frac{\pi}{2}} \frac{dx}{(3\sin x + 4\cos x)^2}$

(6) $\displaystyle\int_{-1}^0 \frac{dx}{(x-1)^2(x^2+1)}$

(7) $\displaystyle\int_0^{\frac{2}{3}\pi} \frac{d\theta}{5+4\cos\theta}$

(8) $\displaystyle\int_0^1 x^5 e^{-x^3}\, dx$

2. 次の定積分を求めよ.

(1) $\displaystyle\int_0^\infty \frac{dx}{1+x^3}$

(2) $\displaystyle\int_0^{2a} \frac{x\, dx}{\sqrt{2ax-x^2}}$ $(a \ne 0)$

(3) $\displaystyle\int_1^\infty \frac{dx}{x\sqrt{x^2+1}}$

(4) $\displaystyle\int_0^\infty e^{-ax}\cos bx\, dx$ $(a > 0)$

(5) $\displaystyle\int_0^\infty x^n e^{-x}\, dx$ （n は自然数）

(6) $\displaystyle\int_0^1 \frac{x\log x}{\sqrt{1-x^2}}\, dx$

3. 自然数 n に対して, $I_n = \displaystyle\int_0^\pi \dfrac{\sin(2n-1)x}{\sin x}\,dx$ とするとき, $I_n = I_{n-1}$ を示し, これを用いて I_n の値を求めよ.

4. 2 つの楕円 $x^2 + 4y^2 = 1$, $4x^2 + y^2 = 1$ の囲む部分の面積を求めよ.

5. 放物線 $y^2 = 4px$ と, その焦点を通り傾きが m の直線との囲む部分の面積を求め, かつその面積が最小となるときの直線の方程式を求めよ.

6. アステロイド $x^{\frac{2}{3}} + y^{\frac{2}{3}} = a^{\frac{2}{3}}$ 　$(a > 0)$ の囲む面積, およびその長さを次のパラメータ表示を使って求めよ.
$$x = a\cos^3 t,\, y = a\sin^3 t \quad (0 \le t \le 2\pi)$$

7. 曲線 $x = t^2$, $y = t - t^3$ の囲む部分の面積を求めよ.

8. 曲線 $r = a(1 - \sin\theta)$ で囲まれた図形の面積を求めよ. ($a > 0$ とする. この曲線は例 4.3.7 のカージオイドと同じ形をしている.)

9. 曲線 $y = \dfrac{1}{\sqrt{(x-a)(b-x)}}$ とその漸近線, および x 軸で囲まれた図形の面積を求めよ. ($a \ne b$)

10. 放物線 $y = x^2$ の $0 \le x \le 1$ の部分の長さを求めよ.

11. 曲線 $\sqrt{x} + \sqrt{y} = 1$ の全長を求めよ.

12. 曲線 $r = e^\theta$ の $0 \le \theta \le \pi$ の部分の長さを求めよ.

13. 追跡線 $x + \sqrt{a^2 - y^2} = a\log\dfrac{a + \sqrt{a^2 - y^2}}{y}$ $(a > 0)$ の 2 点 $(x_1, y_1), (x_2, y_2)$ の間の長さを求めよ.

14. 次の極限値を計算せよ.

(1) $\displaystyle\lim_{n\to\infty} \dfrac{\pi}{n}\left(\sin\dfrac{\pi}{n} + \sin\dfrac{2\pi}{n} + \sin\dfrac{3\pi}{n} + \cdots + \sin\dfrac{n\pi}{n}\right)$

(2) $\displaystyle\lim_{n\to\infty} \dfrac{\pi}{n^2}\left(\sin\dfrac{\pi}{n} + 2\sin\dfrac{2\pi}{n} + 3\sin\dfrac{3\pi}{n} + \cdots + n\sin\dfrac{n\pi}{n}\right)$

平面曲線の図

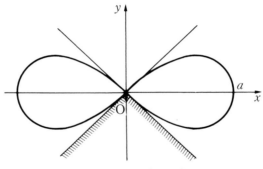

レムニスケート $(r^2 = a^2 \cos 2\theta)$

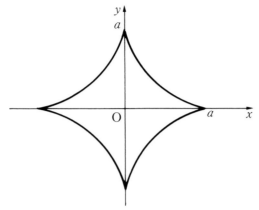

アステロイド $(x^{\frac{2}{3}} + y^{\frac{2}{3}} = a^{\frac{2}{3}} \ (a > 0))$

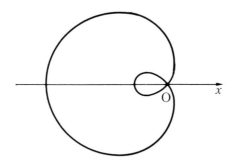

リマソン $(r = b - a \cos\theta \ (a > b > 0))$

第5章 偏微分法

　この章では多変数関数について学修する. これまで実数 $\mathbb{R}$ の部分集合上で定義された関数を扱ってきた. これを拡張して, n 次元実空間 $\mathbb{R}^n$ の部分集合を定義域とする関数を n 変数関数, または多変数関数という. 次元の数 n は任意とするのが一般的であるが, ここでは主に 2 次元とし, $z = f(x, y)$ で与えられる 2 変数関数について述べる. 第 2 章では 1 変数関数 $y = f(x)$ を 2 次元平面の曲線として, 微分によって接線の方程式や極値を求めたりした. $z = f(x, y)$ は 3 次元空間の曲面となる. まず 2 変数関数の極限と微分（偏微分）を定め, 2 変数関数のテイラーの定理等を示す. また, 曲面の接平面や極値について学修する.

5.1　2変数関数の極限

　$\mathbb{R}$ を実数全体の集合とし, M を平面 $\mathbb{R}^2 = \{(x, y); x, y \in \mathbb{R}\}$ の部分集合とする. M の各元 (x, y) に対して値 z が一意的に決まるとき, z は M 上で定義された **2 変数関数** といい, $z = f(x, y)$ で表す. M を $z = f(x, y)$ の **定義域** という. 1 変数関数の場合と同様に, 具体的な形で与えられた関数については, 特に記載の無いかぎりその形が意味をもつ範囲を定義域とする.

例 5.1.1.

(1) $z = x + y + 1$ 　　（定義域は平面全体）

(2) $z = \sqrt{1 - x^2 - y^2}$
　　（定義域は単位円の周と内部）

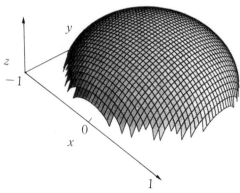

(3) $z = \dfrac{xy}{x^2 + y^2}$ 　　（定義域は平面から $(0, 0)$ を除いた部分）

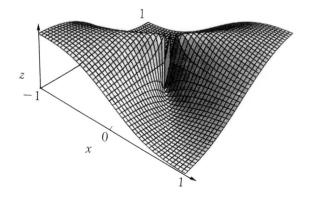

(4) $z = \dfrac{x-y}{x+y}$ （定義域は平面から直線 $x+y=0$ を除いた部分）

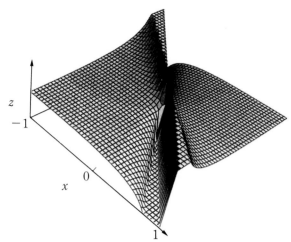

1 変数関数 $y=f(x)$ のグラフは平面上の曲線であるが, 2 変数関数 $z=f(x,y)$ のグラフは空間 $\mathbb{R}^3 = \{(x,y,z); x,y,z \in \mathbb{R}\}$ の中の曲面になる. 例えば例 1.1 (1) のグラフは空間の中の平面であり, (2) のグラフは単位球面の上半分である.

点 $P(a,b)$ と正の数 ε に対して, 平面の部分集合

$$U_\varepsilon(P) = \{(x,y)\;;\; \sqrt{(x-a)^2+(y-b)^2} < \varepsilon\}$$

を P の ε-近傍 という. $U_\varepsilon(P)$ は P を中心とする半径 ε の円の内部である. ある正の数 ε に対する ε-近傍を以後単に近傍ということにする.

関数 $z=f(x,y)$ は点 $P(a,b)$ のある近傍 $U_\varepsilon(P)$ から点 P を除外した集合 $U_\varepsilon(P) - \{(a,b)\}$ で定義されているとする. 点 (x,y) がこの集合内で点 P に限りなく近づくとき $(x,y) \to (a,b)$ と書き, そのとき $f(x,y)$ が一定値 ℓ に限りなく近づけば, $f(x,y)$ の点 P における極限値は ℓ であるといい

$$\lim_{(x,y)\to(a,b)} f(x,y) = \ell \;\; または \; f(x,y) \to \ell \;\; ((x,y)\to(a,b))$$

と書く.

(x,y) を (a,b) に限りなく近づけるとき, 近づける方向によって $f(x,y)$ の近づく値が異なる場合は, 極限値は存在しないと考える.

定理 5.1.1. $\displaystyle\lim_{(x,y)\to(a,b)} f(x,y) = \ell$, $\displaystyle\lim_{(x,y)\to(a,b)} g(x,y) = m$ のとき,

(1) $\displaystyle\lim_{(x,y)\to(a,b)} kf(x,y) = k\ell$ （k は定数）.

(2) $\displaystyle\lim_{(x,y)\to(a,b)} (f(x,y)+g(x,y)) = \ell+m$.

(3) $\displaystyle\lim_{(x,y)\to(a,b)} f(x,y)g(x,y) = \ell m$.

(4) $\displaystyle\lim_{(x,y)\to(a,b)} \dfrac{f(x,y)}{g(x,y)} = \dfrac{\ell}{m}$ （ただし, $m \neq 0$）.

例 5.1.2. 次の極限値を求めよ.

$$(1)\ \lim_{(x,y)\to(1,-1)} \frac{x^2-y^2}{x+y} \qquad (2)\ \lim_{(x,y)\to(0,0)} \frac{xy}{\sqrt{x^2+y^2}} \qquad (3)\ \lim_{(x,y)\to(0,0)} \frac{xy}{x^2+y^2}$$

解.

(1) $\displaystyle \lim_{(x,y)\to(1,-1)} \frac{x^2-y^2}{x+y} = \lim_{(x,y)\to(1,-1)} \frac{(x+y)(x-y)}{x+y} = \lim_{(x,y)\to(1,-1)} (x-y) = 2$

(2) $f(x,y) = \dfrac{xy}{\sqrt{x^2+y^2}}$ とおく. (x,y) を極座標 $x = r\cos\theta, y = r\sin\theta$ で表す. このとき

$$\mid f(x,y) \mid = r \mid \sin\theta\cos\theta \mid \leq r$$

であり, $(x,y) \to (0,0)$ のとき $r = \sqrt{x^2+y^2} \to 0$ であるから, $\displaystyle \lim_{(x,y)\to(0,0)} f(x,y) = 0$.

(3) $f(x,y) = \dfrac{xy}{x^2+y^2}$ とおく. 点 (x,y) が直線 $y = mx$ 上にあるとき

$$f(x,y) = f(x,mx) = \frac{mx^2}{x^2+m^2x^2} = \frac{m}{1+m^2}\ .$$

よって (x,y) が直線 $y = mx$ に沿って $(0,0)$ に近づくとき, m の値により異なる値に近づくから $\displaystyle \lim_{(x,y)\to(0,0)} f(x,y)$ は存在しない. ∎

　$f(x,y)$ は点 (a,b) のある近傍で定義されていて

$$\lim_{(x,y)\to(a,b)} f(x,y) = f(a,b)$$

が成り立つとき, $f(x,y)$ は点 (a,b) で**連続である**という. 集合 M の各点で連続であるとき, M で**連続である**という.

　1変数関数の場合と同様に, 2変数の連続関数の定数倍, 和, 積, 商, 合成関数も連続関数になる. また, 次の定理も同様に成り立つ.

定理 5.1.2. 関数 $f(x,y)$ が点 (a,b) で連続で, $f(a,b) \neq 0$ ならば, (a,b) のある近傍内で $f(x,y)$ は常に $f(a,b)$ と同符号である.

　集合 M を平面の部分集合とする. M が原点を中心とした十分大きな円に含まれるとき, M は**有界である**という. また M の任意の点 (x,y) に対し, (x,y) のある近傍が M に含まれるとき, M を**開集合**といい, 開集合の補集合を**閉集合**という.

定理 5.1.3. 有界な閉集合 M で定義された連続関数 $f(x,y)$ は M で最大値と最小値をもつ.

問 5.1 次の極限値を求めよ.

(1) $\displaystyle \lim_{(x,y)\to(2,3)} \frac{x+y+1}{x^2-y^2}$ \qquad\qquad (2) $\displaystyle \lim_{(x,y)\to(0,0)} \frac{x^2+y^2}{xy+(x-y)^2}$

(3) $\displaystyle \lim_{(x,y)\to(0,0)} \frac{x^2y}{x^4+y^2}$ \qquad\qquad (4) $\displaystyle \lim_{(x,y)\to(0,0)} \frac{xy^2}{x^2+y^2+y^4}$

問 5.2 $f(x,y) = \dfrac{x^2y}{x^2+y^2}, (x,y) \neq (0,0), f(0,0) = 0$ は点 $(0,0)$ で連続であることを示せ.

5.2　偏導関数

2 変数関数 $z = f(x, y)$ の変数 y を固定して定数と考えたとき, $f(x, y)$ は x についての 1 変数関数と考えられる.

定義 5.2.1.（2 変数関数の微分係数）$f(x, y)$ が x について微分可能, すなわち極限

$$\lim_{h \to 0} \frac{f(x + h, y) - f(x, y)}{h}$$

が存在するとき, $z = f(x, y)$ は点 (x, y) において x について**偏微分可能**といい, 上の極限を点 (x, y) における x についての**偏微分係数**という. また, 上の極限を x と y の関数とみるときには, x についての**偏導関数**といい,

$$\frac{\partial z}{\partial x}, \quad \frac{\partial}{\partial x} f(x, y), \quad f_x(x, y), \quad f_x, \quad z_x$$

などで表す.

逆に変数 x を固定したときも, y について同様に, 偏微分可能, 偏微分係数, 偏導関数を定義し, 偏導関数を

$$\frac{\partial z}{\partial y}, \quad \frac{\partial}{\partial y} f(x, y), \quad f_y(x, y), \quad f_y, \quad z_y$$

などで表す.

x（または y）について偏導関数を求めることを x（または y）で**偏微分する**という.

偏導関数は本質的には 1 変数関数の導関数であるから, x, y の一方を定数と考えて他方の変数について 1 変数関数の微分の公式を適用すればよい.

例 5.2.1. 次の関数を x および y について偏微分せよ.

$$(1)\ z = x^4 y + xy^2 \qquad\qquad (2)\ z = \tan^{-1} \frac{x}{y}$$

解. (1) $\dfrac{\partial z}{\partial x} = \dfrac{\partial}{\partial x}(x^4 y) + \dfrac{\partial}{\partial x}(xy^2) = 4x^3 y + y^2$, 　　同様に $\dfrac{\partial z}{\partial y} = x^4 + 2xy.$

(2) $\dfrac{\partial z}{\partial x} = \dfrac{1}{1 + \left(\frac{x}{y}\right)^2} \dfrac{\partial}{\partial x}\left(\dfrac{x}{y}\right) = \dfrac{1}{1 + \left(\frac{x}{y}\right)^2} \dfrac{1}{y} = \dfrac{y}{x^2 + y^2}$,

$\dfrac{\partial z}{\partial y} = \dfrac{1}{1 + \left(\frac{x}{y}\right)^2} \dfrac{\partial}{\partial y}\left(\dfrac{x}{y}\right) = \dfrac{1}{1 + \left(\frac{x}{y}\right)^2} \left(-\dfrac{x}{y^2}\right) = -\dfrac{x}{x^2 + y^2}$ ∎

問 5.3 次の関数を x および y について偏微分せよ.

$$(1)\ z = 3x^2 y + 5x^2 y^3 \qquad (2)\ z = e^{xy} \qquad (3)\ z = \sqrt{x^2 + y^2}$$

$$(4)\ z = \sin^{-1} \frac{x}{y} \qquad (5)\ z = \log_y x \qquad (6)\ z = x^y$$

1 変数関数では微分可能であれば連続であったが, 2 変数関数では x, y について偏微分可能であっても連続とは限らない.

問 5.4 $f(x,y) = \dfrac{xy}{x^2 + y^2}$, $(x,y) \neq (0,0)$, $f(0,0) = 0$ は点 $(0,0)$ において x, y について偏微分可能であるが, 点 $(0,0)$ で連続でないことを示せ.

関数 $z = f(x,y)$ の偏導関数 $f_x(x,y), f_y(x,y)$ がさらに x, y について偏微分可能なとき, その偏導関数を z の**第 2 次偏導関数**といい, 次のように書く.

$$\frac{\partial}{\partial x}\left(\frac{\partial z}{\partial x}\right) = \frac{\partial^2 z}{\partial x^2} = f_{xx}(x,y) = z_{xx}, \qquad \frac{\partial}{\partial x}\left(\frac{\partial z}{\partial y}\right) = \frac{\partial^2 z}{\partial x \partial y} = f_{yx}(x,y) = z_{yx},$$

$$\frac{\partial}{\partial y}\left(\frac{\partial z}{\partial x}\right) = \frac{\partial^2 z}{\partial y \partial x} = f_{xy}(x,y) = z_{xy}, \qquad \frac{\partial}{\partial y}\left(\frac{\partial z}{\partial y}\right) = \frac{\partial^2 z}{\partial y^2} = f_{yy}(x,y) = z_{yy}$$

第 n 次偏導関数も同様に定義される.

例 5.2.2. $z = x^3 + 3x^2 y + 2y^3$ の第 2 次偏導関数を求めよ.

解. $z_x = 3x^2 + 6xy$, $z_y = 3x^2 + 6y^2$ をさらに偏微分して,
$z_{xx} = 6x + 6y$, $z_{xy} = 6$, $z_{yx} = 6x$, $z_{yy} = 12y$. ∎

問 5.5 次の関数の第 2 次偏導関数を求めよ.

(1) $z = \sin 3x \cos 4y$　　　　(2) $z = \log(x^2 + y^4)$　　　　(3) $z = e^{x^2 + 2y}$

(4) $z = e^{-x} \sin y$　　　　(5) $z = \sin \dfrac{y}{x}$　　　　(6) $z = \sin^{-1} \dfrac{y}{x}$

問 5.6 $z = \dfrac{x}{x^2 + y^2}$ のとき $z_{xx} + z_{yy} = 0$ を示せ.

関数 $f(x,y)$ に対して, 一般には $f_{xy} \neq f_{yx}$ であるが, 次の結果が知られている.

定理 5.2.2. f_{xy}, f_{yx} がともに連続ならば $f_{xy} = f_{yx}$.

証明. 点 (a,b) において

$$U = f(a+h, b+k) - f(a+h, b) - f(a, b+k) + f(a,b),$$

$$\varphi(x) = f(x, b+k) - f(x, b)$$

とおけば

$$U = \varphi(a+h) - \varphi(a). \tag{1}$$

$\varphi(x)$ にラグランジュの平均値の定理 (第 2 章, 定理 2.5.2) を適用すると

$$U = \varphi(a+h) - \varphi(a) = h\varphi'(c) \tag{2}$$

となるような c が a と $a+h$ の間に存在する.

さらに $\varphi'(c) = f_x(c, b+k) - f_x(c, b)$ であるから f_x にラグランジュの平均値の定理を適用すると

$$\varphi'(c) = f_x(c, b+k) - f_x(c, b) = k f_{xy}(c, d) \tag{3}$$

となるような d が b と $b+k$ の間に存在する.

(1),(2),(3) より

$$f_{xy}(c, d) = \frac{U}{hk}. \tag{4}$$

(4) の式で $(h, k) \to (0,0)$ とすれば f_{xy} の連続性より

$$f_{xy}(a,b) = \lim_{(h,k) \to (0,0)} \frac{U}{hk}$$

x と y を交換して同様に考えると

$$f_{yx}(a,b) = \lim_{(h,k) \to (0,0)} \frac{U}{hk}. \qquad \square$$

5.3　全微分

2変数関数の偏微分可能性は，一方の変数を定数と考えることにより本質的には1変数関数の微分可能性にすぎなかった．ここでは $z = f(x,y)$ の2変数関数としての微分可能性（全微分可能性）を考える．

1変数関数 $y = f(x)$ が $x = a$ で微分可能であるとは，$y = f(x)$ で決まる曲線上の点 $(a, f(a))$ で接線が引けることであった．このことより2変数関数 $z = f(x,y)$ の微分可能性を，$z = f(x,y)$ で決まる曲面上の点 $(a, b, f(a, b))$ で**接平面**がつくれることと定義する．

点 $(a, b, f(a, b))$ を通る平面は

$$z = f(a,b) + \alpha(x-a) + \beta(y-b) \quad (\alpha, \beta は定数)$$

と書け，これが $z = f(x,y)$ で決まる曲面に接している場合，z の値の差

$$g(x,y) = f(x,y) - \{f(a,b) + \alpha(x-a) + \beta(y-b)\}$$

が $\sqrt{(x-a)^2 + (y-b)^2}$ に対して無視できることより

$$\lim_{(x,y) \to (a,b)} \frac{g(x,y)}{\sqrt{(x-a)^2 + (y-b)^2}} = 0$$

をみたす．

定義 5.3.1. 関数 $z = f(x,y)$ が点 (a, b) において**全微分可能**であるとは

$$f(x,y) = f(a,b) + \alpha(x-a) + \beta(y-b) + g(x,y) \tag{1}$$

$$\lim_{(x,y) \to (a,b)} \frac{g(x,y)}{\sqrt{(x-a)^2 + (y-b)^2}} = 0 \tag{2}$$

をみたすように定数 α, β が定められることと定義する．

定理 5.3.2. $f(x,y)$ が点 (a, b) で全微分可能ならば，$f(x,y)$ はこの点で連続であり，かつ x, y について偏微分可能で，$\alpha = f_x(a,b), \beta = f_y(a,b)$ である．

証明. $f(x,y)$ が点 (a, b) で全微分可能ならば，(2) より $\displaystyle\lim_{(x,y) \to (a,b)} g(x,y) = 0$ であるから (1)

より $\displaystyle\lim_{(x,y) \to (a,b)} f(x,y) = f(a,b)$ が成立する．これは $f(x,y)$ が (a, b) で連続なことを示す．

次に (1) の式で $x = a + h, y = b$ とすると

$$f(a+h, b) - f(a, b) = \alpha h + g(a+h, b)$$

であり，また (2) の極限において (x, y) を直線 $y = b$ に沿って (a, b) に近づける場合を考えることにより

$$\lim_{h \to 0} \frac{g(a+h, b)}{h} = 0$$

であるから

$$f_x(a,b) = \lim_{h \to 0} \frac{f(a+h, b) - f(a, b)}{h} = \lim_{h \to 0} \left\{ \alpha + \frac{g(a+h, b)}{h} \right\} = \alpha$$

が得られる．$\beta = f_y(a,b)$ も同様に得られる．　　　□

定理 5.3.2 より $z = f(x, y)$ が点 (a, b) で全微分可能なとき, 曲面上の点 $(a, b, f(a, b))$ での接平面は

$$z - f(a, b) = f_x(a, b)(x - a) + f_y(a, b)(y - b)$$

で与えられる. ここで,

$$dz = z - f(a, b), \qquad dx = x - a, \qquad dy = y - b$$

とおくと,

$$dz = f_x(a, b)dx + f_y(a, b)dy$$

となり, これを $z = f(x, y)$ の点 (a, b) における**全微分**という.

問 5.7 次の曲面の点 P における接平面の方程式を求めよ.

(1) $z = xy$ $\qquad P(1, 1, 1)$ $\qquad$ (2) $z = x^2 + y^2$ $\qquad P(3, 4, 25)$

(3) $z = \dfrac{x^2}{a^2} + \dfrac{y^2}{b^2}$ $\quad P(a, b, 2)$ $\qquad$ (4) $z = \tan^{-1} \dfrac{y}{x}$ $\qquad P(1, 1, \frac{\pi}{4})$

定理 5.3.2 より全微分可能であれば偏微分可能であるが, 一般に逆は成立しない. しかし次の結果が知られている.

定理 5.3.3. $f(x, y)$ が点 (a, b) のある近傍で x, y について偏微分可能であり, f_x, f_y のいづれかが点 (a, b) で連続ならば, $f(x, y)$ は点 (a, b) で全微分可能である.

証明. f_x が連続と仮定して, 定理を証明する. 十分小さな h, k に対して $f(x, b + k)$ に平均値の定理を適用すると

$$f(a + h, b + k) - f(a, b + k) = h f_x(a + \theta h, b + k) \quad (0 < \theta < 1)$$

$$= h\{f_x(a, b) + \varepsilon_1\}$$

とおく. f_x の連続性より $\sqrt{h^2 + k^2} \to 0$ のとき $\varepsilon_1 \to 0$. 次に $f(a, y)$ は $y = b$ で偏微分可能であるから,

$$f(a, b + k) - f(a, b) = k f_y(a, b) + k\varepsilon_2.$$

ただし, ε_2 は $k \to 0$ のとき $\varepsilon_2 \to 0$ をみたす. したがって

$$f(a + h, b + k) - f(a, b) = f(a + h) - f(a, b + k) + f(a, b + k) - f(a, b)$$

$$= h f_x(a, b) + k f_y(a, b) + h\varepsilon_1 + k\varepsilon_2.$$

ここで,

$$\frac{|h\varepsilon_1 + k\varepsilon_2|}{\sqrt{h^2 + k^2}} \le |\varepsilon_1| + |\varepsilon_2| \to 0 \quad (\sqrt{h^2 + k^2} \to 0)$$

より $f(x, y)$ は点 (a, b) で全微分可能である. $\qquad\square$

5.4　合成関数の微分法

定理 5.4.1. $z = f(x, y)$ が点 (a, b) で全微分可能とする. $x = x(t), y = y(t)$ が $t = c$ で微分可能で $a = x(c), b = y(c)$ ならば, 合成関数 $z = f(x(t), y(t))$ も $t = c$ で微分可能で

$$\frac{dz}{dt} = \frac{\partial z}{\partial x} \frac{dx}{dt} + \frac{\partial z}{\partial y} \frac{dy}{dt}$$

証明. $\varphi(t) = \dfrac{f(x(t), y(t)) - f(a, b)}{t - c}$ とおく. $f(x(t), y(t))$ の $t = c$ での微分係数を求めるには $\lim\limits_{t \to c} \varphi(t)$ を計算すればよい.

　$z = f(x, y)$ が点 (a, b) で全微分可能であることより

$$f(x, y) - f(a, b) = f_x(a, b)(x - a) + f_y(a, b)(y - b) + g(x, y), \tag{1}$$

$$\lim_{(x, y) \to (a, b)} \frac{g(x, y)}{\sqrt{(x - a)^2 + (y - b)^2}} = 0 \tag{2}$$

をみたしているから, (1) の式より

$$\varphi(t) = \frac{f_x(a, b)(x(t) - a) + f_y(a, b)(y(t) - b) + g(x(t), y(t))}{t - c}.$$

ここで $t \to c$ のとき

$$\frac{x(t) - a}{t - c} = \frac{x(t) - x(c)}{t - c} \to x'(c), \qquad \frac{y(t) - b}{t - c} = \frac{y(t) - y(c)}{t - c} \to y'(c)$$

である. ここで $h(t) = \sqrt{(x(t) - a)^2 + (y(t) - b)^2}$ とおき

$$\delta(t) = \begin{cases} \dfrac{g(x(t), y(t))}{h(t)} & (h(t) > 0) \\ 0 & (h(t) = 0) \end{cases}$$

とおく. $g(a, b) = 0$ であるから, $h(t)$ が 0 であってもなくても $g(x(t), y(t)) = \delta(t)h(t)$ が成り立つ. また $t \to c$ で $(x(t), y(t)) \to (a, b)$ であるから (2) より $\delta(t) \to 0$. よって

$$\left| \frac{g(x(t), y(t))}{t - c} \right| = \left| \frac{\delta(t)h(t)}{t - c} \right| = |\delta(t)| \sqrt{\left(\frac{x(t) - a}{t - c} \right)^2 + \left(\frac{y(t) - b}{t - c} \right)^2} \to 0$$

であるから

$$\lim_{t \to c} \varphi(t) = f_x(a, b)x'(c) + f_y(a, b)y'(c)$$

□

　$x = \varphi(u, v), y = \psi(u, v)$ がともに 2 変数 u, v の関数であるとき $z = f(x, y)$ との合成関数 $z = f(\varphi(u, v), \psi(u, v))$ を u または v について偏微分することは, 本質的には 1 変数関数を微分することと同じであるから定理 5.4.1 より次の定理を得る.

定理 5.4.2. $z = f(x, y)$ は点 (a, b) で全微分可能とする. $x = \varphi(u, v), y = \psi(u, v)$ が点 (c, d) で全微分可能で, $a = \varphi(c, d), b = \psi(c, d)$ ならば, 合成関数 $f(\varphi(u, v), \psi(u, v))$ も (c, d) で全微分可能で

$$\frac{\partial z}{\partial u} = \frac{\partial z}{\partial x} \frac{\partial x}{\partial u} + \frac{\partial z}{\partial y} \frac{\partial y}{\partial u}, \qquad \frac{\partial z}{\partial v} = \frac{\partial z}{\partial x} \frac{\partial x}{\partial v} + \frac{\partial z}{\partial y} \frac{\partial y}{\partial v}.$$

例 5.4.1. $z = e^{x-2y}$, $x = \sin t$, $y = t^3$ のとき $\dfrac{dz}{dt}$ を求めよ.

解. $z_x = e^{x-2y}$, $z_y = -2e^{x-2y}$, $\dfrac{dx}{dt} = \cos t$, $\dfrac{dy}{dt} = 3t^2$ より

$\dfrac{dz}{dt} = e^{x-2y}\cos t - 2e^{x-2y}3t^2 = e^{x-2y}(\cos t - 6t^2)$. ■

例 5.4.2. $z = x^2 \log y$, $x = \dfrac{u}{v}$, $y = 3u - v$ のとき $\dfrac{\partial z}{\partial u}, \dfrac{\partial z}{\partial v}$ を求めよ.

解. $\dfrac{\partial z}{\partial x} = 2x \log y$, $\dfrac{\partial z}{\partial y} = \dfrac{x^2}{y}$, $\dfrac{\partial x}{\partial u} = \dfrac{1}{v}$, $\dfrac{\partial x}{\partial v} = -\dfrac{u}{v^2}$, $\dfrac{\partial y}{\partial u} = 3$, $\dfrac{\partial y}{\partial v} = -1$ より

$\dfrac{\partial z}{\partial u} = \left(\dfrac{2x}{v}\right)\log y + \dfrac{3x^2}{y}$, $\dfrac{\partial z}{\partial v} = -\left(\dfrac{2xu}{v^2}\right)\log y - \dfrac{x^2}{y}$. ■

問 5.8 次の関数 z について $\dfrac{dz}{dt}$ を求めよ.

(1) $z = x^2 - y^2$, $x = \cos t$, $y = \sin t$
(2) $z = e^{x-y}$, $x = t$, $y = \dfrac{1}{t}$
(3) $z = \sin^{-1} xy$, $x = 1 - t$, $y = 1 + t$

問 5.9 次の関数 z について $\dfrac{\partial z}{\partial u}, \dfrac{\partial z}{\partial v}$ を求めよ.

(1) $z = 2x^2 + xy - y^2$, $x = 2u - v$, $y = u + v$
(2) $z = x^2 + y^2$, $x = u^2 - v^2$, $y = 2uv$
(3) $z = e^{xy}$, $x = \log\sqrt{u^2 + v^2}$, $y = \tan^{-1}\dfrac{v}{u}$

例 5.4.3. $z = f(x, y)$, $x = r\cos\theta$, $y = r\sin\theta$ のとき次を示せ.

(1) $\left(\dfrac{\partial z}{\partial x}\right)^2 + \left(\dfrac{\partial z}{\partial y}\right)^2 = \left(\dfrac{\partial z}{\partial r}\right)^2 + \dfrac{1}{r^2}\left(\dfrac{\partial z}{\partial \theta}\right)^2$

(2) $\dfrac{\partial^2 z}{\partial x^2} + \dfrac{\partial^2 z}{\partial y^2} = \dfrac{\partial^2 z}{\partial r^2} + \dfrac{1}{r}\dfrac{\partial z}{\partial r} + \dfrac{1}{r^2}\dfrac{\partial^2 z}{\partial \theta^2}$

解. (1) $\dfrac{\partial z}{\partial r} = \dfrac{\partial z}{\partial x}\dfrac{\partial x}{\partial r} + \dfrac{\partial z}{\partial y}\dfrac{\partial y}{\partial r} = \dfrac{\partial z}{\partial x}\cos\theta + \dfrac{\partial z}{\partial y}\sin\theta$,

$\dfrac{\partial z}{\partial \theta} = \dfrac{\partial z}{\partial x}\dfrac{\partial x}{\partial \theta} + \dfrac{\partial z}{\partial y}\dfrac{\partial y}{\partial \theta} = \dfrac{\partial z}{\partial x}(-r\sin\theta) + \dfrac{\partial z}{\partial y}r\cos\theta$

よって,

$\left(\dfrac{\partial z}{\partial r}\right)^2 + \dfrac{1}{r^2}\left(\dfrac{\partial z}{\partial \theta}\right)^2 = \left(\dfrac{\partial z}{\partial x}\cos\theta + \dfrac{\partial z}{\partial y}\sin\theta\right)^2 + \left(-\dfrac{\partial z}{\partial x}\sin\theta + \dfrac{\partial z}{\partial y}\cos\theta\right)^2$

$= \left(\dfrac{\partial z}{\partial x}\right)^2 + \left(\dfrac{\partial z}{\partial y}\right)^2$.

(2) $\dfrac{\partial z}{\partial r} = \dfrac{\partial z}{\partial x} \cos\theta + \dfrac{\partial z}{\partial y} \sin\theta$ より,

$$\dfrac{\partial^2 z}{\partial r^2} = \left(\dfrac{\partial^2 z}{\partial x^2} \dfrac{\partial x}{\partial r} + \dfrac{\partial^2 z}{\partial y \partial x} \dfrac{\partial y}{\partial r} \right) \cos\theta + \left(\dfrac{\partial^2 z}{\partial y^2} \dfrac{\partial y}{\partial r} + \dfrac{\partial^2 z}{\partial x \partial y} \dfrac{\partial x}{\partial r} \right) \sin\theta$$

$$= \dfrac{\partial^2 z}{\partial x^2} \cos^2\theta + 2 \dfrac{\partial^2 z}{\partial x \partial y} \cos\theta \sin\theta + \dfrac{\partial^2 z}{\partial y^2} \sin^2\theta.$$

$\dfrac{\partial z}{\partial \theta} = \dfrac{\partial z}{\partial x}(-r\sin\theta) + \dfrac{\partial z}{\partial y} r\cos\theta$ より,

$$\dfrac{\partial^2 z}{\partial \theta^2} = \left(\dfrac{\partial^2 z}{\partial x^2} \dfrac{\partial x}{\partial \theta} + \dfrac{\partial^2 z}{\partial y \partial x} \dfrac{\partial y}{\partial \theta} \right)(-r\sin\theta) + \dfrac{\partial z}{\partial x}(-r\cos\theta)$$

$$+ \left(\dfrac{\partial^2 z}{\partial y^2} \dfrac{\partial y}{\partial \theta} + \dfrac{\partial^2 z}{\partial x \partial y} \dfrac{\partial x}{\partial \theta} \right)(r\cos\theta) + \dfrac{\partial z}{\partial y}(-r\sin\theta)$$

$$= r^2 \dfrac{\partial^2 z}{\partial x^2} \sin^2\theta - 2r^2 \dfrac{\partial^2 z}{\partial x \partial y} \cos\theta \sin\theta + r^2 \dfrac{\partial^2 z}{\partial y^2} \cos^2\theta - r \dfrac{\partial z}{\partial x} \cos\theta - r \dfrac{\partial z}{\partial y} \sin\theta.$$

よって,

$$\dfrac{\partial^2 z}{\partial x^2} + \dfrac{\partial^2 z}{\partial y^2} = \dfrac{\partial^2 z}{\partial r^2} + \dfrac{1}{r} \dfrac{\partial z}{\partial r} + \dfrac{1}{r^2} \dfrac{\partial^2 z}{\partial \theta^2} .$$

∎

問 5.10　$z = f(x, y)$, $x = u + v$, $y = u - v$ のとき $\dfrac{\partial^2 z}{\partial u \partial v} = \dfrac{\partial^2 z}{\partial x^2} - \dfrac{\partial^2 z}{\partial y^2}$ を示せ.

問 5.11　$z = f(x, y)$, $x = u\cos\alpha - v\sin\alpha$, $y = u\sin\alpha + v\cos\alpha$ (α は定数) のとき次を示せ.

(1) $\left(\dfrac{\partial z}{\partial x} \right)^2 + \left(\dfrac{\partial z}{\partial y} \right)^2 = \left(\dfrac{\partial z}{\partial u} \right)^2 + \left(\dfrac{\partial z}{\partial v} \right)^2$

(2) $\dfrac{\partial^2 z}{\partial x^2} + \dfrac{\partial^2 z}{\partial y^2} = \dfrac{\partial^2 z}{\partial u^2} + \dfrac{\partial^2 z}{\partial v^2}$

5.5 テイラーの定理

　第2章のテイラーの定理 (第2章, 定理 2.5.6) は多変数関数に拡張できる. ここでは 2 変数関数の場合を考える.

　関数 $f(x,y)$ が x について**連続偏微分可能**とは f_x が存在し連続であること, 単に**連続偏微分可能**といえば, すべての変数について (この場合 x, y について) 連続偏微分可能なことをいう. 定理 3.2 より, 連続偏微分可能な関数は全微分可能である.

　いま $z = f(x,y)$ が $(x,y) = (a,b)$ を含む開集合で定義された n 回連続偏微分可能な関数とするとき, $f(a+h, b+k)$ を h, k について展開することを考える. 以下では簡単のために, $h\dfrac{\partial f}{\partial x} + k\dfrac{\partial f}{\partial y}$ を $\left(h\dfrac{\partial}{\partial x} + k\dfrac{\partial}{\partial y}\right)f$ と書くことにする. また,

$$\left(h\frac{\partial}{\partial x} + k\frac{\partial}{\partial y}\right)^{n-1} f, \quad n \geq 2$$

が定義されたとして

$$\left(h\frac{\partial}{\partial x} + k\frac{\partial}{\partial y}\right)^n f = \left(h\frac{\partial}{\partial x} + k\frac{\partial}{\partial y}\right)\left\{\left(h\frac{\partial}{\partial x} + k\frac{\partial}{\partial y}\right)^{n-1} f\right\}$$

と定義する. 例えば, $\left(h\dfrac{\partial}{\partial x} + k\dfrac{\partial}{\partial y}\right)^2 f$ は

$$\left(h\frac{\partial}{\partial x} + k\frac{\partial}{\partial y}\right)\left(h\frac{\partial}{\partial x} + k\frac{\partial}{\partial y}\right)f = \left(h\frac{\partial}{\partial x} + k\frac{\partial}{\partial y}\right)\left(h\frac{\partial f}{\partial x} + k\frac{\partial f}{\partial y}\right)$$

$$= h\frac{\partial}{\partial x}\left(h\frac{\partial}{\partial x} + k\frac{\partial}{\partial y}\right)f + k\frac{\partial}{\partial y}\left(h\frac{\partial}{\partial x} + k\frac{\partial}{\partial y}\right)f$$

$$= h^2\frac{\partial^2 f}{\partial x^2} + 2hk\frac{\partial^2 f}{\partial x \partial y} + k^2\frac{\partial^2 f}{\partial y^2}$$

となる.

問 5.12 $\left(h\dfrac{\partial}{\partial x} + k\dfrac{\partial}{\partial y}\right)^n z = \displaystyle\sum_{r=0}^{n} {}_nC_r h^{n-r} k^r \dfrac{\partial^n z}{\partial x^{n-r}\partial y^r}$ を示せ.

　以下において, $\left[\left(h\dfrac{\partial}{\partial x} + k\dfrac{\partial}{\partial y}\right)^n f\right]_{(x,y)=(a,b)}$ を $\left(h\dfrac{\partial}{\partial x} + k\dfrac{\partial}{\partial y}\right)^n f(a,b)$ と略記する.

定理 5.5.1. (テイラーの定理) $z = f(x,y)$ を点 (a,b) を含む開集合で定義された n 回連続偏微分可能な関数とするとき, $|h|$, $|k|$ が十分小さい h, k に対して次の式を満足する θ が存在する.

$$f(a+h, b+k) = f(a,b) + \sum_{r=1}^{n-1}\frac{1}{r!}\left(h\frac{\partial}{\partial x} + k\frac{\partial}{\partial y}\right)^r f(a,b) + R_n,$$

$$R_n = \frac{1}{n!}\left(h\frac{\partial}{\partial x} + k\frac{\partial}{\partial y}\right)^n f(a+\theta h, b+\theta k), \quad 0 < \theta < 1$$

証明. h, k が十分小さければ, 2 点 (a, b) と $(a+h, b+k)$ を結ぶ線分上の点 $(a+th, b+tk)$, $(0 \le t \le 1)$ で, 1 変数 t の関数

$$z = f(x, y) = f(a+th, b+tk) = \phi(t)$$

が考えられる. $\dfrac{d}{dt}(a+th) = h$, $\dfrac{d}{dt}(b+tk) = k$ であるから,

$$
\begin{aligned}
\phi'(t) &= f_x(a+th, b+tk)h + f_y(a+th, b+tk)k \\
&= \left(h \frac{\partial}{\partial x} + k \frac{\partial}{\partial y} \right) f(a+th, b+tk)
\end{aligned}
$$

となる. さらに t で微分を繰り返すと,

$$\phi^{(m)}(t) = \left(h \frac{\partial}{\partial x} + k \frac{\partial}{\partial y} \right)^m f(a+th, b+tk), \quad m = 2, \cdots, n$$

となることがわかる. 1 変数におけるテイラーの定理で $c = 0$ とすると,

$$\phi(t) = \phi(0) + \sum_{r=1}^{n-1} \frac{t^r}{r!} \phi^{(r)}(0) + \frac{t^n}{n!} \phi^{(n)}(\theta t), \quad 0 < \theta < 1$$

であるから, これを代入して $t = 1$ とおけばよい. □

　定理 5.5.1 において, 最後の項 R_n を 1 変数のときと同様に**ラグランジュの剰余項**という. また, $(a, b) = (0, 0)$, $h = x$, $k = y$ とおくと, 次の系を得る.

> **系 5.5.2.** (**マクローリンの定理**) $f(x, y)$ が原点 $(0, 0)$ を含む開集合で定義された n 回連続偏微分可能な関数とするとき, (x, y) が十分原点に近ければ次の式を満足する θ が存在する.
>
> $$f(x, y) = f(0, 0) + \sum_{r=1}^{n-1} \frac{1}{r!} \left(x \frac{\partial}{\partial x} + y \frac{\partial}{\partial y} \right)^r f(0, 0) + R_n,$$
>
> $$R_n = \frac{1}{n!} \left(x \frac{\partial}{\partial x} + y \frac{\partial}{\partial y} \right)^n f(\theta x, \theta y), \quad 0 < \theta < 1$$

例 5.5.1. 関数 $f(x, y) = x^2 - 2xy - 3y^2 + 8y - 3$ を点 $(1, 1)$ でテイラーの定理によって展開せよ.

解. $\dfrac{\partial f}{\partial x}(x, y) = 2x - 2y$, $\dfrac{\partial f}{\partial y}(x, y) = -2x - 6y + 8$ より,

$$\frac{\partial f}{\partial x}(1, 1) = \frac{\partial f}{\partial y}(1, 1) = 0$$

となる. また, $\dfrac{\partial^2 f}{\partial x^2}(x, y) = 2$, $\dfrac{\partial^2 f}{\partial x \partial y}(x, y) = -2$, $\dfrac{\partial^2 f}{\partial y^2}(x, y) = -6$ となり, 第 3 次以上の偏導関数は 0 になる. よって, テイラー展開の式は

$$
\begin{aligned}
f(x, y) &= f(1, 1) + \frac{\partial f}{\partial x}(1, 1)(x-1) + \frac{\partial f}{\partial y}(1, 1)(y-1) \\
&\quad + \frac{1}{2} \left\{ \frac{\partial^2 f}{\partial x^2}(1, 1)(x-1)^2 + 2 \frac{\partial^2 f}{\partial x \partial y}(1, 1)(x-1)(y-1) + \frac{\partial^2 f}{\partial y^2}(1, 1)(y-1)^2 \right\} + 0 \\
&= 1 + (x-1)^2 - 2(x-1)(y-1) - 3(y-1)^2.
\end{aligned}
$$

例 5.5.2. $f(x,y)=e^y\log(1+x)$ をマクローリンの定理によって 3 次の項まで求めよ.

解. $\dfrac{\partial^r f}{\partial x^k \partial y^{r-k}}=\dfrac{\partial^k f}{\partial x^k}=e^y\cdot\{\log(1+x)\}^{(k)}$ に注意して

$$f(0,0)=\frac{\partial^r f}{\partial y^r}(0,0)=0,\quad \frac{\partial f}{\partial x}(0,0)=\frac{\partial^2 f}{\partial x\partial y}(0,0)=\frac{\partial^3 f}{\partial x\partial y^2}(0,0)=1,$$
$$\frac{\partial^2 f}{\partial x^2}(0,0)=\frac{\partial^3 f}{\partial x^2\partial y}(0,0)=-1,\quad \frac{\partial^3 f}{\partial x^3}(0,0)=2$$

より,

$$f(0,0)+\sum_{r=1}^{3}\frac{1}{r!}\left(x\frac{\partial}{\partial x}+y\frac{\partial}{\partial y}\right)^r f(0,0)$$
$$=0+1x+0y+\frac{1}{2}\left(-1x^2+2\cdot 1xy+0y^2\right)$$
$$\qquad +\frac{1}{6}\left(2x^3+3\cdot(-1)x^2y+3\cdot 1xy^2+0y^3\right)$$
$$=x-\tfrac{1}{2}x^2+xy+\tfrac{1}{3}x^3-\tfrac{1}{2}x^2y+\tfrac{1}{2}xy^2.$$

∎

問 5.13 例 5.5.2 において θ を用い, 4 次のラグランジュの剰余項 R_4 を求めよ.

例 5.5.3. $f(x,y)=e^{x-y}$ をマクローリンの定理によって展開せよ.

解. $\dfrac{\partial^r f}{\partial x^{r-k}\partial y^k}(0,0)=(-1)^k$ より

$$1+(x-y)+\frac{1}{2}(x-y)^2+\cdots+\frac{1}{(n-1)!}(x-y)^{n-1}+\frac{1}{n!}(x-y)^n e^{\theta(x-y)}.$$

∎

問 5.14 関数 $\sqrt{2-x+y}$ をマクローリンの定理を $n=3$ に適用して展開せよ.

問 5.15 $f(x,y)$ の n 次の偏導関数がすべて恒等的に 0 であるならば, $f(x,y)$ は $x,\,y$ の多項式でその次数は高くても $(n-1)$ であることを証明せよ.

5.6　陰関数

$x,\,y$ の関係式 $f(x,y)=0$ において, $x,\,y$ は独立に任意の値をとることはできない. x の値に対して, $f(x,y)=0$ が成立するような y の値を対応させることができれば, その対応によって 1 つの関数が定まる. これを $f(x,y)=0$ によって定まる**陰関数**という.

定理 5.6.1. (陰関数定理) $f(x,y)$ を (a,b) を含む開集合で定義された連続偏微分可能な関数とする. 点 (a,b) において $f(a,b)=0$ かつ $f_y(a,b)\neq 0$ ならば, $x=a$ を含む適当な開区間で次の性質をもつ関数 $y=\phi(x)$ がただ 1 つ定まる.

(1) $b=\phi(a)$

(2) $f(x,\phi(x))=0$

(3) $\phi(x)$ は C^1 級で, $\dfrac{dy}{dx}=\phi'(x)=-\dfrac{f_x(x,y)}{f_y(x,y)}$

$f_y(a, b) = 0$ であっても $f_x(a, b) \neq 0$ であれば, $f(x, y) = 0$ は $y = b$ を含む開区間上で $x = \psi(y)$ の形で表され, $\dfrac{dx}{dy} = -\dfrac{f_y}{f_x}$ となる. 曲線 $f(x, y) = 0$ 上の点で $f_x = f_y = 0$ となる点を**特異点**という. 特異点ではない曲線 $f(x, y) = 0$ 上の点のまわりでは, 曲線は $y = \phi(x)$ か $x = \psi(y)$ のかたちに 1 とおりに表され, 接線が 1 本だけ引ける.

　陰関数を具体的に表現することは一般的にはできないが, 例 6.1 のように簡単に見つかる場合もある.

例 5.6.1. $f(x, y) = 4x^2 + y^2 - 8x - 4y + 3 = 0$ とする. このとき, 点 $(0, 1)$ における陰関数 $\phi(x)$ を求めよ.

解. $f(x, y) = 4(x - 1)^2 + (y - 2)^2 - 5 = 0$ より,

$$y - 2 = \pm\sqrt{5 - 4(x - 1)^2}$$

である. よって点 $(0, 1)$ における陰関数は

$$\phi(x) = 2 - \sqrt{5 - 4(x - 1)^2} \quad \left(1 - \frac{\sqrt{5}}{2} < x < 1 + \frac{\sqrt{5}}{2}\right)$$

となる. ■

例 5.6.2. $f(x, y) = x^3 + y^3 - 3axy = 0 \ (a > 0)$ によって定まる陰関数について, $\dfrac{dy}{dx}$ および $\dfrac{dx}{dy}$ を求めよ (この曲線を**デカルトの葉状曲線**という).

解. $f_x(x, y) = 3x^2 - 3ay, \quad f_y(x, y) = 3y^2 - 3ax$ であるから, $f(0, 0) = f_x(0, 0) = f_y(0, 0) = 0$ となる. よって, 原点 $(0, 0)$ は特異点となり, 曲線は原点において図のように自分自身と交わる. また, 曲線上で $f_y(x, y) = 0$ となる点 $P\left(\sqrt[3]{4}a, \sqrt[3]{2}a\right)$ では y は x の関数として表すことはできない (このとき $\dfrac{dx}{dy} = 0$). 同様に $f_x(x, y) = 0$ となる点 $Q\left(\sqrt[3]{2}a, \sqrt[3]{4}a\right)$ では x は y の関数として表すことはできない (このとき $\dfrac{dy}{dx} = 0$). これ以外の曲線上の点で $\dfrac{dy}{dx}$ および $\dfrac{dx}{dy}$ は次のように求まる.

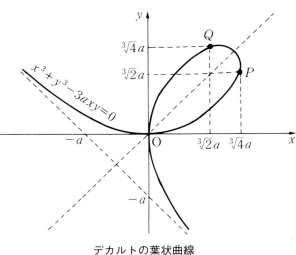

デカルトの葉状曲線

$$\frac{dy}{dx} = -\frac{x^2 - ay}{y^2 - ax}, \quad \frac{dx}{dy} = -\frac{y^2 - ax}{x^2 - ay}$$

■

問 5.16 $x^3 + x^2 - y^2 = 0$ より定まる陰関数について, $\dfrac{dy}{dx}$ および $\dfrac{dx}{dy}$ を求めよ.

例 5.6.3. $f(x, y)$ が 2 回連続微分可能であるとき, $f(x, y) = 0$ で定められる関数 $y = \phi(x)$ の第 2 次導関数を求めよ.

解.

$$
\begin{aligned}
\frac{d^2 y}{dx^2} &= \frac{d}{dx}\left(-\frac{f_x}{f_y}\right) = -\frac{\frac{d}{dx}(f_x)\cdot f_y - f_x \cdot \frac{d}{dx}(f_y)}{f_y^2} \\
&= -\frac{(f_{xx}+f_{xy}y')f_y - f_x(f_{xy}+f_{yy}y')}{f_y^2} \\
&= -\frac{f_{xx}f_y^2 - 2f_{xy}f_x f_y + f_{yy}f_x^2}{f_y^3}
\end{aligned}
$$

∎

$\boxed{問\ 5.17}$ $x^2 + 3xy + y^2 - 1 = 0$ に対して, $\dfrac{dy}{dx}$ および $\dfrac{d^2 y}{dx^2}$ を求めよ.

定理 5.6.1 は多次元の場合に拡張できる. 例えば 3 次元の場合は次のように拡張される.

定理 5.6.2. $f(x,y,z)$ を 3 次元空間上の点 (a,b,c) を含む開集合で定義された連続偏微分可能な関数とする. 点 (a,b,c) において $f=0$ かつ $f_z \neq 0$ ならば, xy-平面上 (a,b) を含む適当な開集合で定義された, 次の性質をもつ関数 $z = \phi(x,y)$ がただ 1 つ定まる.
(1) $c = \phi(a,b)$
(2) $f(x,y,\phi(x,y)) = 0$
(3) $z = \phi(x,y)$ は連続偏微分可能で $\phi_x = -\dfrac{f_x}{f_z}$, $\phi_y = -\dfrac{f_y}{f_z}$.

定理 5.6.3. 3 次元空間上の点 (a,b,c) を含む開集合で定義された 2 つの関数 $f(x,y,z)$ および $g(x,y,z)$ が連続偏微分可能とする. 点 (a,b,c) において

$$
f = 0, \quad g = 0, \quad J = \frac{\partial(f,g)}{\partial(y,z)} = \begin{vmatrix} \dfrac{\partial f}{\partial y} & \dfrac{\partial f}{\partial z} \\ \dfrac{\partial g}{\partial y} & \dfrac{\partial g}{\partial z} \end{vmatrix} \neq 0
$$

であるとき, x-軸上 $x = a$ を含む適当な開区間で定義された, 次の性質をもつ関数 $y = \phi_1(x)$, $z = \phi_2(x)$ がただ 1 組定まる.
(1) $b = \phi_1(a)$, $c = \phi_2(a)$
(2) $f(x,\phi_1(x),\phi_2(x)) = 0$, $g(x,\phi_1(x),\phi_2(x)) = 0$
(3) $y = \phi_1(x)$, $z = \phi_2(x)$ は連続微分可能である.
ここで J は**ヤコビアン**という.

$\phi_1'(x)$, $\phi_2'(x)$ を求めるには（2）の 2 つの式をそれぞれ x で微分して

$$
\frac{\partial f}{\partial x} + \frac{\partial f}{\partial y}\frac{d\phi_1}{dx} + \frac{\partial f}{\partial z}\frac{d\phi_2}{dx} = 0, \quad \frac{\partial g}{\partial x} + \frac{\partial g}{\partial y}\frac{d\phi_1}{dx} + \frac{\partial g}{\partial z}\frac{d\phi_2}{dx} = 0
$$

から求めれば次のようになる. その際, 条件 $J \neq 0$ は, この 2 つの連立方程式から $\phi_1'(x)$ および $\phi_2'(x)$ がただ 1 とおりに定まるための条件である.

$$
\phi_1'(x) = -\frac{\partial(f,g)}{\partial(x,z)}\bigg/ J, \quad \phi_2'(x) = -\frac{\partial(f,g)}{\partial(y,x)}\bigg/ J
$$

問 5.18 $a(x-l)^2 + b(y-m)^2 + c(z-n)^2 - d = 0$ のとき, $\dfrac{\partial z}{\partial x}$, $\dfrac{\partial z}{\partial y}$, $\dfrac{\partial^2 z}{\partial x^2}$, $\dfrac{\partial^2 z}{\partial x \partial y}$ および $\dfrac{\partial^2 z}{\partial y^2}$ を求めよ.

問 5.19 $x^2 + y^2 + z^2 - 1 = 0$, $\ lx + my + nz - 1 = 0$ のとき, $\dfrac{dy}{dx}$ および $\dfrac{dz}{dx}$ を求めよ.

5.7　極大・極小

関数 $z = f(x,y)$ において, 点 (a,b) の近くの任意の点 (x,y) $(\neq (a,b))$ に対し $f(x,y) < f(a,b)$ $(f(x,y) > f(a,b))$ が成り立つならば, $f(x,y)$ は点 (a,b) で 極大（極小）であるといい, $f(a,b)$ を 極大値（極小値）という. 極大値と極小値をあわせて 極値 という.

関数 $f(x,y)$ が点 (a,b) で極値をとるための必要条件は $f_x(a,b) = 0, f_y(a,b) = 0$ である. また $f(x,y)$ が点 (a,b) の近くで全微分可能であれば, この条件は $df(a,b) = 0$ と書ける.

例 5.7.1.　$f(x,y) = x^2 + y^2$ において, $f_x(a,b) = 2a = 0, f_y(a,b) = 2b = 0$ から $a = b = 0$. $f(0,0) = 0$ かつ $(0,0)$ 以外の点 (x,y) では $f(x,y) > 0$ より関数 $f(x,y)$ は点 $(0,0)$ で極小で, 極小値 0 をとる.

例 5.7.2.　$f(x,y) = -x^2 + y^2$ は $f_x(0,0) = f_y(0,0) = 0$ であるが, 下図より $(0,0)$ では極値をもたない.

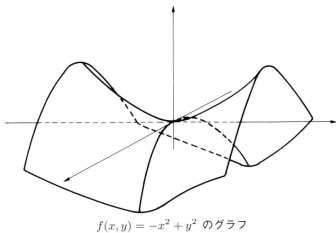

$f(x,y) = -x^2 + y^2$ のグラフ

定理 5.7.1.　関数 $f(x,y)$ が点 (a,b) の近くで 2 回連続偏微分可能で, $f_x(a,b) = f_y(a,b) = 0$ とする. $\Delta = \{f_{xy}(a,b)\}^2 - f_{xx}(a,b)f_{yy}(a,b)$ とおいたとき,

(1) $\Delta < 0$ で $f_{xx}(a,b) > 0$ ならば, $f(x,y)$ は点 (a,b) で極小.

(2) $\Delta < 0$ で $f_{xx}(a,b) < 0$ ならば, $f(x,y)$ は点 (a,b) で極大.

(3) $\Delta > 0$ ならば, $f(x,y)$ は点 (a,b) で極値をとらない.

(4) $\Delta = 0$ ならば, 極値をとるともとらないとも判定できない.

証明. h, k を少なくともどちらかは 0 でない数とする. ここで $\phi(t) = f(a + th, b + tk)$ とおく. $f(x, y)$ は点 (a, b) の近くで 2 回連続偏微分可能であるから定理 5.3.3 より $f(x, y), f_x(x, y),$ $f_y(x, y)$ は点 (a, b) で全微分可能である. $\phi(t)$ に対して定理 5.4.1 を適用すると

$$\phi'(t) = f_x(a + ht, b + kt)h + f_y(a + ht, b + kt)k$$

を得る. $f_x(a, b) = f_y(a, b) = 0$ であるから $\phi'(0) = 0$ となる. 次に $\phi'(t)$ に対して再び定理 5.4.1 を適用すると

$$\phi''(t) = \frac{d^2\phi}{dt^2} = f_{xx}(a + ht, b + kt)h^2 + 2f_{xy}(a + ht, b + kt)hk + f_{yy}(a + ht, b + kt)k^2$$

を得る.

$$A = f_{xx}(a, b), \ B = f_{xy}(a, b), \ C = f_{yy}(a, b)$$

とおくと

$$\phi''(0) = f_{xx}(a, b)h^2 + 2f_{xy}(a, b)hk + f_{yy}(a, b)k^2 = Ah^2 + 2Bhk + Ck^2$$

となる.

(1) $\Delta = B^2 - AC < 0, A > 0$ のとき: (i) $k \neq 0$ と仮定する. $Ah^2 + 2Bhk + Ck^2$ を h の 2 次式とみるとその判別式は

$$B^2k^2 - ACk^2 = k^2(B^2 - AC) < 0$$

であるから, 任意の h に対して $\phi''(0) = Ah^2 + 2Bhk + Ck^2 > 0$. (ii) $k = 0$ と仮定すると $h \neq 0$ より $\phi''(0) = Ah^2 > 0$. 以上をまとめると $\phi'(0) = 0, \phi''(0) > 0$ が成り立つ. 定理 2.7.3 より $\phi(t)$ は $t = 0$ で極小値をとる. このことは h, k の値によらないので, $f(x, y)$ は点 (a, b) で極小値をとる.

(2) $\Delta = B^2 - AC < 0, A < 0$ のとき: (1) と同様にして $f(x, y)$ は点 (a, b) で極大値をとることがわかる.

(3) $\Delta > 0$ のとき: h, k を適当に選ぶことで $Ah^2 + 2Bhk + Ck^2$ を正あるいは負のいずれもとることができる. つまり平面上の点 (x, y) を点 (a, b) へ近づけるとき, $f(x, y)$ が $f(a, b)$ に上側から近づく方法と下側から近づく方法がそれぞれある. 従って $f(a, b)$ は極値をとらない.

(4) $\Delta = 0$ のとき: $\phi''(0) = 0$ となるので, これだけでは $f(a, b)$ は極値をとるかどうかはわからない. $\qquad\square$

例 5.7.3. $f(x, y) = x^2 + xy + y^2 - 4x - 2y$ の極値を求めよ.

解. $f_x = 2x + y - 4 = 0, f_y = x + 2y - 2 = 0$ より $df(2, 0) = 0$. よって点 $(2, 0)$ で極値をとる. $f_{xx}(2, 0) = 2, f_{xy}(2, 0) = 1, f_{yy}(2, 0) = 2$ であるから $\Delta < 0, f_{xx}(2, 0) > 0$ となり, 極小値 $f(2, 0) = -4$ をとる. $\qquad\blacksquare$

$\boxed{\text{問 } 5.20}$ 次の関数の極値を求めよ.

(1) $e^x(x^2 - y^2)$ 　　　　　　　　　(2) $xy(x^2 + y^2 - 1)$

(3) $x^3 - 3axy + y^3 \ (a > 0)$ 　　　　(4) $x^2 - xy + y^2 - 2x + 3y + 1$

$\boxed{\text{問 } 5.21}$ 半径 1 の円に内接する三角形で面積最大なものを求めよ.

変数 x, y がある条件 $\varphi(x, y) = 0$ のもとで変化するとき, 関数 $f(x, y)$ の極値を求める問題を考える.

定理 5.7.2. 関数 $\varphi(x,y), f(x,y)$ は連続偏微分可能とし，$z = f(x,y)$ は $\varphi(x,y) = 0$ という条件のもとに (a,b) で極値をとるとする．このとき，もし $\varphi_x(a,b) \neq 0$ または $\varphi_y(a,b) \neq 0$ ならば

$$f_x(a,b) - \lambda\varphi_x(a,b) = 0, f_y(a,b) - \lambda\varphi_y(a,b) = 0$$

となる定数 λ が存在する．

証明. $\varphi_y(a,b) \neq 0$ のときは，陰関数の定理より $\varphi(x,y) = 0$ をみたす y が x の関数とみられるから z は x の関数となる．よって $z = f(x,y)$ が極値をとる点 (a,b) では，

$$\frac{dz}{dx} = f_x + f_y\frac{dy}{dx} = 0.$$

また $\varphi(x,y) = 0$ の両辺を x で微分すると $\varphi_x dx + \varphi_y dy = 0$ となる．したがって $\varphi_y(a,b) \neq 0$ であるから $f_x(a,b)\varphi_y(a,b) = f_y(a,b)\varphi_x(a,b)$ である．よって，

$$\lambda = \frac{f_y(a,b)}{\varphi_y(a,b)}.$$

とおけばよい．$\varphi_x(a,b) \neq 0$ のときは，同様にして $\lambda = \dfrac{f_x(a,b)}{\varphi_x(a,b)}$ とおけばよい． □

定理 5.7.3. (ラグランジュの未定乗数法) 連続偏微分可能な関数 $\varphi(x,y), f(x,y)$ に対し

$$F(x,y,\lambda) = f(x,y) - \lambda\varphi(x,y) \ (\lambda は助変数)$$

とおく．条件 $\varphi(x,y) = 0$ のもとで $z = f(x,y)$ が極値をとる点では，$\varphi(x,y) = 0$ が特異点をもたなければ

$$F_x(x,y,\lambda) = 0, F_y(x,y,\lambda) = 0, F_\lambda(x,y,\lambda) = 0$$

が成り立つ．助変数 λ はラグランジュの乗数といわれている．

証明. 定理 5.7.2 より明らか． □

例 5.7.4. 点 (x,y) が条件 $x^3 - 3xy + y^3 = 0$ のもとで変化するとき $x^2 + y^2$ の極値を求めよ．

解. $F(x,y,\lambda) = x^2 + y^2 - \lambda(x^3 - 3xy + y^3)$ とおくと

$$F_x = 2x - 3\lambda(x^2 - y), F_y = 2y - 3\lambda(y^2 - x), F_\lambda = -\varphi.$$

ただし，$\varphi(x,y) = x^3 - 3xy + y^3$ で $\varphi_x(x,y) = 3x^2 - 3y, \varphi_y(x,y) = -3x + 3y^2$.
　$F_x = F_y = 0$ より $(x^2 \neq y$ として) λ を消去すると，

$$(x-y)(x+y+xy) = 0.$$

$x = y$ と $\varphi = 0$ より $x = y = \dfrac{3}{2}$ を得る $\left(\lambda = \dfrac{2x}{3(x^2 - y)} \text{ より } (x,y) \neq (0,0)\right)$.
　また，$x + y + xy = 0$ および $\varphi = 0$ より，

$$(x+y)(x^2 - xy + y^2 + 3) = 0.$$

ここで $x^2-xy+y^2+3 = \left(x-\frac{1}{2}y\right)^2+\frac{3}{4}y^2+3 > 0$ であるから $x+y=0$. よって $x=y=0$ を得るが λ の定義に反する. したがって $F_x=F_y=F_\lambda=0$ をみたす点 (x,y) は $\left(\frac{3}{2}, \frac{3}{2}\right)$ であり, $f(x,y)=x^2+y^2$ の極値の候補はこの点となる. 一方 $\varphi(x,y)=0$ のグラフより $f(x,y)$ の値は原点 $(0,0)$ から点 (x,y) までの距離の平方であるから $f\left(\frac{3}{2}, \frac{3}{2}\right)=\frac{9}{2}$ は極大値である. また, グラフより点 $(0,0)$ で $f(x,y)$ は最小値（極小値）0 をとる. ■

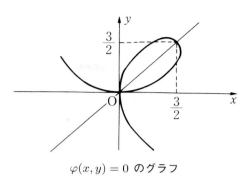

$\varphi(x,y)=0$ のグラフ

問 **5.22** 条件 $x^2+y^2=1$ の下で次の関数の極値を求めよ.

(1) $x+y$ (2) xy

問 **5.23** 条件 $(x^2+y^2)^2 = 2(x^2-y^2)$ の下で x^2+y^2 の極値を求めよ.

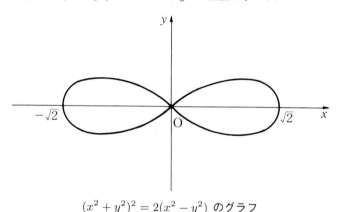

$(x^2+y^2)^2 = 2(x^2-y^2)$ のグラフ

第 5 章 練 習 問 題

1. 次の各関数について $\displaystyle\lim_{(x,y)\to(0,0)} f(x,y)$ を求めよ.

$$(1)\quad f(x,y) = xy\,\frac{x^2 - y^2}{x^2 + y^2} \qquad\qquad (2)\quad f(x,y) = x\sin\frac{1}{y} + y\cos\frac{1}{x}$$

2. 次の関数の第 2 次偏導関数を求めよ.

$$(1)\quad z = \frac{x^2 - y^2}{x^2 + y^2} \qquad\qquad (2)\quad z = \log(x^2 + xy + y^2)$$

3. 次の関数をマクローリンの定理を $n = 3$ の場合に適用せよ.

$$(1)\quad e^x \sin y \qquad\qquad (2)\quad \frac{1}{1 - 2x + 3y} \qquad\qquad (3)\quad \sqrt{1 + x - y^2}$$

4. 関係式 $x^2 - xy + y^2 = a^2$ において y が x の関数となるのはどのような区間か. また, そのとき y', y'' を求めよ.

5. $\log(x^2 + y^2) = 2\tan^{-1}\dfrac{y}{x}$ から y', y'' を求めよ.

6. $x^2 + y^2 + z^2 = a^2$, $x^2 + y^2 = 2ax$ から $\dfrac{dy}{dx}$ および $\dfrac{dz}{dx}$ を求めよ.

7. 次の関数の極値を求めよ.

$$(1)\quad x^2 + xy + y^2 - 4x - 2y \qquad\qquad (2)\quad x^4 + y^3 - 4(x + y) + 1$$

$$(3)\quad x^2 + xy + y^2 - \frac{3(x + y)}{xy} \qquad\qquad (4)\quad z = x^2 y^2 - x^2 - y^2 + 1$$

$$(5)\quad z = x^2 y - y^2 x - x + y \qquad\qquad (6)\quad z = x^4 - 2x^2 y + 4x^2 - 4xy + 2y^2$$

第6章 重積分

　この章では多変数関数の積分を学修する. 関数 $z = f(x, y)$ で与えられる 2 変数関数は 3 次元空間の曲面となるので, その積分は xy-平面上のその曲面とで囲まれた立体の体積となる. したがって, 曲面などで囲まれた立体の体積や曲面の面積を求めることを学修する.

6.1　重積分について

　1 変数関数 $y = f(x)$ の定積分 $\displaystyle\int_a^b f(x)dx$ は区間 $[a, b]$ 上の面積を求める作業であった. 同じように 2 変数関数 $z = f(x, y)$ の積分

$$\iint_D f(x, y)\, dxdy$$

は適当な平面の領域 D 上の体積を求める作業になる. 例えば $f(x, y) = x^2 + y^2$, 領域 $D = \{\,(x, y) \mid x^2 + y^2 \leq 1\,\}$ (単位円盤) の場合, 重積分 $\displaystyle\iint_D f(x, y)\, dxdy$ は下の図の陰の部分の体積を求めることになる[1].

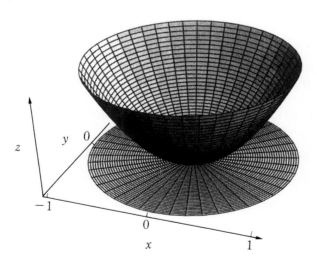

　この章では主に 2 変数関数の積分を述べるが, 一般の n 変数関数の積分は 2 変数関数の積分から類推することができる.
　まず, 領域 D が座標軸に平行な閉長方形であるときの積分については, 閉長方形

$$D = \{(x, y) : a \leq x \leq b,\ c \leq y \leq d\}$$

に対して区間 $[a, b]$, $[c, d]$ を次のように分割する.

---

[1]重積分と 1 変数の積分の違いは, 重積分には不定積分はないことである. したがって, 重積分においては領域 D の指定のない $\displaystyle\iint f(x, y)\, dxdy$ はあり得ない.

$$a = x_0 < x_1 < x_2 < \cdots < x_{m-1} < x_m = b$$
$$c = y_0 < y_1 < y_2 < \cdots < y_{n-1} < y_n = d$$

この分割によってできる閉長方形

$$D_{ij} = \{(x,y) | x_{i-1} \le x \le x_i, y_{j-1} \le y \le y_j\} \quad (i = 1, 2, \ldots, m; j = 1, 2, \ldots, n)$$

全体を D の**分割**といい, Δ で表す. さらに, $\Delta x_i = x_i - x_{i-1}, \Delta y_j = y_j - y_{j-1}$ $(i = 1, 2, \ldots, m; j = 1, 2, \ldots, n)$ の最大値を $|\Delta|$ で表す. D で定義された関数 $f(x,y)$ に対して, 閉長方形 D_{ij} のおのおのから代表点 (ξ_{ij}, η_{ij}) $(x_{i-1} \le \xi_{ij} \le x_i, y_{j-1} \le \eta_{ij} \le y_j)$ を取り出し,

$$V(\Delta) = \sum_{\substack{1 \le i \le m \\ 1 \le j \le n}} f(\xi_{ij}, \eta_{ij}) \Delta x_i \Delta y_j$$

を考える. $f(x,y) \ge 0$ であれば, $f(\xi_{ij}, \eta_{ij}) \Delta x_i \Delta y_j$ は底面が長方形 D_{ij} で, 高さが $f(\xi_{ij}, \eta_{ij})$ の直方体の体積であり, $V(\Delta)$ はそれらの直方体の体積の和である. $V(\Delta)$ が分割 Δ や代表点 (ξ_{ij}, η_{ij}) の取り方によらず, $|\Delta| \to 0$ のとき一定の値に近づくならば, この極限値を

$$\iint_D f(x,y)\,dxdy$$

と書き, D における $f(x,y)$ の**積分**または **2 重積分**という. このとき, $f(x,y)$ は D で**積分可能**であるという. したがって

$$\iint_D f(x,y)\,dxdy = \lim_{|\Delta| \to 0} \sum_{\substack{1 \le i \le m \\ 1 \le j \le n}} f(\xi_{ij}, \eta_{ij}) \Delta x_i \Delta y_j$$

と書ける. 領域 D が普通の領域 (境界がなめらかな曲線がつながったものとなっている) のとき $f(x,y)$ が連続であれば, $f(x,y)$ は D で積分可能であることが知られている.

　積分の定義から次の定理が成立することがわかる.

定理 6.1.1. $f(x,y), g(x,y)$ が D で積分可能とし, α, β を定数とする. このとき,

1. $$\iint_D \{\alpha f(x,y) + \beta g(x,y)\}\,dxdy = \alpha \iint_D f(x,y)\,dxdy + \beta \iint_D g(x,y)\,dxdy$$

2. D で $f(x,y) \le g(x,y)$ ならば, $\displaystyle\iint_D f(x,y)\,dxdy \le \iint_D g(x,y)\,dxdy$.

3. $f(x,y)g(x,y)$ は D で積分可能である.

---

 (3) は $f(x,y), g(x,y)$ が連続ならば $f(x,y)g(x,y)$ も連続となるので, そのような条件で考えてもよい.

　最初に, 領域 D が $D = [a,b] \times [c,d]$ の長方形のときに積分を求める (どのように計算すればよいのかを述べる). 重積分の定義

$$\sum_{\substack{1 \le i \le m \\ 1 \le j \le n}} f(\xi_{ij}, \eta_{ij}) \Delta x_i \Delta y_j$$

を $\displaystyle\sum_j \sum_i f(x_i, y_j)(x_i - x_{i-1})(y_j - y_{j-1})$ と考えて $\displaystyle\sum_j \left(\sum_i f(x_i, y_j)(x_i - x_{i-1}) \right) (y_j - y_{j-1})$ と

して, { } の中の分割を細かくし $f(x, y_j)$ を x の関数とみて, 極限をとれば { } は変数 x の関数 $f(x, y_j)$ の積分であるから $\displaystyle\int_a^b f(x, y_j) dx$ となる. したがって

$$\sum_j \left(\int_a^b f(x, y_j) dx \right) (y_j - y_{j-1})$$

となるので, 次は $\displaystyle\int_a^b f(x, y_j) dx$ を y の関数とみると, 分割を細かくして, 極限をとると

$$\int_c^d \left(\int_a^b f(x, y) dx \right) dy$$

となる. 逆に進めれば $\displaystyle\int_a^b \left(\int_c^d f(x, y) dy \right) dx$ となるので, 次の定理を得る.

定理 6.1.2. $D = [a, b] \times [c, d]$ のとき

$$\iint_D f(x, y) dx dy = \int_a^b \left(\int_c^d f(x, y) dy \right) dx = \int_c^d \left(\int_a^b f(x, y) dx \right) dy.$$

$\displaystyle\int_c^d \left\{ \int_a^b f(x, y) dx \right\} dy$ のような積分を **逐次積分** といい, $\displaystyle\int_c^d dy \int_a^b f(x, y) dx$ と表す.

領域 D が長方形 $D = [a, b] \times [c, d]$ のときは, どちらからでもよいが, 例えばまず y を定数と見て $f(x, y)$ を x の1変数関数と見る. そこで, 定積分 $\displaystyle\int_a^b f(x, y) dx \, (= g(y))$ を求める. これは y の式になるから, これを y の関数とみて, 定積分 $\displaystyle\int_c^d g(y) dy$ を計算すればよい. 順序を逆にしても同じ値になる.

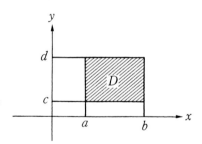

領域が長方形でないときでも, それが普通の領域であれば, 次のように積分を計算することができる.

定理 6.1.3. (1) $\varphi_1(x)$, $\varphi_2(x)$ を $a \le x \le b$ で $\varphi_1(x) \le \varphi_2(x)$ なる連続関数とする. 積分領域 $D = \{(x, y) | a \le x \le b, \varphi_1(x) \le y \le \varphi_2(x)\}$ で $f(x, y)$ が連続のとき,

$$\iint_D f(x, y) \, dx dy = \int_a^b dx \int_{\varphi_1(x)}^{\varphi_2(x)} f(x, y) dy.$$

(2) $\psi_1(y)$, $\psi_2(y)$ を $c \le y \le d$ で $\psi_1(y) \le \psi_2(y)$ なる連続関数とする. 積分領域 $D = \{(x, y) | c \le y \le d, \psi_1(y) \le x \le \psi_2(y)\}$ で $f(x, y)$ が連続のとき,

$$\iint_D f(x, y) \, dx dy = \int_c^d dy \int_{\psi_1(y)}^{\psi_2(y)} f(x, y) dx.$$

定理 6.1.3 から, 次のことがいえる.

系 6.1.4. (積分順序の変更) 積分領域 D が

$$D = \{(x,y) | a \le x \le b, \varphi_1(x) \le y \le \varphi_2(x)\} = \{(x,y) | c \le y \le d, \psi_1(y) \le x \le \psi_2(y)\}$$

と2通りに表されるとき, 次のように積分順序を変更することができる.

$$\iint_D f(x,y)\,dxdy = \int_a^b dx \int_{\varphi_1(x)}^{\varphi_2(x)} f(x,y)dy = \int_c^d dy \int_{\psi_1(y)}^{\psi_2(y)} f(x,y)dx$$

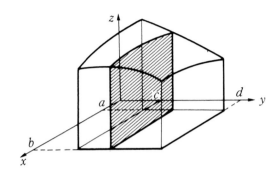
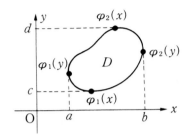

以下の例のように2重積分を利用して逐次積分の積分順序を変えれば計算が簡単になることがある. また2重積分を逐次積分を行って計算するとき積分の順序に注意すれば簡単になることがある.

例 6.1.1. $\displaystyle\int_0^\pi dx \int_0^1 y\cos xy\,dy$ を求めよ.

解. $D : 0 \le x \le \pi, 0 \le y \le 1$ とする.

$$\int_0^\pi dx \int_0^1 y\cos xydy = \iint_D y\cos xy\,dxdy = \int_0^1 dy \int_0^\pi y\cos xydx$$

$$= \int_0^1 [\sin xy]_0^\pi \,dy = \int_0^1 \sin\pi ydy = \left[-\frac{1}{\pi}\cos\pi y\right]_0^1 = \frac{2}{\pi}$$

∎

例 6.1.2. $\displaystyle\int_0^1 dy \int_y^1 e^{-x^2}dx$ を求めよ.

解. $D = \{(x,y) \mid 0 \le y \le 1,\ y \le x \le 1\} = \{(x,y) \mid 0 \le x \le 1,\ 0 \le y \le x\}$ より,

$$\int_0^1 dy \int_y^1 e^{-x^2}dx = \int_0^1 dx \int_0^x e^{-x^2}dy = \int_0^1 \left[ye^{-x^2}\right]_0^x dx = \int_0^1 xe^{-x^2}dx$$

$$= \int_0^1 \frac{e^{-t}}{2}dt = \left[-\frac{e^{-t}}{2}\right]_0^1 = \frac{1-e^{-1}}{2} = \frac{e-1}{2e}$$

∎

重　心

xy-平面上に質点 $P_1(x_1,y_1), P_2(x_2,y_2),\ldots,P_n(x_n,y_n)$ があるとし, 各 P_i の質量は m_i であるとする. この質点系の重心, つまりこの質点系が釣り合う点の座標 (x,y) は,

$$x=\frac{\sum_{i=1}^n m_i x_i}{\sum_{i=1}^n m_i}, \qquad y=\frac{\sum_{i=1}^n m_i y_i}{\sum_{i=1}^n m_i}$$

で与えられることが知られている.

xy-平面の領域 D を薄い板と考え, その重心を調べる. D に密度 $\rho(x,y)$ で質量が分布しているとき, すなわち (x,y) を含む微小な面積 ΔS の部分の質量が $\rho(x,y)\Delta S$ であるとき, D の重心は次のように考えられる.

D を微少な領域 $D_1, D_2,\ldots,D_n$ に分割し, 各 D_i の面積を S_i, また各 D_i より任意に点 $P_i(x_i,y_i)$ を取る. 各 D_i の質量は $\rho(x_i,y_i)\Delta S_i$ であり, この質量が点 $P_i(x_i,y_i)$ に集中しているとする. このとき質点系 $P_1(x_1,y_1), P_2(x_2,y_2),\ldots P_n(x_n,y_n)$ の重心の座標 (X,Y) は,

$$X=\frac{\sum_{i=1}^n \rho(x_i,y_i)\Delta S_i x_i}{\sum_{i=1}^n \rho(x_i,y_i)\Delta S_i}, \qquad Y=\frac{\sum_{i=1}^n \rho(x_i,y_i)\Delta S_i y_i}{\sum_{i=1}^n \rho(x_i,y_i)\Delta S_i}$$

で与えられる. D の重心 (X_0,Y_0) は D の分割 Δ を細かくしていったときの X,Y の極限と考えられる. 2重積分の定義より,

$$\lim_{|\Delta|\to 0}\sum_{i=1}^n \rho(x_i,y_i)\Delta S_i x_i=\iint_D \rho(x,y)x\,dxdy, \quad \lim_{|\Delta|\to 0}\sum_{i=1}^n \rho(x_i,y_i)\Delta S_i y_i=\iint_D \rho(x,y)y\,dxdy,$$

$$\lim_{|\Delta|\to 0}\sum_{i=1}^n \rho(x_i,y_i)\Delta S_i=\iint_D \rho(x,y)\,dxdy$$

であるから,

$$X_0=\frac{\iint_D \rho(x,y)x\,dxdy}{\iint_D \rho(x,y)\,dxdy}, \qquad Y_0=\frac{\iint_D \rho(x,y)y\,dxdy}{\iint_D \rho(x,y)\,dxdy}$$

である. 特に密度が一様であるとき $\rho(x,y)$ は定数なので, D の重心 (X_0,Y_0) は次のようになる.

$$X_0=\frac{\iint_D x\,dxdy}{\iint_D dxdy}, \qquad Y_0=\frac{\iint_D y\,dxdy}{\iint_D dxdy}$$

例 6.1.3. 領域 $D : x^2 \leq y \leq 1$ を密度が一様な薄い板と考えたとき，その重心を求めよ．

解. 領域 D 上の 2 重積分の区間は $-1 \leq x \leq 1$, $x^2 \leq y \leq 1$ となるので，

$$\iint_D x\,dxdy = \int_{-1}^{1} dx \int_{x^2}^{1} x\,dy = \int_{-1}^{1} x(1-x^2)\,dx = 0.$$

$$\iint_D y\,dxdy = \int_{-1}^{1} dx \int_{x^2}^{1} y\,dy = \frac{1}{2} \int_{-1}^{1} (1-x^4)\,dx = \frac{4}{5}.$$

また $\iint_D dxdy$ は D の面積であるから，

$$\iint_D dxdy = 2 \int_{0}^{1} (1-x^2)\,dx = \frac{4}{3}.$$

よって重心は $\left(0, \dfrac{3}{5}\right)$ となる． ∎

問 **6.1** 次の 2 重積分を求めよ．

(1) $\displaystyle\iint_D e^{x+y}\,dxdy$ 　　　$D : 0 \leq x \leq 1, 0 \leq y \leq 1$

(2) $\displaystyle\iint_D y\,dxdy$ 　　　$D : 0 \leq x \leq 1, 0 \leq y \leq x^2$

(3) $\displaystyle\iint_D x\,dxdy$ 　　　$D : 0 \leq x \leq 1, 0 \leq y \leq x$

(4) $\displaystyle\iint_D xy\,dxdy$ 　　　$D : 0 \leq x \leq 1, x \leq y \leq 1$

(5) $\displaystyle\iint_D (1-x-y)\,dxdy$ 　　　$D : 0 \leq x, 0 \leq y, x+y \leq 1$

(6) $\displaystyle\iint_D (x^2+y^2)\,dxdy$ 　　　$D : 0 \leq x, 0 \leq y, x+y \leq 1$

問 **6.2** 次の 2 重積分を求めよ．

(1) $\displaystyle\iint_D y^2\,dxdy$ 　　　$D : 0 \leq y \leq 1, \sqrt{y} \leq x \leq 2-y$

(2) $\displaystyle\iint_D (x^2+3y)\,dxdy$ 　　　$D : 0 \leq y \leq 1, y^2 \leq x \leq y$

(3) $\displaystyle\iint_D \frac{x}{y^2}\,dxdy$ 　　　$D : 1 \leq x \leq 2, 1 \leq y \leq x^2$

(4) $\displaystyle\iint_D y\,dxdy$ 　　　$D : 0 \leq y, x^2+y^2 \leq 1$

(5) $\displaystyle\iint_D xy\,dxdy$ 　　　$D : 0 \leq x, 0 \leq y, x^2+y^2 \leq 1$

(6) $\displaystyle\iint_D \sqrt{4x^2-y^2}\,dxdy$ 　　　$D : 0 \leq y \leq x \leq 1$

問 **6.3** $f(x)$, $g(y)$ がそれぞれ $a \leq x \leq b$, $c \leq y \leq d$ で連続なとき，

$$\int\int_D f(x)g(y)\,dxdy = \int_a^b f(x)dx \int_c^d g(y)dy$$

となることを示せ．ただし，$D : a \leq x \leq b$, $c \leq y \leq d$ とする．

問 **6.4** 次の逐次積分の順序を交換せよ．

(1) $\displaystyle\int_0^1 dx \int_0^{x^2} f(x,y)dy$ 　　　　　(2) $\displaystyle\int_0^1 dx \int_{x^2}^{x} f(x,y)dy$

(3) $\displaystyle\int_0^a dx \int_x^{2x} f(x,y)dy$ 　$(a>0)$ 　　(4) $\displaystyle\int_a^b dx \int_a^{x} f(x,y)dy$ 　$(b>a>0)$

6.2　広義積分

　重積分の定義より積分可能な関数は有界であり, 積分領域も有界であった. この節では積分の定義を拡張して有界でない関数や, 積分領域が有界でない場合にも適用できるようにする.

　領域 D に含まれる面積確定な有界領域の増加列 $\{S_n\}$:

$$S_1 \subseteq S_2 \subseteq \cdots \subseteq S_n \subseteq \cdots \subseteq D$$

で, D に含まれる任意の有界領域 A に対して, n を十分大きくとれば $A \subseteq S_n$ とできるとき $\{S_n\}$ を D の**近似増加列**という. 以後, 積分領域 D は近似増加列がとれるとし, また, 被積分関数は近似増加列の各有界領域上では積分可能とする.

　$f(x,y)$ を領域 D 上の関数[2], $\{S_n\}$ を D の近似増加列とする. 数列

$$I(S_n) = \iint_{S_n} f(x,y)\,dxdy$$

が近似増加列 $\{S_n\}$ の取り方によらず一定の極限値をもつとき, その極限値を D における $f(x,y)$ の**広義積分** という. すなわち

$$\iint_D f(x,y)\,dxdy = \lim_{n\to\infty} \iint_{S_n} f(x,y)\,dxdy$$

である. 積分領域 D の 1 つの近似増加列 $\{S_n\}$ に対して, $\displaystyle\lim_{n\to\infty} \iint_{S_n} |f(x,y)|\,dxdy < \infty$ ならば数列 $\{I(S_n)\}$ が極限値をもち, 他の近似増加列についても同じ極限値をもつことが知られている.

例 6.2.1. $\displaystyle \iint_D \frac{1}{\sqrt{x^2+y^2}}\,dxdy$　　$D : 0 \le x \le 1,\ 0 \le y \le x$ を求めよ.

解. $D_n : \dfrac{1}{n} \le x \le 1, 0 \le y \le x$ として

$I_n = \displaystyle\iint_{D_n} \frac{1}{\sqrt{x^2+y^2}}\,dxdy$ を求める.

$\displaystyle I_n = \int_{\frac{1}{n}}^{1} dx \int_0^x \frac{1}{\sqrt{x^2+y^2}}\,dy = \int_{\frac{1}{n}}^{1} \left[\log(y + \sqrt{x^2+y^2}) \right]_0^x dx$

$\displaystyle \quad = \int_{\frac{1}{n}}^{1} \log(1+\sqrt{2}\,)dx = \left(1 - \frac{1}{n}\right) \log(1+\sqrt{2}\,)$

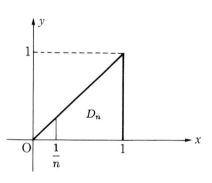

$\{D_n\}$ は D の近似増加列であるから,

$\displaystyle \iint_D \frac{1}{\sqrt{x^2+y^2}}\,dxdy = \lim_{n\to\infty} I_n = \log(1+\sqrt{2}\,).$ ■

---

[2]ある面積 0 の D の部分集合 E 上で $f(x,y)$ の値が定義されていないようなものも許容する. この場合には D の有界集合として E の点を含まないものだけを考えることにする.

例 6.2.2. $\displaystyle\iint_D \frac{1}{(x+y+1)^4}\,dxdy$　$D : 0 \le x,\ 0 \le y$ を求めよ.

解. $D_n : 0 \le x \le n,\ 0 \le y \le n$ とする.

$$\iint_{D_n} \frac{1}{(x+y+1)^4}\,dxdy = \int_0^n dx \int_0^n \frac{1}{(x+y+1)^4}dy = \int_0^n \left[-\frac{1}{3}\frac{1}{(x+y+1)^3} \right]_0^n dx$$

$$= \frac{1}{3}\int_0^n \left\{ \frac{1}{(x+1)^3} - \frac{1}{(x+n+1)^3} \right\} dx = \frac{1}{3}\frac{(-1)}{2}\left[\frac{1}{(x+1)^2} - \frac{1}{(x+n+1)^2} \right]_0^n$$

$$= \frac{1}{6}\left\{ 1 + \frac{1}{(2n+1)^2} - \frac{2}{(n+1)^2} \right\} \to \frac{1}{6}\quad (n \to \infty)$$

よって, $\displaystyle\iint_D \frac{1}{(x+y+1)^4}\,dxdy = \frac{1}{6}$.　∎

例 6.2.3. $D : 0 \le x \le 1,\ 0 \le y \le 1$, $f(x,y) = \dfrac{x^2-y^2}{(x^2+y^2)^2}$ のとき, $\displaystyle\iint_D f(x,y)dxdy$ は存在しないことを示せ.

解. $B_n : 0 \le x \le 1, \frac{1}{n} \le y \le 1$, $D_n : \frac{1}{n} \le x \le 1, 0 \le y \le 1$ とする. $\{B_n\}$ と $\{D_n\}$ は D の近似増加列である.

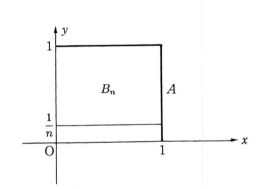 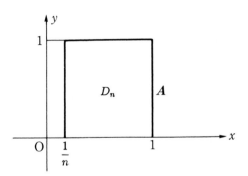

B_n と D_n のグラフ

$\displaystyle\lim_{n\to\infty}\iint_{B_n} f(x,y)\,dxdy$ と $\displaystyle\lim_{n\to\infty}\iint_{D_n} f(x,y)\,dxdy$ を求めて, 値を比べてみる.

$\dfrac{\partial}{\partial x}\left(-\dfrac{x}{x^2+y^2} \right) = \dfrac{x^2-y^2}{(x^2+y^2)^2}$ であることに注意すると,

$$\iint_{B_n} f(x,y)\,dxdy = \int_{\frac{1}{n}}^1 dy \int_0^1 \frac{x^2-y^2}{(x^2+y^2)^2}dx = \int_{\frac{1}{n}}^1 \left[-\frac{x}{x^2+y^2} \right]_0^1 dy$$

$$= \int_{\frac{1}{n}}^1 \frac{-1}{1+y^2}dy = -\left[\tan^{-1}y \right]_{\frac{1}{n}}^1 = -\frac{\pi}{4} + \tan^{-1}\frac{1}{n} \to -\frac{\pi}{4}\quad (n \to \infty).$$

同様に $\dfrac{\partial}{\partial y}\left(\dfrac{y}{x^2+y^2} \right) = \dfrac{x^2-y^2}{(x^2+y^2)^2}$ に注意すれば,

$$\iint_{D_n} f(x,y)\,dxdy = \int_{\frac{1}{n}}^1 dx \int_0^1 \frac{x^2-y^2}{(x^2+y^2)^2}dy = \int_{\frac{1}{n}}^1 \left[\frac{y}{x^2+y^2} \right]_0^1 dx$$

$$= \int_{\frac{1}{n}}^1 \frac{1}{x^2+1}dx = \left[\tan^{-1}x \right]_{\frac{1}{n}}^1 = \frac{\pi}{4} - \tan^{-1}\frac{1}{n} \to \frac{\pi}{4}\quad (n \to \infty).$$

近似増加列の取り方によって極限値が異なるので, $\displaystyle\iint_D f(x,y)\,dxdy$ は存在しない.　∎

この例は逐次積分が無条件に積分の順序を交換できないことをも示している. また, 逐次積分ができても必ずしも 2 重積分が可能ではないことも示している.

問 6.5 次の広義積分を求めよ.

(1) $\displaystyle\iint_D \frac{dxdy}{(x+y)^{\frac{3}{2}}}$ 　$D : 0 \leq x \leq 1, 0 \leq y \leq 1$ 　　(2) $\displaystyle\iint_D \frac{x}{y}dxdy$ 　$D : 0 \leq x \leq 1, x \leq y \leq 1$

(3) $\displaystyle\iint_D \frac{x}{x^2+y^2}dxdy$ 　$D : 0 \leq x \leq 1, 0 \leq y \leq x$ 　(4) $\displaystyle\iint_D \frac{dxdy}{\sqrt{x-y^2}}$ 　$D : 0 \leq x \leq a, y^2 \leq x$

6.3　変数変換

この節では 2 変数関数の積分の変数変換の公式について述べる. 示したいのは次の定理である.

定理 6.3.1. uv-平面から xy-平面への関数が

$$\begin{cases} x = x(u,v) \\ y = y(u,v) \end{cases}$$

であり, $uv-$平面の領域 E と $xy-$平面の領域 D が 1 対 1 に対応しているとする. また, $x(u,v)$, $y(u,v)$ は u, v に関して偏微分可能で, 偏導関数は連続とし,

$$J = \frac{\partial(x,y)}{\partial(u,v)} = \frac{\partial x}{\partial u} \cdot \frac{\partial y}{\partial v} - \frac{\partial x}{\partial v} \cdot \frac{\partial y}{\partial u} = \begin{vmatrix} \dfrac{\partial x}{\partial u} & \dfrac{\partial x}{\partial v} \\ \dfrac{\partial y}{\partial u} & \dfrac{\partial y}{\partial v} \end{vmatrix} \neq 0$$

とする. このとき, D 上で積分可能な関数 $f(x,y)$ に対して

$$\iint_D f(x,y)dxdy = \iint_E f(x(u,v), y(u,v)) |J| dudv$$

が成り立つ.

証明. まず, 平面の原点を O とし, 2 点 A(a_1, a_2), B(b_1, b_2) に対して 2 つのベクトル $\overrightarrow{OA}, \overrightarrow{OB}$ によって作られる平行四辺形の面積は

$$|a_1 b_2 - a_2 b_1|$$

であることに注意する. 重積分 $\displaystyle\iint_D f(x,y)dxdy$ とは, 次の和の極限であった. 微小な領域 $D(x,y)$ に, 領域 D を分割して,

$$\sum_{D(x,y)} f(x,y)\mu(D(x,y))$$

とする. このときの $\mu(D(x,y))$ は, 領域 $D(x,y)$ の面積である. 1 つの微小な領域 $D(x,y)$ は領域 E の中の微小な長方形 $E(u,v) = [u, u+h] \times [v, v+k]$ による, 写像 $x = x(u,v), y = y(u,v)$ による像であるとする. 3 点 A, B, C を A$(x(u,v), y(u,v))$, B$(x(u+h,v), y(u+h,v))$,

C$(x(u, v+k), y(u, v+k))$ とする. 2 変数関数のテイラー展開により

$$
\begin{cases}
x(u+h, v) = x(u, v) + h\dfrac{\partial x(u, v)}{\partial u} = x + h\dfrac{\partial x}{\partial u} \\[2mm]
y(u+h, v) = y(u, v) + h\dfrac{\partial y(u, v)}{\partial u} = y + h\dfrac{\partial y}{\partial u} \\[2mm]
x(u, v+k) = x(u, v) + k\dfrac{\partial x(u, v)}{\partial v} = x + k\dfrac{\partial x}{\partial v} \\[2mm]
y(u, v+k) = y(u, v) + k\dfrac{\partial y(u, v)}{\partial v} = y + k\dfrac{\partial y}{\partial v}
\end{cases}
$$

であるから B$\left(x + h\dfrac{\partial x}{\partial u}, y + h\dfrac{\partial y}{\partial u}\right)$, C$\left(x + k\dfrac{\partial x}{\partial v}, x + k\dfrac{\partial x}{\partial v}\right)$ と考えてよい. また, 微小な領域 $D(x, y)$ は $\overrightarrow{\mathrm{AB}}, \overrightarrow{\mathrm{AC}}$ によって作られる平行四辺形と考えてよいので, 面積 $\mu(D(x, y))$ は, 上の注意から

$$
\mu(D(x, y)) = \left| \frac{\partial x}{\partial u} \cdot \frac{\partial y}{\partial v} - \frac{\partial y}{\partial u} \cdot \frac{\partial x}{\partial v} \right| \cdot hk = |J| \mu(E(u, v)).
$$

したがって, 次の等式を得る.

$$
\sum_{D(x, y)} f(x, y) \mu(D(x, y)) = \sum_{E(u, v)} f(x(u, v), y(u, v)) |J| \mu(E(u, v))
$$

E の分割 $E(u, v)$ を細かくすれば, 自動的に, その像 $D(x, y)$ によって D が細かく分割されるので, 上記の等式の左辺は $\displaystyle\iint_D f(x, y) dx dy$ に, 右辺は $\displaystyle\iint_E f(x(u, v), y(u, v)) |J| du dv$ に収束する. 以上で定理は示された. □

定理 6.3.1 に出てきた $J = \dfrac{\partial x}{\partial u} \cdot \dfrac{\partial y}{\partial v} - \dfrac{\partial y}{\partial u} \cdot \dfrac{\partial x}{\partial v}$ は ヤコビアン といわれる. 行列式による表現が記憶しやすい. 他にも次のように書き表される.

$$
J = \frac{\partial(x, y)}{\partial(u, v)} = \begin{vmatrix} x_u & x_v \\ y_u & y_v \end{vmatrix} = \begin{vmatrix} \dfrac{\partial x}{\partial u} & \dfrac{\partial x}{\partial v} \\[2mm] \dfrac{\partial y}{\partial u} & \dfrac{\partial y}{\partial v} \end{vmatrix}
$$

 線形代数では, 行列 A の行列式を $|A|$ と表す. 定理 6.3.1 の式中の $|J|$ はたいへん紛らわしいので注意して欲しい. ヤコビアン J は行列式によって定義される. $|J|$ は J の絶対値である.

変数変換で, 最も重要なものが, 極座標変換である. このときの J は r であることを暗記しておかなければならない. $r \geq 0$ であるので, この場合は絶対値をとる必要がない.

系 6.3.2. xy-平面の領域 D を極座標変換

$$
\begin{cases} x = r \cos \theta \\ y = r \sin \theta \end{cases}
$$

したとき, 対応する $r\theta$-平面の領域が E であるとする, このとき

$$
\iint_D f(x, y) \, dx dy = \iint_E f(r \cos \theta, r \sin \theta) \, r \, dr d\theta.
$$

証明. xy-平面の点 $(x,y) \neq (0,0)$ に対して, $x = r\cos\theta, y = r\sin\theta \quad (0 < r,\ \alpha \leq \theta < 2\pi + \alpha)$ となる r, θ は 1 つしか定まらないから $r\theta$-平面の点と xy-平面の点の対応 : $(r,\theta) \to (x,y)$ は 1 対 1 対応である. また,

$$J = \begin{vmatrix} \dfrac{\partial x}{\partial r} & \dfrac{\partial x}{\partial \theta} \\ \dfrac{\partial y}{\partial r} & \dfrac{\partial y}{\partial \theta} \end{vmatrix} = \begin{vmatrix} \cos\theta & -r\sin\theta \\ \sin\theta & r\cos\theta \end{vmatrix} = r \geq 0$$

であるので定理 6.3.1 より等式が成立する. □

例 6.3.1. $\displaystyle\iint_D \sqrt{x+y+1}\,dxdy \quad D : -1 \leq x+y \leq 1, -1 \leq x-y \leq 1$ を求めよ.

解. $x+y = u,\ x-y = v$ とすると, D は $E : -1 \leq u \leq 1, -1 \leq v \leq 1$ に対応する.

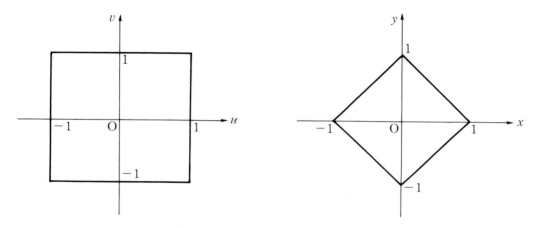

$$x = \frac{1}{2}(u+v),\ y = \frac{1}{2}(u-v),\ J = \begin{vmatrix} \dfrac{1}{2} & \dfrac{1}{2} \\ \dfrac{1}{2} & -\dfrac{1}{2} \end{vmatrix} = -\frac{1}{2}.$$

したがって定理 6.3.1 より,

$$\iint_D \sqrt{x+y+1}\,dxdy = \iint_E \sqrt{u+1}\,|J|\,dudv = \frac{1}{2}\int_{-1}^1 dv \int_{-1}^1 \sqrt{u+1}\,du$$
$$= \frac{1}{2}\left(\int_{-1}^1 dv\right)\left(\int_{-1}^1 \sqrt{u+1}\,du\right) = \frac{1}{2}2\left[\frac{2}{3}(u+1)^{\frac{3}{2}}\right]_{-1}^1$$
$$= \frac{2}{3}2^{\frac{3}{2}} = \frac{4}{3}\sqrt{2}.$$

■

例 6.3.2. $\displaystyle\iint_D \sqrt{x^2+y^2}\,dxdy \quad D : x^2+y^2 \leq 1$ を求めよ.

解. 極座標変換 $x = r\cos\theta,\ y = r\sin\theta\ (r \geq 0, 0 \leq \theta < 2\pi)$ で領域 $x^2+y^2 \leq 1$ は領域 $E : r \leq 1, 0 \leq \theta < 2\pi$ に対応しているから, 定理 6.3.2 より,
$$\iint_D \sqrt{x^2+y^2}\,dxdy = \iint_E r^2\,drd\theta = \left(\int_0^{2\pi} d\theta\right)\left(\int_0^1 r^2\,dr\right) = \frac{2}{3}\pi.$$
■

例 6.3.3. $\displaystyle\iint_D \sqrt{4-x^2-y^2}\,dxdy$　$D: x^2+y^2 \le 2x$ を求めよ.

解. 極座標変換 $x=r\cos\theta$, $y=r\sin\theta$ とすると, 領域 D は θ の取り得る値の範囲が $-\frac{\pi}{2} \le \theta \le \frac{\pi}{2}$ であることはすぐわかる. r の取り得る値の範囲は θ によって変化して, 左図から $0 \le r \le 2\cos\theta$ であることがわかる. したがって (r,θ) の領域 E は $E: -\frac{\pi}{2} \le \theta \le \frac{\pi}{2}, 0 \le r \le 2\cos\theta$ である.

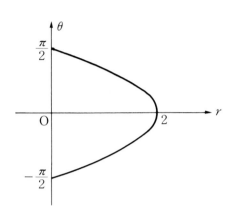
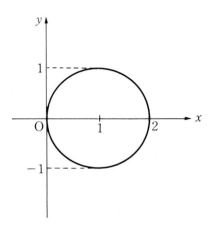

よって,

$$\iint_D \sqrt{4-x^2-y^2}\,dxdy = \iint_E \sqrt{4-r^2}\,r\,drd\theta = \int_{-\frac{\pi}{2}}^{\frac{\pi}{2}} d\theta \int_0^{2\cos\theta} \sqrt{4-r^2}\,r\,dr$$

$$= \int_{-\frac{\pi}{2}}^{\frac{\pi}{2}} \left[-\frac{1}{3}\left(4-r^2\right)^{\frac{3}{2}} \right]_0^{2\cos\theta} d\theta = \frac{8}{3}\int_{-\frac{\pi}{2}}^{\frac{\pi}{2}} (1-|\sin^3\theta|)d\theta$$

$$= \frac{16}{3}\int_0^{\frac{\pi}{2}} (1-\sin^3\theta)d\theta = \frac{8}{3}\pi - \frac{32}{9}.$$

■

例 6.3.4. $\displaystyle\iint_D \frac{1}{(x+y+1)^4}\,dxdy$　$D: 0 \le x, 0 \le y$ を求めよ.

解. $\begin{cases} x+y+1=u \\ y=v \end{cases}$ とすると, $\begin{cases} x=u-v-1 \\ y=v \end{cases}$ であるから,

$$\begin{cases} x \ge 0 \\ y \ge 0 \end{cases} \Longleftrightarrow \begin{cases} u-v-1 \ge 0 \\ v \ge 0 \end{cases} \Longleftrightarrow 0 \le v \le u-1, \quad J = \begin{vmatrix} 1 & -1 \\ 0 & 1 \end{vmatrix} = 1.$$

よって $E: 0 \le v \le u-1$ とすると,

$$\iint_D \frac{1}{(x+y+1)^4}\,dxdy = \iint_E \frac{1}{u^4}\,dudv = \lim_{n\to\infty}\int_1^n du \int_0^{u-1} \frac{1}{u^4}\,dv$$

$$= \lim_{n\to\infty}\int_1^n \frac{u-1}{u^4}\,du = \lim_{n\to\infty}\left[\frac{1}{3}\frac{1}{u^3} - \frac{1}{2}\frac{1}{u^2} \right]_1^n$$

$$= \lim_{n\to\infty}\left(\frac{1}{3}\frac{1}{n^3} - \frac{1}{2}\frac{1}{n^2} - \frac{1}{3} + \frac{1}{2} \right) = \frac{1}{6}.$$

■

例 6.3.5. $\displaystyle\int_0^\infty e^{-x^2}dx = \frac{\sqrt{\pi}}{2}$ を示せ.

証明. 重積分の定義を考えれば, $D = \{(x,y) \mid x \geq 0, y \geq 0\}$ とすると,

$$\left(\int_0^\infty e^{-x^2}dx\right)^2 = \left(\int_0^\infty e^{-x^2}dx\right) \cdot \left(\int_0^\infty e^{-y^2}dy\right) = \iint_D e^{-(x^2+y^2)}dxdy$$

であるので, この重積分を求めればよいことがわかる. 領域 D は有界ではないので, 有界な正方形領域 $D(n) = \{(x,y) \mid 0 \leq x, y \leq n\}$ (n は自然数) で近似する. 原点を中心とする半径 $\frac{n}{\sqrt{2}}$ と半径 n の円の第一象限の領域を, それぞれ $A(n)$ と $B(n)$ とおく. このとき $A(n) \subset D(n) \subset B(n)$ であり, 積分関数は $e^{-(x^2+y^2)} \geq 0$ であるので,

$$\iint_{A(n)} e^{-(x^2+y^2)}dxdy \leq \iint_{D(n)} e^{-(x^2+y^2)}dxdy \leq \iint_{B(n)} e^{-(x^2+y^2)}dxdy$$

である. 極座標変換 $x = r\cos\theta, y = r\sin\theta$ をすれば, 領域 $A(n)$ と $B(n)$ では θ はともに $0 \leq \theta \leq \frac{\pi}{2}$ であり r は $0 \leq r \leq \frac{n}{\sqrt{2}}$ と $0 \leq r \leq n$ であるので, 対応する $r\theta$-平面の領域 $E(n), F(n)$ は $E(n): 0 \leq \theta \leq \frac{\pi}{2}, 0 \leq r \leq \frac{n}{\sqrt{2}}$ と $F(n): 0 \leq \theta \leq \frac{\pi}{2}, 0 \leq r \leq n$ である. よって,

$$\iint_{A(n)} e^{-(x^2+y^2)}dxdy = \iint_{E(n)} e^{-r^2}rdrd\theta = \int_0^{\frac{\pi}{2}}\int_0^{\frac{n}{\sqrt{2}}} re^{-r^2}drd\theta$$
$$= \frac{\pi}{2}\left[-\frac{1}{2}e^{-r^2}\right]_0^{\frac{n}{\sqrt{2}}} = \frac{\pi}{4}\left(1 - e^{-\frac{n^2}{2}}\right).$$

同様に,

$$\iint_{B(n)} e^{-(x^2+y^2)}dxdy = \frac{\pi}{4}(1 - e^{-n^2})$$

を得る. ここで $n \to \infty$ とすれば,

$$\lim_{n\to\infty}\iint_{A(n)} e^{-(x^2+y^2)}dxdy = \lim_{n\to\infty}\iint_{B(n)} e^{-(x^2+y^2)}dxdy = \frac{\pi}{4}$$

となる. したがって,

$$\iint_D e^{-(x^2+y^2)}dxdy = \frac{\pi}{4}$$

であるから $\displaystyle\int_0^\infty e^{-x^2}dx = \frac{\sqrt{\pi}}{2}$ を得る. □

例 6.3.5 は 1 変数関数の積分であるが, このように 2 変数関数の重積分として考えて求めるとよいことに注意してほしい. この積分値はいろいろな場面に登場する. 例えば, 第 4 章で紹介したガンマ関数では $\frac{\Gamma(0.5)}{2}$ となる (第 4 章, 注 4.2.2).

例 6.3.6. ガンマ関数とベータ関数は関係式 $B(p,q) = \dfrac{\Gamma(p)\Gamma(q)}{\Gamma(p+q)}$ をみたすことを示せ.

証明. ガンマ関数 $\Gamma(s) = \displaystyle\int_0^\infty e^{-x} x^{s-1}\,dx$　$(s > 0)$ において $x = t^2$ と変数変換すると,

$$\Gamma(s) = 2\int_0^\infty e^{-t^2} t^{2s-1}\,dt.$$

またベータ関数 $B(p,q) = \displaystyle\int_0^1 x^{p-1}(1-x)^{q-1}\,dx$　$(p > 0, q > 0)$ において $x = \cos^2\theta$ と変数変換すると,

$$B(p,q) = 2\int_0^{\frac{\pi}{2}} \cos^{2p-1}\theta \sin^{2q-1}\theta\,d\theta$$

であることに注意する. このとき,

$$\Gamma(p)\Gamma(q) = \left(2\int_0^\infty e^{-x^2} x^{2p-1}\,dx\right)\left(2\int_0^\infty e^{-y^2} y^{2q-1}\,dy\right)$$
$$= 4\iint_D e^{-(x^2+y^2)} x^{2p-1} y^{2q-1}\,dxdy \quad D: 0 \le x, 0 \le y.$$

ここで $x = r\cos\theta, y = r\sin\theta$ と変数変換すると,

$$(\text{上式}) = 4\iint_E e^{-r^2} r^{2(p+q)-1} \cos^{2p-1}\theta \sin^{2q-1}\theta\,drd\theta \quad E: 0 \le r, 0 \le \theta \le \frac{\pi}{2}$$
$$= \left(2\int_0^\infty e^{-r^2} r^{2(p+q)-1}\,dr\right)\left(2\int_0^{\frac{\pi}{2}} \cos^{2p-1}\theta \sin^{2q-1}\theta\,d\theta\right)$$
$$= \Gamma(p+q)B(p,q).$$

$\square$

問 6.6 次の積分を求めよ.

(1) $\displaystyle\iint_D (x+y)\sin(x-y)\,dxdy$　$D: 0 \le x+y \le \pi, 0 \le x-y \le \pi$

(2) $\displaystyle\iint_D \sqrt{a^2-x^2-y^2}\,dxdy$　$D: x^2+y^2 \le a^2$　$(a > 0)$

(3) $\displaystyle\iint_D \sqrt{a^2-x^2-y^2}\,dxdy$　$D: x^2+y^2 \le ax$　$(a > 0)$

(4) $\displaystyle\iint_D x^2\,dxdy$　$D: 0 \le x, x^2+y^2 \le 1$

(5) $\displaystyle\iint_D y\,dxdy$　$D: x^2+y^2 \le ax, y \ge 0$　$(a > 0)$

6.4 3重積分

今まで2変数関数の積分について述べたが, 3変数以上の関数の積分についても同様な議論ができる. 特に3変数関数について述べる.

各辺が座標軸に平行な直方体 $D = \{(x,y,z)|a_1 \leq x \leq a_2, b_1 \leq y \leq b_2, c_1 \leq z \leq c_2\}$ において定義された関数 $f(x,y,z)$ の積分 $\iiint_D f(x,y,z)dxdydz$ の定義は次の通りである.

D の分割

$$\Delta : \begin{cases} a_1 = x_0 < x_1 \cdots < x_\ell = a_2 \\ b_1 = y_0 < y_1 \cdots < y_m = b_2 \\ c_1 = z_0 < z_1 \cdots < z_n = c_2 \end{cases}$$

に対して, $\Delta x_i = x_i - x_{i-1}, \Delta y_j = y_j - y_{j-1}, \Delta z_k = z_k - z_{k-1}$ とおき, i, j, k を動かしたときの最大の値を $|\Delta|$ とする. 直方体 $D_{ijk} = \{(x,y,z)|x_{i-1} \leq x \leq x_i, y_{j-1} \leq y \leq y_i,$ $z_{k-1} \leq z \leq z_k\}$ の各々から代表点 $(\xi_{ijk}, \varphi_{ijk}, \zeta_{ijk})$ を選び,

$$V(\Delta) = \sum_{i,j,k} f(\xi_{ijk}, \varphi_{ijk}, \zeta_{ijk})\Delta x_i \Delta y_j \Delta z_k$$

を考える. これが, $|\Delta| \to 0$ のとき, 分割 Δ および代表点の取り方によらず一定の値に近づくならば, その極限値を

$$\iiint_D f(x,y,z)\,dxdydz$$

と書き, D における $f(x,y,z)$ の**積分**または**3重積分**という. このとき, $f(x,y,z)$ は D で積分可能であるという. すなわち,

$$\iiint_D f(x,y,z)\,dxdydz = \lim_{|\Delta| \to 0} \sum_{i,j,k} f(\xi_{ijk}, \varphi_{ijk}, \zeta_{ijk})\Delta x_i \Delta y_j \Delta z_k$$

である.

3重積分の計算については, 次の定理を利用すればよい.

定理 6.4.1. (1) 関数 $f(x,y,z)$ は直方体 $D = \{(x,y,z)|a_1 \leq x \leq a_2, b_1 \leq y \leq b_2, c_1 \leq z \leq c_2\}$ 上で連続ならば,

$$\iiint_D f(x,y,z)dxdydz = \int_{a_1}^{a_2} dx \int_{b_1}^{b_2} dy \int_{c_1}^{c_2} f(x,y,z)dz.$$

ただし, 積分順序は変えることができる.

(2) 関数 $f(x,y,z)$ が領域
$D = \{(x,y,z)|a_1 \leq x \leq a_2, \phi_1(x) \leq y \leq \phi_2(x), \psi_1(x,y) \leq z \leq \psi_2(x,y)\}$
上で連続ならば,

$$\iiint_D f(x,y,z)dxdydz = \int_{a_1}^{a_2} dx \int_{\phi_1(x)}^{\phi_2(x)} dy \int_{\psi_1(x,y)}^{\psi_2(x,y)} f(x,y,z)dz.$$

ただし, $\phi_1(x), \phi_2(x), \psi_1(x,y), \psi_2(x,y)$ は連続関数である.

変数変換についても 2 重積分と同様に, 次の定理が知られている.

定理 **6.4.2.** E, D がそれぞれ uvw-空間, xyz-空間における領域で, 関数 $x = \varphi(u,v,w), y = \psi(u,v,w), z = \chi(u,v,w)$ で 1 対 1 に対応し, $|J| \neq 0$ とする. 関数 $f(x,y,z)$ が D 上で積分可能ならば,

$$\iiint_D f(x,y,z)dxdydz = \iiint_E f(\varphi(u,v,w), \psi(u,v,w), \chi(u,v,w))\,|J|\,dudvdw.$$

ただし, $x = \varphi(u,v,w), y = \psi(u,v,w), z = \chi(u,v,w)$ は偏微分可能で, 各偏導関数は連続であるとする. また,

$$J = \begin{vmatrix} \varphi_u & \varphi_v & \varphi_w \\ \psi_u & \psi_v & \psi_w \\ \chi_u & \chi_v & \chi_w \end{vmatrix}$$

である.

よく利用する変数変換は直交座標から極座標への変換である.

系 **6.4.3.** (**極座標変換**) $x = r\sin\theta\cos\varphi, y = r\sin\theta\sin\varphi, z = r\cos\theta$ で $r\theta\varphi$-空間の領域 E が D と 1 対 1 に対応しているならば, D 上で積分可能な関数 $f(x,y,z)$ に対して,

$$\iiint_D f(x,y,z)dxdydz = \iiint_E f(r\sin\theta\cos\varphi, r\sin\theta\sin\varphi, r\cos\theta)\,r^2\sin\theta\,drd\theta d\varphi.$$

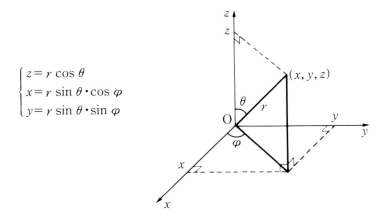

$$\begin{cases} z = r\cos\theta \\ x = r\sin\theta\cdot\cos\varphi \\ y = r\sin\theta\cdot\sin\varphi \end{cases}$$

例 **6.4.1.** $\displaystyle\iiint_D xy^2 e^z dxdydz$　$D : 0 \le x \le 1,\ 0 \le y \le 2,\ 0 \le z \le 3$　を求めよ.

解.

$$\iiint_D xy^2 e^z\,dxdydz = \left(\int_0^1 x\,dx\right)\left(\int_0^2 dy \int_0^3 y^2 e^z\,dz\right) = \left(\int_0^1 x\,dx\right)\left(\int_0^2 y^2\,dy\right)\left(\int_0^3 e^z\,dz\right)$$

$$= \frac{1}{2}\frac{8}{3}(e^3 - 1) = \frac{4}{3}(e^3 - 1).$$

例 **6.4.2.** $\displaystyle\iiint_D x^2\,dxdydz$　$D: 0 \le x,\ 0 \le y,\ 0 \le z,\ x^2+y^2+z^2 \le 1$ を求めよ.

解. D は中心が $(0,0,0)$ で半径が 1 の球の内部で $0 \le x,\ 0 \le y,\ 0 \le z$ をみたす部分であるから, $D: 0 \le x \le 1, 0 \le y \le \sqrt{1-x^2}, 0 \le z \le \sqrt{1-x^2-y^2}$ と書ける.

$$\iiint_D x^2\,dxdydz = \int_0^1 dx \int_0^{\sqrt{1-x^2}} dy \int_0^{\sqrt{1-x^2-y^2}} x^2 dz = \int_0^1 dx \int_0^{\sqrt{1-x^2}} x^2\sqrt{1-x^2-y^2}\,dy$$

$$= \int_0^1 x^2 \frac{\pi}{4}(1-x^2)dx = \frac{\pi}{4}\left(\frac{1}{3}-\frac{1}{5}\right) = \frac{\pi}{30}$$

∎

例 **6.4.3.** $D: x^2+y^2+z^2 \le a^2\ (a>0)$ のとき, $\displaystyle\iiint_D (x^2+y^2+z^2)^\ell dxdydz$ を求めよ.

解. D から D 内の z-軸の部分を除いた領域を D_1 とすると, 極座標変換で D_1 は $E: 0 < r \le a, 0 < \theta < \pi, 0 \le \varphi < 2\pi$ と対応している.

$$\iiint_D (x^2+y^2+z^2)^\ell\,dxdydz = \iiint_{D_1} (x^2+y^2+z^2)^\ell\,dxdydz = \iiint_E r^{2\ell}r^2\sin\theta\,drd\theta d\varphi$$

$$= \left(\int_0^a r^{2\ell+2}dr\right)\left(\int_0^\pi \sin\theta d\theta\right)\left(\int_0^{2\pi} d\varphi\right) = \frac{4\pi a^{2\ell+3}}{2\ell+3}$$

$\ell = 0$ の場合は半径 a の球の体積 $\dfrac{4\pi a^3}{3}$ である.

∎

$\boxed{\text{重 心}}$

平面の場合と同様の考察により, 空間内の領域 D に密度 $\rho(x,y,z)$ で質量が分布しているとき, すなわち (x,y,z) を含む微小な体積 ΔV の部分の質量が $\rho(x,y,z)\,\Delta V$ であるとき D の重心 (X_0,Y_0,Z_0) は

$$X_0 = \frac{\displaystyle\iiint_D x\rho(x,y,z)\,dxdydz}{\displaystyle\iiint_D \rho(x,y,z)\,dxdydz}, \quad Y_0 = \frac{\displaystyle\iiint_D y\rho(x,y,z)\,dxdydz}{\displaystyle\iiint_D \rho(x,y,z)\,dxdydz},$$

$$Z_0 = \frac{\displaystyle\iiint_D z\rho(x,y,z)\,dxdydz}{\displaystyle\iiint_D \rho(x,y,z)\,dxdydz}$$

で与えられる. 特に $\rho(x,y,z)$ が定数のときは,

$$X_0 = \frac{\displaystyle\iiint_D x\,dxdydz}{\displaystyle\iiint_D dxdydz}, \quad Y_0 = \frac{\displaystyle\iiint_D y\,dxdydz}{\displaystyle\iiint_D dxdydz}, \quad Z_0 = \frac{\displaystyle\iiint_D z\,dxdydz}{\displaystyle\iiint_D dxdydz}$$

で与えられる.

例 6.4.4. 密度が一様な半球 $D : x^2 + y^2 + z^2 \leq a^2,\ 0 \leq z \quad (a > 0)$ の重心を求めよ.

解. D 内の点 (x, y, z) にその点の極座標を対応させる. D は $E : 0 < r \leq a,\ 0 < \theta \leq \frac{\pi}{2},\ 0 < \varphi \leq 2\pi$ と対応しているので,

$$\iiint_D x\,dxdydz = \iiint_E r^3 \sin^2\theta \cos\varphi\,drd\theta d\varphi = \int_0^a r^3 dr \cdot \int_0^{\frac{\pi}{2}} \sin^2\theta d\theta \cdot \int_0^{2\pi} \cos\varphi d\varphi = 0.$$

同様に　$\iiint_D y\,dxdydz = 0.$

$$\iiint_D z\,dxdydz = \iiint_E r^3 \sin\theta \cos\theta\,drd\theta d\varphi = \int_0^a r^3 dr \cdot \int_0^{\frac{\pi}{2}} \sin\theta \cos\theta\,d\theta \cdot \int_0^{2\pi} d\varphi = \frac{\pi}{4}a^4.$$

$$\iiint_D dxdydz = \iiint_E r^2 \sin\theta drd\theta d\varphi = \int_0^a r^2 dr \cdot \int_0^{\frac{\pi}{2}} \sin\theta d\theta \cdot \int_0^{2\pi} d\varphi = \frac{2\pi}{3}a^3.$$

よって重心は $\left(0, 0, \frac{3}{8}a\right)$ である. ■

問 6.7 次の 3 重積分を求めよ.

(1) $\iiint_D \sin(x+y+z)dxdydz$　　$D : 0 \leq x,\ 0 \leq y,\ 0 \leq z,\ x+y+z \leq \frac{\pi}{2}$

(2) $\iiint_D \frac{1}{(x+y+z+a)^3}dxdydz$　　$D : 0 \leq x,\ 0 \leq y,\ 0 \leq z,\ x+y+z \leq a$

(3) $\iiint_D e^{x+y+z}dxdydz$　　$D : 0 \leq x \leq a,\ 0 \leq y \leq b,\ 0 \leq z \leq c$

(4) $\iiint_D \frac{xy}{(y^2+z^2)^2}dxdydz$　　$D : 0 \leq x \leq 1,\ 0 \leq y \leq 1,\ 1 \leq z \leq \sqrt{3}$

(5) $\iiint_D yzdxdydz$　　$D : 0 \leq x,\ 0 \leq y,\ 0 \leq z,\ x+y+z \leq 1$

(6) $\iiint_D \frac{z}{x^2+y^2}dxdydz$　　$D : 0 \leq x \leq 1,\ 0 \leq y \leq \sqrt{3}x,\ 0 \leq z \leq x$

6.5　曲面積

最後に空間における曲面の面積を求めることを述べる. まず, これまで空間における曲面を $z = f(x, y)$ のように表していたが, 空間における曲面を扱う場合は, より一般的に

$$x = x(u, v),\ \ y = y(u, v),\ \ z = z(u, v)$$

と表すことが多い.

例 6.5.1. 曲面 $z = x^2 + y^2$ は, r と θ を使って,

$$x = r\cos\theta,\ \ y = r\sin\theta,\ \ z = r^2$$

と表すことができる (円柱座標変換). ■

まず, 次の定理を示す.

定理 6.5.1. (u,v) が領域 D を動き, D 上の曲面 S が

$$\begin{cases} x = x(u,v) \\ y = y(u,v) \quad (u,v) \in D \\ z = z(u,v) \end{cases}$$

で与えられるとき, S の面積は

$$\iint_D \sqrt{\left(\frac{\partial(x,y)}{\partial(u,v)}\right)^2 + \left(\frac{\partial(y,z)}{\partial(u,v)}\right)^2 + \left(\frac{\partial(z,x)}{\partial(u,v)}\right)^2}\,dudv$$

である.

証明. 領域 D 上の曲面の面積は 2 変数関数の体積を求めたときと同様に D を細かい長方形 $D(uv)$ に分割すると, $D(uv)$ 上の曲面 $S(uv)$ の面積は, ほとんど平面になっている. そして, そこの小さい接平面 $\Delta(uv)$ の面積とほとんど変わらない. そこで, 分割を細かくしたときの $\Delta(uv)$ の面積の和をとり, この和の極限値によって求めることにする. この証明のために, まず, 次のことを確認しておく.

空間座標において O を原点とし $\mathrm{A}(a_1,a_2,a_3)$, $\mathrm{B}(b_1,b_2,b_3)$ とする, このときベクトル $\overrightarrow{\mathrm{OA}}, \overrightarrow{\mathrm{OB}}$ によって作られる平行四辺形の面積 S は

$$S = \sqrt{(a_1b_2 - b_1a_2)^2 + (a_2b_3 - b_2a_3)^2 + (a_3b_1 - b_3a_1)^2} \tag{6.1}$$

となる.

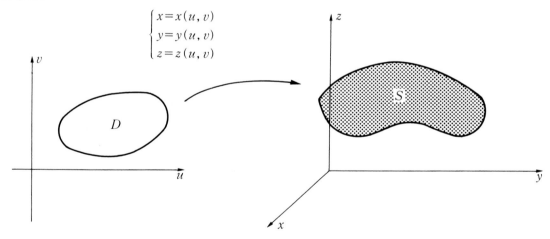

そこで細かい長方形 $D(uv)$ を $D(uv) = [u, u+h] \times [v, v+k]$ とする. 2 変数関数のテイラー展開により

$$\begin{cases} x(u+h,v) = x(u,v) + h\dfrac{\partial x(u,v)}{\partial u} = x + h\dfrac{\partial x(u,v)}{\partial u} \\[2mm] y(u+h,v) = y(u,v) + h\dfrac{\partial y(u,v)}{\partial u} = y + h\dfrac{\partial y(u,v)}{\partial u} \\[2mm] z(u+h,v) = z(u,v) + h\dfrac{\partial z(u,v)}{\partial u} = z + h\dfrac{\partial z(u,v)}{\partial u}, \end{cases}$$

$$\begin{cases} x(u,v+k) = x(u,v) + k\dfrac{\partial x(u,v)}{\partial v} = x + k\dfrac{\partial x(u,v)}{\partial v} \\[2mm] y(u,v+k) = y(u,v) + k\dfrac{\partial y(u,v)}{\partial v} = y + k\dfrac{\partial y(u,v)}{\partial v} \\[2mm] z(u,v+k) = z(u,v) + k\dfrac{\partial z(u,v)}{\partial v} = z + k\dfrac{\partial z(u,v)}{\partial v}. \end{cases}$$

したがって, 接平面 $\Delta(uv)$ の面積は $\mathrm{A}(x,y,z)$, $\mathrm{B}\left(x + h\dfrac{\partial x}{\partial u}, y + h\dfrac{\partial y}{\partial u}, z + h\dfrac{\partial z}{\partial u}\right)$, $\mathrm{C}\left(x + k\dfrac{\partial x}{\partial v}, y + k\dfrac{\partial y}{\partial v}, z + k\dfrac{\partial z}{\partial v}\right)$ とすると $\overrightarrow{\mathrm{AB}}$ と $\overrightarrow{\mathrm{AC}}$ とでできる平行四辺形の面積にほぼ等しいので, (6.1) より,

$$\Delta(uv) = \sqrt{\left(\frac{\partial(x,y)}{\partial(u,v)}\right)^2 + \left(\frac{\partial(y,z)}{\partial(u,v)}\right)^2 + \left(\frac{\partial(z,x)}{\partial(u,v)}\right)^2} \, hk.$$

この小さい長方形 $D(uv)$ 上の接平面 $\Delta(u,v)$ の和をとる. すなわち,

$$\sum_{\Delta(uv)} \sqrt{\left(\frac{\partial(x,y)}{\partial(u,v)}\right)^2 + \left(\frac{\partial(y,z)}{\partial(u,v)}\right)^2 + \left(\frac{\partial(z,x)}{\partial(u,v)}\right)^2} \, hk.$$

分割 $D(uv)$ を細かくし, 極限をとれば,

$$S = \iint_D \sqrt{\left(\frac{\partial(x,y)}{\partial(u,v)}\right)^2 + \left(\frac{\partial(y,z)}{\partial(u,v)}\right)^2 + \left(\frac{\partial(z,x)}{\partial(u,v)}\right)^2} \, dudv$$

を得る. □

次に, 曲面が関数 $z = f(x,y)$ によって与えられたときは, 次のように求めればよい.

定理 6.5.2. 曲面 $z = f(x,y)$ $((x,y) \in D)$ のときの面積 S は

$$S = \iint_D \sqrt{1 + \left(\frac{\partial f}{\partial x}\right)^2 + \left(\frac{\partial f}{\partial y}\right)^2} \, dxdy$$

である.

証明. このときは

$$x = x, \quad y = y, \quad z = f(x,y) \qquad (x,y) \in D$$

となるので

$$\frac{\partial(x,y)}{\partial(x,y)} = 1, \quad \frac{\partial(y,z)}{\partial(x,y)} = -\frac{\partial f}{\partial x}, \quad \frac{\partial(z,x)}{\partial(x,y)} = -\frac{\partial f}{\partial y}$$

であるので定理 6.5.1 より示された. □

例 6.5.2. $D : 0 \leq x \leq \sqrt{2},\ 0 \leq y \leq \sqrt{2} - x$ にある曲面 $z = \dfrac{1}{2}x^2 + y$ の曲面積を求めよ.

解. $\dfrac{\partial z}{\partial x} = x$, $\dfrac{\partial z}{\partial y} = 1$ となるから, 曲面積 S は

$$S = \iint_D \sqrt{x^2 + 2} \, dxdy = \int_0^{\sqrt{2}} dx \int_0^{\sqrt{2}-x} \sqrt{x^2 + 2} \, dy = \int_0^{\sqrt{2}} \left(\sqrt{2} - x\right)\sqrt{x^2 + 2} \, dx$$

$$= \frac{\sqrt{2}}{2}\left[x\sqrt{x^2 + 2} + 2\log|x + \sqrt{x^2 + 2}|\right]_0^{\sqrt{2}} - \frac{1}{3}\left[(x^2 + 2)^{\frac{3}{2}}\right]_0^{\sqrt{2}}$$

$$= \frac{2}{3}\left(\sqrt{2} - 1\right) + \sqrt{2}\log\left(\sqrt{2} + 1\right)$$

となる（公式: $\displaystyle\int \sqrt{x^2 + a}\,dx = \frac{1}{2}\left(x\sqrt{x^2 + a} + a\log\left|x + \sqrt{x^2 + a}\right|\right)$ を使う）. ∎

例 6.5.3. 柱面 $x^2 + y^2 = ax$ によって切りとられる柱面 $z^2 = 4ax$ の曲面積を求めよ.

解. $z^2 = 4ax$ より $z = \pm 2\sqrt{ax}$ となる. 上半分を考えて, $z = 2\sqrt{ax}$ に対して $\dfrac{\partial z}{\partial x} = \sqrt{\dfrac{a}{x}}$, $\dfrac{\partial z}{\partial y} = 0$ となる. また $x^2 + y^2 = ax$ より領域 D は点 $\left(\dfrac{a}{2}, 0\right)$ を中心とする半径 $\dfrac{a}{2}$ の円になる. よって曲面積は

$$S = 2\int_0^a dx \int_{-\sqrt{ax-x^2}}^{\sqrt{ax-x^2}} \sqrt{1+\frac{a}{x}}\, dy = 4\int_0^a \sqrt{ax-x^2}\sqrt{1+\frac{a}{x}}\, dx = 4\int_0^a \sqrt{a^2-x^2}\, dx$$

で与えられる. $\int_0^a \sqrt{a^2-x^2}\, dx$ は半径 a の $\frac{1}{4}$ の円の面積 $\frac{1}{4}\pi a^2$ になる. よって曲面積 S は πa^2 となる. ∎

問 6.8 円柱面 $x^2 + y^2 = a^2$ によって切り取られる柱面 $x^2 + z^2 = a^2$ の曲面の表面積を求めよ.

円柱座標の場合

曲面が円柱座標によって, 方程式
$$z = \phi(r, \theta) \quad ((r, \theta) \in D)$$
で与えられているとき. このときは,
$$x = r\cos\theta, \quad y = r\sin\theta, \quad z = \phi(r, \theta) \qquad (r, \theta) \in D$$
となり, それぞれヤコビアンを計算すると
$$\begin{cases} \dfrac{\partial(x,y)}{\partial(r,\theta)} = r \\ \dfrac{\partial(y,z)}{\partial(r,\theta)} = \sin\theta \dfrac{\partial z}{\partial\theta} - r\cos\theta \dfrac{\partial z}{\partial r} \\ \dfrac{\partial(z,x)}{\partial(r,\theta)} = -r\sin\theta \dfrac{\partial z}{\partial r} - \cos\theta \dfrac{\partial z}{\partial\theta} \end{cases}$$
であるので, 次の定理を得る.

定理 6.5.3. 曲面 S が円柱座標 $z = \phi(r, \theta)\ ((r, \theta) \in D)$ によって与えられた場合, D 上の曲面積 S は次の式で与えられる.
$$S = \iint_D \sqrt{r^2 + r^2\left(\frac{\partial z}{\partial r}\right)^2 + \left(\frac{\partial z}{\partial\theta}\right)^2}\, dr d\theta$$

例 6.5.4. 曲面 $z = 1 - x^2 - y^2$ の $z \geq 0$ の部分の面積を求めよ.

解. $x = r\cos\theta, y = r\sin\theta$ によって関数は円柱座標による方程式 $z = 1 - r^2$ となり, 領域 D は $D = \{(r, \theta) \mid 0 \leq r \leq 1, 0 \leq \theta \leq 2\pi\}$ となる. したがって $\dfrac{\partial z}{\partial r} = -2r$, $\dfrac{\partial z}{\partial\theta} = 0$ となるから,

$$S = \iint_D \sqrt{r^2 + 4r^4}\, dr d\theta = \int_0^{2\pi} d\theta \int_0^1 r\sqrt{1+4r^2}\, dr$$

$$= 4\pi \int_0^1 r\sqrt{r^2 + \frac{1}{4}}\, dr = \frac{4}{3}\pi\left[\left(r^2 + \frac{1}{4}\right)^{\frac{3}{2}}\right]_0^1 = \frac{1}{6}\pi\left(5\sqrt{5} - 1\right)$$

となる. ∎

例 6.5.5. 半円柱 $x^2 + y^2 = a^2 \ (a > 0)$ かつ $x > 0$ の内部にある曲面 $z = \tan^{-1}\dfrac{y}{x}$ の面積を求めよ.

解. $x = r\cos\theta, \ y = r\sin\theta$ によって関数は円柱座標による方程式 $z = \tan^{-1}\dfrac{y}{x}$ $= \tan^{-1}(\tan\theta) = \theta$ となり, 領域 D は $D = \{(x,y) \mid x^2 + y^2 \leq a^2, x > 0\}$ より, 極座標では,

$$D = \{(r,\theta) \mid 0 \leq r \leq a, \ -\frac{\pi}{2} < \theta < \frac{\pi}{2}\}$$

である. $\dfrac{\partial z}{\partial r} = 0, \ \dfrac{\partial z}{\partial \theta} = 1$ となるから,

$$S = \int\!\!\int_D \sqrt{r^2+1}\,drd\theta = \int_0^a \int_{-\frac{\pi}{2}}^{\frac{\pi}{2}} \sqrt{r^2+1}\,d\theta dr = \pi \int_0^a \sqrt{r^2+1}\,dr$$
$$= \frac{\pi}{2}\left[r\sqrt{r^2+1} + \log\left|r + \sqrt{r^2+1}\right|\right]_0^a = \frac{\pi}{2}\left\{a\sqrt{a^2+1} + \log\left(a + \sqrt{a^2+1}\right)\right\}$$

となる.   ■

問 6.9 $z = x^2 + y^2$ の $D : x^2 + y^2 \leq 1$ 上の曲面の面積を求めよ.

問 6.10 球面 $x^2 + y^2 + z^2 = a^2 \ (a > 0)$ が円柱面 $x^2 + y^2 = ax$ によって切りとられる部分の曲面積を求めよ.

定理 6.5.4. xy-平面上の曲線 $y = f(x) \geq 0 \ (a \leq x \leq b)$ が x-軸のまわりに回転してできる回転体の表面積 S は次の式で与えられる.

$$S = 2\pi \int_a^b f(x)\sqrt{1 + f'(x)^2}\,dx$$

証明. 回転面の方程式は $y^2 + z^2 = f(x)^2$ であるから $z = \pm\sqrt{f(x)^2 - y^2}$ である.

$$\frac{\partial z}{\partial x} = \pm\frac{f(x)f(x)'}{\sqrt{f(x)^2 - y^2}}, \ \frac{\partial z}{\partial y} = \mp\frac{y}{\sqrt{f(x)^2 - y^2}} \quad \text{(復号同順)}$$

よって

$$\sqrt{1 + \left(\frac{\partial z}{\partial x}\right)^2 + \left(\frac{\partial z}{\partial y}\right)^2} = \frac{f(x)\sqrt{1+f'(x)^2}}{\sqrt{f(x)^2 - y^2}}$$

となる. 曲面の xy-平面への正射影を D とすると, 定理 6.5.2 より

$$S = 2\int\!\!\int_D \frac{f(x)\sqrt{1+f'(x)^2}}{\sqrt{f(x)^2 - y^2}}\,dxdy = 4\int_a^b dx \int_0^{f(x)} \frac{f(x)\sqrt{1+f'(x)^2}}{\sqrt{f(x)^2 - y^2}}\,dy$$

$$= 4\int_a^b f(x)\sqrt{1+f'(x)^2}\left[\sin^{-1}\frac{y}{f(x)}\right]_0^{f(x)}dx = 2\pi\int_a^b f(x)\sqrt{1+f'(x)^2}\,dx.$$

□

例 6.5.6. 曲線 $y = \sqrt{a^2 - x^2}$ $(a > 0)$ を x-軸のまわりに回転してできる回転体の表面積を求めよ.

解. $f(x) = \sqrt{a^2 - x^2}$ より $f'(x) = -\dfrac{x}{\sqrt{a^2 - x^2}}$ となる. よって, 回転体の表面積は,

$$S = 2\pi \int_{-a}^{a} \sqrt{a^2 - x^2} \sqrt{1 + \frac{x^2}{a^2 - x^2}}\, dx = 2\pi \int_{-a}^{a} a\, dx = 2\pi a [x]_{-a}^{a} = 4\pi a^2$$

となる (回転体は半径 a の球面となる). ■

$\boxed{\textbf{問 6.11}}$ 次の曲線を x-軸のまわりに回転してできる回転体の表面積を求めよ.

$$(1) \quad \frac{x^2}{2^2} + y^2 = 1 \qquad\qquad (2) \quad y = \sin x \quad (0 \le x \le \pi)$$

第 6 章 練 習 問 題

1. 次の 2 重積分を求めよ．

(1) $\displaystyle\iint_D x\cos y\,dxdy \qquad D:\ 0\leq y\leq a,\ y-a\leq x\leq 2y$

(2) $\displaystyle\iint_D e^{y^2}dxdy \qquad D:\ 0\leq x\leq 1,\ x\leq y\leq 1$

(3) $\displaystyle\iint_D ye^{xy}dxdy \qquad D:\ 1\leq x\leq 2,\ \dfrac{1}{x}\leq y\leq 1$

(4) $\displaystyle\iint_D \dfrac{y}{(x^2+y^2+1)^2}dxdy \qquad D:\ 0\leq x\leq 1,\ 0\leq y\leq 1$

(5) $\displaystyle\iint_D \sin x^2\,dxdy \qquad D:\ 0\leq x\leq\sqrt{\pi},\ 0\leq y\leq x$

2. $\displaystyle\int_0^a dy\int_0^y f(x)dx=\int_0^a (a-x)f(x)dx$ を示せ．

3. $\underbrace{\displaystyle\int_0^x dx\int_0^x dx\cdots\int_0^x}_{n\ \text{回}} f(x)dx=\int_0^x \dfrac{(x-t)^{n-1}}{(n-1)!}f(t)dt$ を示せ．

4. 次の積分を求めよ．

(1) $\displaystyle\iint_D \dfrac{xy}{\sqrt{1-x^2-y^2}}dxdy \qquad D:\ 0\leq x,\ 0\leq y,\ x^2+y^2\leq 1$

(2) $\displaystyle\iint_D \dfrac{1}{(x-y)^\alpha}dxdy \qquad D:\ 0\leq x\leq 1,\ 0\leq y\leq x,\ (0<\alpha<1)$

(3) $\displaystyle\iint_D \dfrac{dxdy}{(1+x+y)^3} \qquad D:\ 0\leq x,\ 0\leq y$

(4) $\displaystyle\iint_D \tan^{-1}\dfrac{y}{x}dxdy \qquad D:\ 0\leq x,\ 0\leq y,\ x^2+y^2\leq a^2\ (a>0)$

(5) $\displaystyle\iiint_D z\,dxdydz \qquad D:\ \sqrt{x^2+y^2}\leq z\leq\sqrt{1-x^2-y^2}$

(6) $\displaystyle\iiint_D x\,dxdydz \qquad D:\ 0\leq x,\ 0\leq y,\ 0\leq z,\ x^2+y^2+z^2\leq a^2$

第7章 ベクトル解析

　この章では平面および空間においてベクトル解析を学修する. ベクトル解析とは, 値がベクトルである2変数または3変数関数に対する偏微分や重積分のことである. これらは単なる成分ごとに扱うだけではなく, 発散や回転などの微分作用素と曲線に沿った積分である線積分はベクトル解析特有のものであり, それらを結び付ける積分定理は中心的題目である. また, ベクトル解析は物理学や工学など幅広い分野において欠かすことができないものになっている.

7.1 ベクトルの内積と外積

　大きさだけで決まる量を **スカラー** といい, 向きと大きさで決まる量を **ベクトル** という. 点 P から点 Q へ向かうベクトルを $\overrightarrow{PQ}$ と表し, 点 P を **始点**, 点 Q を **終点** という. ベクトル $\overrightarrow{PQ}$ を平行移動することにより一致するベクトルはすべて同一のものとみなす. ベクトルを表すときは, a, A, x のように太字を用いる. 特に, 始点と終点の一致するベクトルを $\mathbf{0}$ と表し, **零ベクトル** という.

1) ベクトルの和, 定数倍と差

　2つのベクトル a, b に対し, 点 A, B, C を $a = \overrightarrow{AB}, b = \overrightarrow{AC}$ となるように取り, 辺 AB, AC により作られる平行四辺形のもう1つの頂点を D とする. このとき, 和 $a + b$ を $\overrightarrow{AD}$ により定義する.

　定数 λ に対し, 定数倍 λa を $\lambda > 0$ のときは a と同じ向きで大きさを λ 倍したもの, $\lambda < 0$ のときは a と逆向きで大きさを $|\lambda|$ 倍したものと定義する. $\lambda = 0$ のときは $\lambda a = \mathbf{0}$ とする.

　また, 差 $a - b$ を $a + (-b)$ により定義する. $a - b$ は図のように点 C', D' を取るとき, $\overrightarrow{AD'}$ を意味している.

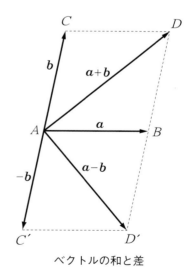

ベクトルの和と差

　空間 $\mathbb{R}^3$ において O を原点とし, x 軸, y 軸, z 軸で正の方向の長さが1のベクトルをそれぞれ i, j, k とする. 3つのベクトルの組 $\{i, j, k\}$ を **基本ベクトル** とよび, 原点 O と $\{i, j, k\}$ を合わせたものを **直交座標系** という. また, i から j の向きに右ねじを回すと k の向きにねじが進むとき $\{i, j, k\}$ は **右手系** であるといい, $-k$ の向きに進むとき **左手系** であるという.

　原点を O とする直交座標系を考え, 点 $P(a_1, a_2, a_3)$ に対して $\overrightarrow{OP} = a$ とすると, $a = a_1 i + a_2 j + a_3 k$ と表すことができ, a_1, a_2, a_3 をそれぞれ a の第1, 第2, 第3成分また

は x, y, z 成分という. また, $\boldsymbol{a} = (a_1, a_2, a_3)$ という表し方を **成分表示** といい, ベクトル $\boldsymbol{a}$ の大きさを $|\boldsymbol{a}|$ で表す. すなわち,

$$|\boldsymbol{a}| = \sqrt{a_1^2 + a_2^2 + a_3^2}$$

である. 特に, 大きさが 1 のベクトルを **単位ベクトル** という.

定義 7.1.1. 成分表示された 2 つのベクトル $\boldsymbol{a} = (a_1, a_2, a_3)$, $\boldsymbol{b} = (b_1, b_2, b_3)$ と定数 λ に対し, ベクトルが等しいこと, ベクトルの和, 差および定数倍を

1. 相等　$\boldsymbol{a} = \boldsymbol{b} \Longleftrightarrow a_1 = b_1, a_2 = b_2, a_3 = b_3$

2. 和　　$\boldsymbol{a} + \boldsymbol{b} = (a_1 + b_1, a_2 + b_2, a_3 + b_3)$
   差　　$\boldsymbol{a} - \boldsymbol{b} = (a_1 - b_1, a_2 - b_2, a_3 - b_3)$

3. 定数倍　$\lambda\boldsymbol{a} = (\lambda a_1, \lambda a_2, \lambda a_3)$

により定義する.

---

2) ベクトルの内積

定義 7.1.2. ベクトルの内積　2 つのベクトル $\boldsymbol{a} = (a_1, a_2, a_3)$, $\boldsymbol{b} = (b_1, b_2, b_3)$ のなす角を $\theta\ (0 \leqq \theta \leqq \pi)$ とするとき, $\boldsymbol{a}$ と $\boldsymbol{b}$ の **内積** または **スカラー積** $\boldsymbol{a} \cdot \boldsymbol{b}$ を

$$\boldsymbol{a} \cdot \boldsymbol{b} = |\boldsymbol{a}||\boldsymbol{b}|\cos\theta = a_1 b_1 + a_2 b_2 + a_3 b_3$$

により定義する. 特に, $\boldsymbol{a} \cdot \boldsymbol{a} = |\boldsymbol{a}|^2$ である.

注 7.1.1.　図のようにベクトル $\boldsymbol{a}, \boldsymbol{b}$ と点 A, B, C, C' を取るとき,

$$\boldsymbol{a} \cdot \boldsymbol{b} = |\boldsymbol{a}||\boldsymbol{b}|\cos\theta = AB \cdot AC'$$

が成り立つ. 特に, $|\boldsymbol{a}| = 1$ のとき $\boldsymbol{a} \cdot \boldsymbol{b} = AC'$ となる. これは, $\boldsymbol{a}$ の真上から光を当てたとき辺 AB 上にできる $\boldsymbol{b}$ の影であり, $\boldsymbol{b}$ の $\boldsymbol{a}$ 方向の成分を表している. $\dfrac{\pi}{2} \leqq \theta \leqq \pi$ のときは $\boldsymbol{a}$ と逆向きの成分である. これを $\boldsymbol{b}$ の $\boldsymbol{a}$ 上への**正射影**という.

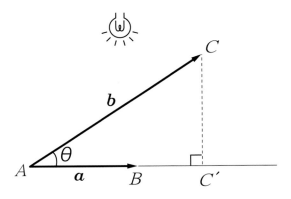

問 7.1 次を示せ：$\boldsymbol{a} \perp \boldsymbol{b}$ ($\boldsymbol{a}$ と $\boldsymbol{b}$ は直交) $\Longleftrightarrow$ $\boldsymbol{a} \cdot \boldsymbol{b} = 0$

定理 7.1.3. (内積の性質) 次が成り立つ.

(1)　$\boldsymbol{a} \cdot \boldsymbol{b} = \boldsymbol{b} \cdot \boldsymbol{a}$　　　　　　　　(交換法則)

(2)　$\boldsymbol{a} \cdot (\boldsymbol{b} + \boldsymbol{c}) = \boldsymbol{a} \cdot \boldsymbol{b} + \boldsymbol{a} \cdot \boldsymbol{c}$　　　(分配法則)

(3)　$(\lambda\boldsymbol{a}) \cdot \boldsymbol{b} = \boldsymbol{a} \cdot (\lambda\boldsymbol{b}) = \lambda(\boldsymbol{a} \cdot \boldsymbol{b})$　　(結合法則)

3) ベクトルの外積

定義 7.1.4. (ベクトルの外積)　2つのベクトル a, b に対して, a と b の 外積 または ベクトル積 $a \times b$ を次の大きさと向きをもつベクトルとして定義する：

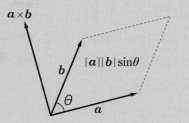

(1)　$a \times b$ の大きさ: a と b のつくる平行四辺形の面積 $|a||b|\sin\theta$

(2)　$a \times b$ の向き: a と b に垂直で $\{a, b, a \times b\}$ が右手系

a と b が平行であるとき, またはどちらかが 0 であるときは $a \times b = 0$ と定める.

問 7.2　次の問いに答えよ：$a /\!/ b$ (a と b は平行) $\iff a \times b = 0$　特に, $a \times a = 0$

定理 7.1.5. (外積の性質) 次が成り立つ.

(1)　$a \times b = -b \times a$

(2)　$a \times (b + c) = a \times b + a \times c$　　　　(分配法則)

　　　$(a + b) \times c = a \times c + b \times c$

(3)　$(\lambda a) \times b = a \times (\lambda b) = \lambda(a \times b)$　　　(結合法則)

注 7.1.2. (1) より, 外積では交換法則 $a \times b = b \times a$ が成り立たない.

基本ベクトル $\{i, j, k\}$ の取り方により,

$$i \times i = j \times j = k \times k = 0,$$
$$i \times j = -j \times i = k, \ j \times k = -k \times j = i, \ k \times i = -i \times k = j$$

がわかるので, 外積の成分表示に関して次が得られる.

定理 7.1.6. $a = (a_1, a_2, a_3), \ b = (b_1, b_2, b_3)$ であるとき,

$$a \times b = (a_2 b_3 - a_3 b_2, \ a_3 b_1 - a_1 b_3, \ a_1 b_2 - a_2 b_1)$$

が成り立つ.

外積 $a \times b$ はベクトルであるので, さらにベクトル c との内積または外積を考えることができる.

定理 7.1.7. 次が成り立つ.

(1)　(スカラー三重積)　$a \cdot (b \times c) = b \cdot (c \times a) = c \cdot (a \times b)$

(2)　(ベクトル三重積)　$a \times (b \times c) = (a \cdot c)b - (a \cdot b)c$

注 7.1.3. (2) より

$$(\boldsymbol{a} \times \boldsymbol{b}) \times \boldsymbol{c} = -\boldsymbol{c} \times (\boldsymbol{a} \times \boldsymbol{b}) = -(\boldsymbol{c} \cdot \boldsymbol{b})\boldsymbol{a} + (\boldsymbol{c} \cdot \boldsymbol{a})\boldsymbol{b}$$

となるので, 外積に対しては結合法則 $\boldsymbol{a} \times (\boldsymbol{b} \times \boldsymbol{c}) = (\boldsymbol{a} \times \boldsymbol{b}) \times \boldsymbol{c}$ が成り立たない.

$\boxed{\textbf{問 7.3}}$ 定理 7.1.7 を示せ.

例 7.1.1. $\boldsymbol{a} = (a_1, a_2, a_3),\ \boldsymbol{b} = (b_1, b_2, b_3),\ \boldsymbol{c} = (c_1, c_2, c_3)$ であるとき,

$$\boldsymbol{a} \cdot (\boldsymbol{b} \times \boldsymbol{c}) = \begin{vmatrix} a_1 & a_2 & a_3 \\ b_1 & b_2 & b_3 \\ c_1 & c_2 & c_3 \end{vmatrix} \tag{7.1}$$

が成り立つ. ただし, 右辺は 3 次の行列式を表している.

解 定義より $\boldsymbol{b} \times \boldsymbol{c} = (b_2 c_3 - b_3 c_2, b_3 c_1 - b_1 c_3, b_1 c_2 - b_2 c_1)$ であるので,

$$\begin{aligned} \boldsymbol{a} \cdot (\boldsymbol{b} \times \boldsymbol{c}) &= (a_1, a_2, a_3) \cdot (b_2 c_3 - b_3 c_2, b_3 c_1 - b_1 c_3, b_1 c_2 - b_2 c_1) \\ &= a_1(b_2 c_3 - b_3 c_2) + a_2(b_3 c_1 - b_1 c_3) + a_3(b_1 c_2 - b_2 c_1) \\ &= a_1(b_2 c_3 - b_3 c_2) - a_2(b_1 c_3 - b_3 c_1) + a_3(b_1 c_2 - b_2 c_1) \\ &= a_1 \begin{vmatrix} b_2 & b_3 \\ c_2 & c_3 \end{vmatrix} - a_2 \begin{vmatrix} b_1 & b_3 \\ c_1 & c_3 \end{vmatrix} + a_3 \begin{vmatrix} b_1 & b_2 \\ c_1 & c_2 \end{vmatrix} \end{aligned}$$

となる. この式は, (7.1) の右辺の行列式を第 1 行について展開したものである.

$\boxed{\textbf{問 7.4}}$ 次を示せ.

(1) $(\boldsymbol{A} \times \boldsymbol{B}) \cdot (\boldsymbol{C} \times \boldsymbol{D}) = (\boldsymbol{A} \cdot \boldsymbol{C})(\boldsymbol{B} \cdot \boldsymbol{D}) - (\boldsymbol{A} \cdot \boldsymbol{D})(\boldsymbol{B} \cdot \boldsymbol{C})$

(2) $(\boldsymbol{A} \times \boldsymbol{B}) \times (\boldsymbol{C} \times \boldsymbol{D}) = \left\{ \boldsymbol{A} \cdot (\boldsymbol{C} \times \boldsymbol{D}) \right\} \boldsymbol{B} - \left\{ \boldsymbol{B} \cdot (\boldsymbol{C} \times \boldsymbol{D}) \right\} \boldsymbol{A}$

$$= \left\{ \boldsymbol{A} \cdot (\boldsymbol{B} \times \boldsymbol{D}) \right\} \boldsymbol{C} - \left\{ \boldsymbol{A} \cdot (\boldsymbol{B} \times \boldsymbol{C}) \right\} \boldsymbol{D}$$

7.2 ベクトルの微分

ベクトル $\boldsymbol{F}(t)$ が変数 t の関数であるとき, $\boldsymbol{F}(t)$ を **ベクトル関数** といい, 大きさと向きが変化しないとき **定ベクトル** という.

ベクトル関数 $\boldsymbol{F}(t) = (F_1(t), F_2(t), F_3(t))$ が定ベクトル $\boldsymbol{A} = (A_1, A_2, A_3)$ に対して,

$$\lim_{t \to t_0} |\boldsymbol{F}(t) - \boldsymbol{A}| = 0$$

をみたすとき, $\boldsymbol{F}(t)$ の $t = t_0$ での極限は $\boldsymbol{A}$ であるといい, $\displaystyle\lim_{t \to t_0} \boldsymbol{F}(t) = \boldsymbol{A}$ と表す. これは定義より,

$$\lim_{t \to t_0} F_1(t) = A_1,\ \lim_{t \to t_0} F_2(t) = A_2,\ \lim_{t \to t_0} F_3(t) = A_3$$

と同値である. $\boldsymbol{F}(t)$ が $\displaystyle\lim_{t \to t_0} \boldsymbol{F}(t) = \boldsymbol{F}(t_0)$ をみたすとき $\boldsymbol{F}(t)$ は $t = t_0$ で連続であるといい, すべての t について連続であるとき $\boldsymbol{F}(t)$ は**連続である**という. 極限と同様に, $\boldsymbol{F}(t)$ が連続であるための必要十分条件は, 各成分 $F_1(t), F_2(t), F_3(t)$ が連続なことである.

$F(t)$ が $t = t_0$ で連続であるとする. 極限

$$\lim_{h \to 0} \frac{\boldsymbol{F}(t_0 + h) - \boldsymbol{F}(t_0)}{h}$$

が存在するとき, $\boldsymbol{F}(t)$ は $t = t_0$ において **微分可能**であるといい, この値を t_0 における **微分係数** といい, $\boldsymbol{F}'(t_0)$ または $\dfrac{d\boldsymbol{F}}{dt}(t_0)$ と表す. $\boldsymbol{F}(t)$ がすべての t において微分可能であるとき, 各 t にその点での微分係数 $\boldsymbol{F}'(t)$ を対応させることにより新たな関数を得る. これを $\boldsymbol{F}(t)$ の **導関数** といい, $\boldsymbol{F}'(t)$ または $\dfrac{d\boldsymbol{F}}{dt}(t)$ と表す.

定点 O を固定し $\boldsymbol{F}(t) = \overrightarrow{OP}$ とするとき, 変数 t が動くのにしたがって終点 P は 1 つの曲線を描く. 点 P, Q を $\boldsymbol{F}(t_0) = \overrightarrow{OP}$, $\boldsymbol{F}(t_0 + h) = \overrightarrow{OQ}$ となるように取ると, $\overrightarrow{PQ} = \boldsymbol{F}(t_0 + h) - \boldsymbol{F}(t_0)$ であるから, $h > 0$ のとき $\dfrac{\boldsymbol{F}(t_0 + h) - \boldsymbol{F}(t_0)}{h}$ は $\overrightarrow{PQ}$ と同じ向きで,

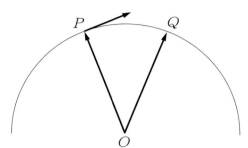

$$\lim_{h \to 0} \frac{\boldsymbol{F}(t_0 + h) - \boldsymbol{F}(t_0)}{h} = \lim_{h \to 0} \frac{\overrightarrow{PQ}}{h} = \boldsymbol{F}'(t_0)$$

は点 P における接線の方向ベクトル (**接線ベクトル**) となる.

定理 7.2.1. $\boldsymbol{F}(t)$, $\boldsymbol{G}(t)$ をベクトル関数, $f(t)$ をスカラー関数とすると次が成り立つ.

(1) $\dfrac{d}{dt}(\boldsymbol{F} + \boldsymbol{G}) = \dfrac{d\boldsymbol{F}}{dt} + \dfrac{d\boldsymbol{G}}{dt}$

(2) $\dfrac{d}{dt}(f\boldsymbol{F}) = \dfrac{df}{dt}\boldsymbol{F} + f\dfrac{d\boldsymbol{F}}{dt}$

(3) $\dfrac{d}{dt}(\boldsymbol{F} \cdot \boldsymbol{G}) = \dfrac{d\boldsymbol{F}}{dt} \cdot \boldsymbol{G} + \boldsymbol{F} \cdot \dfrac{d\boldsymbol{G}}{dt}$

(4) $\dfrac{d}{dt}(\boldsymbol{F} \times \boldsymbol{G}) = \dfrac{d\boldsymbol{F}}{dt} \times \boldsymbol{G} + \boldsymbol{F} \times \dfrac{d\boldsymbol{G}}{dt}$

(5) $\boldsymbol{F} = (F_1, F_2, F_3)$ のとき $\dfrac{d\boldsymbol{F}}{dt} = \left(\dfrac{dF_1}{dt}, \dfrac{dF_2}{dt}, \dfrac{dF_3}{dt} \right)$

例 7.2.1. $|\boldsymbol{F}(t)|$ が定数ならば, $\boldsymbol{F}(t) \cdot \dfrac{d\boldsymbol{F}}{dt} = 0$ または $\boldsymbol{F}(t)$ は定ベクトルである.

解 定数 c に対して, $|\boldsymbol{F}(t)| = c$ とおいて両辺を 2 乗すると, $|\boldsymbol{F}(t)|^2 = \boldsymbol{F}(t) \cdot \boldsymbol{F}(t) = c^2$ となる. この両辺を t について微分すると,

$$\frac{d}{dt}(\boldsymbol{F}(t) \cdot \boldsymbol{F}(t)) = 2\boldsymbol{F} \cdot \frac{d\boldsymbol{F}}{dt} = 0$$

が得られるので, 結論が従う.

$\boxed{\text{問 7.5}}$ $\boldsymbol{F}(t)$ の向きが一定であるとき, $\boldsymbol{F} \times \dfrac{d\boldsymbol{F}}{dt} = \boldsymbol{0}$ となることを示せ.

7.3　勾配・発散・回転

1) スカラーの勾配

スカラー関数 $f(x, y, z)$ が x, y, z について偏微分可能であるとき, $\dfrac{\partial f}{\partial x}$, $\dfrac{\partial f}{\partial y}$, $\dfrac{\partial f}{\partial z}$ を各成分にもつベクトル $\left(\dfrac{\partial f}{\partial x}, \dfrac{\partial f}{\partial y}, \dfrac{\partial f}{\partial z} \right)$ を f の 勾配(gradient) といい, ∇f または $\mathrm{grad} f$ と表す. 微分記号 ∇ は ナブラ と読む.

注 7.3.1. ∇ はスカラー関数 f に対して作用し, ∇f はベクトル関数になる.

例 7.3.1. 関数 f がすべての点で $\nabla f = \mathbf{0}$ であるための必要十分条件は, f が定数であることである.

> **定理 7.3.1. (∇ の性質)** f, g をスカラー関数とし, $\varphi(f)$ は変数 f についてのスカラー関数とすると次が成り立つ.
>
> (1) $\nabla(f + g) = \nabla f + \nabla g$
>
> (2) $\nabla(\lambda f) = \lambda \nabla f$ (λは定数)
>
> (3) $\nabla(fg) = g \nabla f + f \nabla g$
>
> (4) $\nabla \varphi(f) = \dfrac{d\varphi}{df} \nabla f$

2) 等位面

スカラー関数 $f(x, y, z)$ に対し, c を定数とするとき

$$\{(x, y, z); f(x, y, z) = c\}$$

とおくと, この集合は空間の中で1つの曲面となり, これを 等位面 という.

注 7.3.2. 等位面の例として, 地図では等高線, 天気図では気圧配置図, 電位分布では等電位面が挙げられる. これらの例からもわかるように, $c_1 \neq c_2$ ならば それぞれの等位面は交わらない.

3) 方向微分係数

スカラー関数 $f(x, y, z)$, 点 P と単位ベクトル $\mathbf{e}$ が与えられたとき, 点 Q を $\mathbf{e}$ 方向に $\overrightarrow{PQ} = (\Delta s)\mathbf{e}$ となるように取る. つまり, $\left| \overrightarrow{PQ} \right| = \Delta s$ である. このとき, 極限

$$\lim_{\Delta s \to 0} \frac{f(Q) - f(P)}{\Delta s} = \frac{\partial f}{\partial s}$$

を点 P における, f の $\mathbf{e}$ 方向の **方向微分係数** という.

> **補題 7.3.2.** スカラー関数 $f(x,y,z)$ と単位ベクトル $\boldsymbol{e} = (\alpha, \beta, \gamma)$ に対し, 点 $P(x,y,z)$ における $\boldsymbol{e}$ 方向の方向微分係数について次が成り立つ.
>
> $$\frac{\partial f}{\partial s} = \alpha\frac{\partial f}{\partial x} + \beta\frac{\partial f}{\partial y} + \gamma\frac{\partial f}{\partial z} = \boldsymbol{e} \cdot \nabla f$$

証明. 点 Q を $\overrightarrow{PQ} = (\Delta s)\boldsymbol{e}$ と取ると, $Q(x + \alpha\Delta s, y + \beta\Delta s, z + \gamma\Delta s)$ となるので,

$$
\begin{aligned}
\frac{\partial f}{\partial s} &= \lim_{\Delta s \to 0} \frac{f(Q) - f(P)}{\Delta s} \\
&= \lim_{\Delta s \to 0} \frac{f(x + \alpha\Delta s, y + \beta\Delta s, z + \gamma\Delta s) - f(x,y,z)}{\Delta s} \\
&= \alpha\frac{\partial f}{\partial x} + \beta\frac{\partial f}{\partial y} + \gamma\frac{\partial f}{\partial z} \\
&= \boldsymbol{e} \cdot \nabla f
\end{aligned}
$$

を得る. ただし, 第 2 行から第 3 行ではテイラーの定理 (定理 5.5.1) を用いた. $\qquad\square$

系 7.3.3. 基本ベクトル $\boldsymbol{i}, \boldsymbol{j}, \boldsymbol{k}$ に対する方向微分係数は, それぞれ x, y, z に関する偏微分係数である.

定理 7.3.4. (**勾配の向きと大きさ**) スカラー関数 f に対し, 点 P を通る等位面の単位法線ベクトルを $\boldsymbol{n}$ とする. このとき, 点 P における勾配 ∇f の向きは $\boldsymbol{n}$ に平行で, 大きさは $\boldsymbol{n}$ 方向の方向微分係数の絶対値 $\left|\dfrac{\partial f}{\partial n}\right|$ に等しい. すなわち, $\nabla f = \dfrac{\partial f}{\partial n}\boldsymbol{n}$ となる.

証明. 点 P を通る等位面を $\{(x,y,z); f(x,y,z) = c\}$ とし, この等位面上に曲線 $\boldsymbol{r}(t) = (x(t), y(t), z(t))$ を取ると,

$$f(x(t), y(t), z(t)) = c$$

となる. 両辺を t に関して微分すると, 合成関数の微分法により

$$\frac{d}{dt}f(x(t), y(t), z(t)) = \frac{\partial f}{\partial x}\frac{dx}{dt} + \frac{\partial f}{\partial y}\frac{dy}{dt} + \frac{\partial f}{\partial z}\frac{dz}{dt} = \nabla f \cdot \frac{d\boldsymbol{r}}{dt} = 0$$

となる. $\dfrac{d\boldsymbol{r}}{dt}$ は曲線 $\boldsymbol{r}(t)$ の接線ベクトルであり, ∇f はこれに直交する. つまり, ∇f は点 P における等位面の単位法線ベクトル $\boldsymbol{n}$ に平行である. よって, ある定数 λ が存在して $\dfrac{\partial f}{\partial n} = \lambda\boldsymbol{n}$ となる. このとき,

$$\frac{\partial f}{\partial n} = \boldsymbol{n} \cdot \nabla f = \boldsymbol{n} \cdot (\lambda\boldsymbol{n}) = \lambda$$

より, 結論が得られる. $\qquad\square$

4) ベクトルの発散

ベクトル関数 $\boldsymbol{F}(x,y,z) = (F_1, F_2, F_3)$ に対し, $\dfrac{\partial F_1}{\partial x} + \dfrac{\partial F_2}{\partial y} + \dfrac{\partial F_3}{\partial z}$ を $\boldsymbol{F}$ の **発散 (divergence)** といい, $\mathrm{div}\boldsymbol{F}$ と表す.

形式的に $\nabla = \left(\dfrac{\partial}{\partial x}, \dfrac{\partial}{\partial y}, \dfrac{\partial}{\partial z} \right)$ と $\boldsymbol{F}$ の内積を考えると,

$$\nabla \cdot \boldsymbol{F} = \left(\frac{\partial}{\partial x}, \frac{\partial}{\partial y}, \frac{\partial}{\partial z} \right) \cdot (F_1, F_2, F_3) = \frac{\partial F_1}{\partial x} + \frac{\partial F_2}{\partial y} + \frac{\partial F_3}{\partial z} = \mathrm{div}\boldsymbol{F}$$

と表すことができる.

例 7.3.2. $\boldsymbol{r} = (x, y, 0)$ のとき,

$$\mathrm{div}\boldsymbol{r} = \frac{\partial x}{\partial x} + \frac{\partial y}{\partial y} = 2$$

となる.

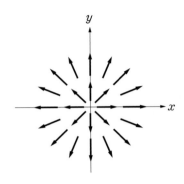

例 7.3.3. $\boldsymbol{r} = (-y, x, 0)$ のとき,

$$\mathrm{div}\boldsymbol{r} = \frac{\partial(-y)}{\partial x} + \frac{\partial x}{\partial y} = 0$$

となる.

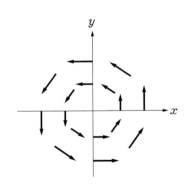

5) 発散の物理的意味

簡単のため平面において考える. 点 (x_0, y_0) を中心として1辺の長さが $2\Delta x$ と $2\Delta y$ である長方形 $ABCD$ を取る.

ベクトル関数 $\boldsymbol{F}(x,y) = (F_1(x,y), F_2(x,y))$ が流体の流れを表しているとして, 単位時間で長方形 $ABCD$ から流出する単位面積当たりの流体の総量を考える. $\Delta x, \Delta y$ が十分小さいとすると, 各辺の中点からの出入りを考えれば十分である.

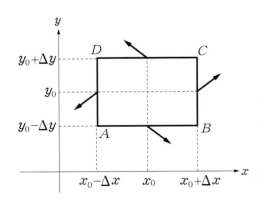

それぞれの辺では,

辺 AB においては $-F_2(x_0, y_0 - \Delta y) \cdot 2\Delta x$　　　　辺 BC においては $F_1(x_0 + \Delta x, y_0) \cdot 2\Delta y$

辺 CD においては $F_2(x_0, y_0 + \Delta y) \cdot 2\Delta x$　　　　辺 DA においては $-F_1(x_0 - \Delta x, y_0) \cdot 2\Delta y$

となる. これをすべて足して, 長方形の面積 $4\Delta x \Delta y$ で割ると,

$$
\begin{aligned}
\text{総流量} &= \frac{F_1(x_0 + \Delta x, y_0) - F_1(x_0 - \Delta x, y_0)}{2\Delta x} + \frac{F_2(x_0, y_0 + \Delta y) - F_2(x_0, y_0 - \Delta y)}{2\Delta y} \\
&= \frac{F_1(x_0 + \Delta x, y_0) - F_1(x_0, y_0) + F_1(x_0, y_0) - F_1(x_0 - \Delta x, y_0)}{2\Delta x} \\
&\quad + \frac{F_2(x_0, y_0 + \Delta y) - F_2(x_0, y_0) + F_2(x_0, y_0) - F_1(x_0, y_0 - \Delta y)}{2\Delta x} \\
&\fallingdotseq \frac{\partial F_1}{\partial x}(x_0, y_0) + \frac{\partial F_2}{\partial y}(x_0, y_0) \\
&= \operatorname{div}\boldsymbol{F}(x_0, y_0)
\end{aligned}
$$

となる. ただし, 第2行から第3行ではテイラーの定理 (定理 5.5.1) を使い, Δx および Δy について2次以上の項をすべて無視した. したがって, 発散が正のときは点 (x_0, y_0) から湧き出しており, 負のときは流入している.

定理 7.3.5. **(発散の性質)** ベクトル関数 $\boldsymbol{F}, \boldsymbol{G}$ とスカラー関数 f に対して, 次が成り立つ.

(1) $\operatorname{div}(\boldsymbol{F} + \boldsymbol{G}) = \operatorname{div}\boldsymbol{F} + \operatorname{div}\boldsymbol{G}$

(2) $\operatorname{div}(\lambda\boldsymbol{F}) = \lambda\operatorname{div}\boldsymbol{F}$ 　(λは定数)

(3) $\operatorname{div}(f\boldsymbol{F}) = \nabla f \cdot \boldsymbol{F} + f\operatorname{div}\boldsymbol{F}$

---

6) ベクトルの回転

ベクトル関数 $\boldsymbol{F}(x, y, z) = (F_1, F_2, F_3)$ に対し,

$$
\left(\frac{\partial F_3}{\partial y} - \frac{\partial F_2}{\partial z}, \frac{\partial F_1}{\partial z} - \frac{\partial F_3}{\partial x}, \frac{\partial F_2}{\partial x} - \frac{\partial F_1}{\partial y} \right)
$$

を $\boldsymbol{F}$ の **回転 (rotation)** といい, $\operatorname{rot}\boldsymbol{F}$ または $\operatorname{curl}\boldsymbol{F}$ と表す.

形式的に $\nabla = \left(\dfrac{\partial}{\partial x}, \dfrac{\partial}{\partial y}, \dfrac{\partial}{\partial z} \right)$ と $\boldsymbol{F}$ の外積を考えると,

$$
\begin{aligned}
\nabla \times \boldsymbol{F} &= \left(\frac{\partial}{\partial x}, \frac{\partial}{\partial y}, \frac{\partial}{\partial z} \right) \times (F_1, F_2, F_3) \\
&= \left(\frac{\partial F_3}{\partial y} - \frac{\partial F_2}{\partial z}, \frac{\partial F_1}{\partial z} - \frac{\partial F_3}{\partial x}, \frac{\partial F_2}{\partial x} - \frac{\partial F_1}{\partial y} \right) = \operatorname{rot}\boldsymbol{F}
\end{aligned}
$$

となる.

注 7.3.3. 回転は空間のベクトルに作用し, 空間のベクトルを与える. 平面のベクトル $\boldsymbol{F} = (F_1, F_2)$ に対しては $\boldsymbol{F} = (F_1, F_2, 0)$ と考え,

$$
\operatorname{rot}\boldsymbol{F} = \left(0, 0, \frac{\partial F_2}{\partial x} - \frac{\partial F_1}{\partial y} \right)
$$

とする. 以後, 平面のベクトルに対しての回転は同様の注意をせずに用いるものとする.

例 **7.3.4.** $r = (x, y, 0)$ のとき, $\mathrm{rot}\,r = \left(-\dfrac{\partial y}{\partial z}, \dfrac{\partial x}{\partial z}, \dfrac{\partial y}{\partial x} - \dfrac{\partial x}{\partial y} \right) = (0, 0, 0)$

例 **7.3.5.** $r = (-y, x, 0)$ のとき, $\mathrm{rot}\,r = \left(-\dfrac{\partial x}{\partial z}, \dfrac{\partial(-y)}{\partial z}, \dfrac{\partial x}{\partial x} - \dfrac{\partial(-y)}{\partial y} \right) = (0, 0, 2)$

定理 7.3.6. (rot の性質) ベクトル関数 F, G とスカラー関数 f に対して, 次が成り立つ.

(1) $\mathrm{rot}(F + G) = \mathrm{rot}\,F + \mathrm{rot}\,G$

(2) $\mathrm{rot}(\lambda F) = \lambda \mathrm{rot}\,F$ (λは定数)

(3) $\mathrm{rot}(fF) = \nabla f \times F + f \mathrm{rot}\,F$

7) 回転の物理的意味

p.142 下図と同様に, ベクトル関数 $F(x, y) = (F_1, F_2)$ が流体の流れを表しているとし, 固定された点 (x_0, y_0) を中心とした長方形を考える. 発散のときは F の成分で各辺に垂直な成分の和を求めたが, ここでは各辺に平行な成分の和を求める. 流れ F の各辺に平行な成分は長方形を回転させるが, 反時計回りを正とすると,

辺 AB では, $F_1(x_0, y_0 - \Delta y) \cdot 2\Delta x$　　　　辺 BC では, $F_2(x_0 + \Delta x, y_0) \cdot 2\Delta y$

辺 CD では, $-F_1(x_0, y_0 + \Delta y) \cdot 2\Delta x$　　　辺 DA では, $-F_2(x_0 - \Delta x, y_0) \cdot 2\Delta y$

となる. ただし, $\Delta x, \Delta y$ が十分小さいとして各辺の中点での値を求めた.

これらをすべて足すと,

$$2\Delta x \Big\{ F_1(x_0, y_0 - \Delta y) - F_1(x_0, y_0 + \Delta y) \Big\} + 2\Delta y \Big\{ F_2(x_0 + \Delta x, y_0) - F_2(x_0 - \Delta x, y_0) \Big\}$$

$$= -2\Delta x \Big\{ F_1(x_0, y_0 + \Delta y) - F_1(x_0, y_0) + F_1(x_0, y_0) - F_1(x_0, y_0 - \Delta y) \Big\}$$

$$+ 2\Delta y \Big\{ F_2(x_0 + \Delta x, y_0) - F_2(x_0, y_0) + F_2(x_0, y_0) - F_2(x_0 - \Delta x, y_0) \Big\}$$

$$\fallingdotseq 4\Delta x \Delta y \left\{ \frac{\partial F_2}{\partial x}(x_0, y_0) - \frac{\partial F_1}{\partial y}(x_0, y_0) \right\}$$

となる. ただし, 最後の行ではテイラーの定理 (定理 5.5.1) を用いており, $4\Delta x \Delta y$ は長方形の面積であることを注意する.

今, F は平面のベクトルであるので

$$\mathrm{rot}\,F = \left(0, 0, \frac{\partial F_2}{\partial x} - \frac{\partial F_1}{\partial y} \right)$$

となり, z 軸方向だけに成分をもっており, その成分は上で求めた力の総和に比例する. したがって, 回転 $\mathrm{rot}\,F$ は物体を回転させるベクトルであり, その向きは物体の回転に応じた右ねじの進む方向である.

定理 7.3.7. 次が成り立つ.

(1) すべてのスカラー関数 f に対して, $\mathrm{rot}\,\nabla f = 0$.

(2) すべてのベクトル関数 F に対して, $\mathrm{div}\,\mathrm{rot}\,F = 0$.

問 7.6 次を示せ.

  (1) $\nabla(\boldsymbol{F} \cdot \boldsymbol{G}) = (\boldsymbol{F} \cdot \nabla)\boldsymbol{G} + (\boldsymbol{G} \cdot \nabla)\boldsymbol{F} + \boldsymbol{G} \times (\mathrm{rot}\boldsymbol{F}) + \boldsymbol{F} \times (\mathrm{rot}\boldsymbol{G})$

  (2) $\mathrm{div}(\boldsymbol{F} \times \boldsymbol{G}) = (\mathrm{rot}\boldsymbol{F}) \cdot \boldsymbol{G} - \boldsymbol{F} \cdot (\mathrm{rot}\boldsymbol{G})$

  (3) $\mathrm{rot}(\boldsymbol{F} \times \boldsymbol{G}) = (\mathrm{div}\boldsymbol{G})\boldsymbol{F} - (\mathrm{div}\boldsymbol{F})\boldsymbol{G} + (\boldsymbol{G} \cdot \nabla)\boldsymbol{F} - (\boldsymbol{F} \cdot \nabla)\boldsymbol{G}$

7.4　線積分

　媒介変数 t に対し $\boldsymbol{r}(t) = (\varphi(t), \psi(t)), a \leqq t \leqq b$ とすると $\boldsymbol{r}(t)$ は平面上の曲線を描き, 第 4 章で求めたようにその長さ L は

$$L = \int_a^b \sqrt{\left(\frac{d\varphi}{dt}\right)^2 + \left(\frac{d\phi}{dt}\right)^2}\, dt = \int_a^b |\boldsymbol{r}'(t)|\, dt$$

により求められ, $\boldsymbol{r}(t) = (x(t), y(t), z(t))$ のときも同様に求めることができる. また, 区間 $[a, t]$ に対応する曲線の長さ $s(t)$ は

$$s(t) = \int_a^t |\boldsymbol{r}'(\tau)|\, d\tau$$

により求められ, $s(t)$ を **弧長** という.

1) スカラーの線積分

　右図のように点 A と B を結ぶ曲線 C 上で定義されたスカラー関数 f を考える. 曲線 C を $A = P_0, P_1, P_2, \cdots, P_n = B$ により n 個の弧に分割し, それぞれの弧長を $\Delta s_1, \Delta s_2, \cdots, \Delta s_n$ とする. 各弧 $P_{k-1}P_k$ 上に点 Q_k を任意に取り,

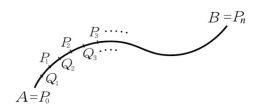

$$\sum_{k=1}^n f(Q_k)\Delta s_k = f(Q_1)\Delta s_1 + f(Q_2)\Delta s_2 + \cdots + f(Q_n)\Delta s_n$$

を考え, $n \to \infty$ とした極限が曲線の分割の仕方や点 Q_k の取り方によらずに一定の値に近づくとき, これを f の曲線 C に沿った **線積分** といい, $\displaystyle\int_C f\, ds$ と表す.

　曲線 C が $\boldsymbol{r}(t) = (x(t), y(t), z(t))$ と媒介変数表示されているとき, 弧長 s の定義より

$$\frac{ds}{dt} = |\boldsymbol{r}'(t)| = \sqrt{x'(t)^2 + y'(t)^2 + z'(t)^2}$$

であるから, 線積分は

$$\int_C f\, ds = \int_a^b f(x(t), y(t))\sqrt{x'(t)^2 + y'(t)^2 + z'(t)^2}\, dt$$

と求められる. ただし, 曲線 C の端点 A, B はそれぞれ $t = a, b$ に対応している.

C が点 A から点 B へ向かう曲線のとき, 線積分を $\displaystyle\int_{AB} f\,ds$ と表すことがある. 曲線 C の逆向きを $-C$ と表すと, 線積分の定義により $\displaystyle\int_{BA} f\,ds = \int_{-C} f\,ds = -\int_{C} f\,ds$ となる. また, 曲線 C が閉曲線のときは $\displaystyle\oint_{C} f\,ds$ と表す.

C が有限個の滑らかな曲線 $C_1, C_2, \cdots, C_n$ からなるとき

$$\int_{C} f\,ds = \int_{C_1} f\,ds + \int_{C_2} f\,ds + \cdots + \int_{C_n} f\,ds$$

と定める.

例 7.4.1. $f(x,y,z) = xy + yz + zx$ とするとき, 次の経路 C 上での線積分を求めよ.

(1) 原点 O と点 $P(3,1,2)$ を結ぶ線分

(2) 原点 O から点 $Q(3,0,0)$, $R(3,1,0)$ を通り点 P までの折れ線

解 (1) C は $\boldsymbol{r}(t) = (3t, t, 2t)$, $0 \leqq t \leqq 1$ と表すことができる,

$$|\boldsymbol{r}(t)| = \sqrt{3^2 + 1^2 + 2^2} = \sqrt{14}$$

であるので,

$$\int_{C} f\,ds = \int_0^1 (3t^2 + 2t^2 + 6t^2)\,\sqrt{14}\,dt = \sqrt{14}\left[\frac{11}{3}t^3\right]_0^1 = \frac{11\sqrt{14}}{3}$$

(2) C は

$$OQ : (3t, 0, 0),\ 0 \leqq t \leqq 1,\quad QR : (3, t, 0),\ 0 \leqq t \leqq 1,\quad RP : (3, 1, 2t),\ 0 \leqq t \leqq 1$$

と表されるので,

$$\int_{C} f\,ds = \int_{OQ} f\,ds + \int_{QR} f\,ds + \int_{RP} f\,ds$$
$$= \int_0^1 0\,ds + \int_0^1 3t\,dt + \int_0^1 (3 + 8t)\cdot 2\,dt\ =\ \frac{31}{2}$$

となる.

注 7.4.1. 一般に, 線積分は積分路 C によって値が異なる.

2) ベクトルの線積分

曲線 C の単位接線ベクトルを $\boldsymbol{t}$ とするとき, ベクトル関数 $\boldsymbol{F}$ に対する線積分 $\displaystyle\int_{C} \boldsymbol{F}\cdot\boldsymbol{t}\,ds$ を $\boldsymbol{F}$ の C に沿っての **接線線積分** という. また, $d\boldsymbol{s} = \boldsymbol{t}\,ds$ を **線素ベクトル** といい, $\displaystyle\int_{C} \boldsymbol{F}\cdot\boldsymbol{t}\,ds = \int_{C} \boldsymbol{F}\cdot d\boldsymbol{s}$ と表すことがある.

弧長の定義により, $s(t)$ は狭義単調増加であるから逆関数をもつので, 曲線 $\boldsymbol{r}(t)$ は弧長 s により媒介変数表示されていると考えることができる. このとき, 合成関数 (2.2.6) および逆関数 (2.3.1) の微分法により

$$\frac{d\boldsymbol{r}}{ds} = \frac{d\boldsymbol{r}}{dt}\frac{dt}{ds} = \frac{\boldsymbol{r}'(t)}{|\boldsymbol{r}'(t)|}$$

となる. よって $\left|\dfrac{d\boldsymbol{r}}{ds}\right| = 1$ であるから, 曲線が弧長により媒介変数表示されていれば, $\boldsymbol{t} = \dfrac{d\boldsymbol{r}}{ds}$ となる. したがって,

$$\int_C \boldsymbol{F}\cdot\boldsymbol{t}\,ds = \int_C \left(F_1\frac{dx}{ds} + F_2\frac{dy}{ds} + F_3\frac{dz}{ds}\right)ds = \int_C (F_1 dx + F_2 dy + F_3 dz) = \int_C \boldsymbol{F}\cdot d\boldsymbol{r}$$

となる.

一般の媒介変数 t により $\boldsymbol{r}(t)$ 表されているとき, スカラーの線積分と同様に

$$\int_C \boldsymbol{F}\cdot\boldsymbol{t}\,ds = \int_C (F_1 dx + F_2 dy + F_3 dz) = \int_a^b \left(F_1\frac{dx}{dt} + F_2\frac{dy}{dt} + F_3\frac{dz}{dt}\right)dt$$

と求めることができる.

3) 接線線積分の物理的意味

$\boldsymbol{F}$ が力を表しているとき, 物体が力 $\boldsymbol{F}$ により曲線 C 上を点 A から点 B まで移動したときの仕事量を考える. C に沿った移動に寄与するのは $\boldsymbol{F}$ の接線成分 $\boldsymbol{F}\cdot\boldsymbol{t}$ だけである. 物体が Δs だけ移動したときなされる仕事は $\boldsymbol{F}\cdot\boldsymbol{t}\Delta s$ であるから, 線積分 $\displaystyle\int_C \boldsymbol{F}\cdot\boldsymbol{t}\,ds$ は点 A から点 B まで移動したときの力 $\boldsymbol{F}$ による総仕事量と考えられる.

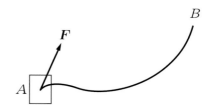

問 7.7　曲線 $C : \boldsymbol{r}(t) = (a\cos t, a\sin t, ht)$, $0 \leqq t \leqq 2\pi$ のとき, $\boldsymbol{F}(x,y,z) = (z,x,0)$ についての接線線積分 $\displaystyle\int_C \boldsymbol{F}\cdot d\boldsymbol{r}$ を求めよ. ただし, $a, h > 0$ は定数とする.

スカラーおよびベクトルの線積分は上記以外にも様々なものを考えることができる.

(1) $\displaystyle\int_C f\,d\boldsymbol{r} = \left(\int_C f\,dx, \int_C f\,dy, \int_C f\,dz\right) = \left(\int_a^b f\frac{dx}{dt}\,dt, \int_a^b f\frac{dy}{dt}\,dt, \int_a^b f\frac{dz}{dt}\,dt\right)$

(2) $\displaystyle\int_C \boldsymbol{F} \times d\boldsymbol{r} = \int_C (\boldsymbol{F}\times\boldsymbol{t})\,ds = \int_a^b \left(\boldsymbol{F}\times\frac{d\boldsymbol{r}}{dt}\right)dt$

(3) (法線線積分) $\displaystyle\int_C \boldsymbol{F}\cdot\boldsymbol{n}\,ds$　($\boldsymbol{n}$ は法線ベクトル)

例 7.4.1 で見たように線積分は積分経路によって値が変わるが, ベクトル関数 $\boldsymbol{F}$ が特別な形をしているときにはこの限りではない.

定理 7.4.1. (スカラーポテンシャル)

　ベクトル関数 $\boldsymbol{F}$ に対し, あるスカラー関数 φ が存在して $\boldsymbol{F} = \nabla\varphi$ となるとき, 点 A から点 B へ向かう任意の曲線 C に関して

$$\int_C \boldsymbol{F} \cdot d\boldsymbol{r} = \int_{AB} \nabla\varphi \cdot d\boldsymbol{r} = \varphi(B) - \varphi(A)$$

が成り立つ. 特に, C が閉曲線のときは $\displaystyle\oint_C \boldsymbol{F} \cdot d\boldsymbol{r} = 0$ となる. このような φ を $\boldsymbol{F}$ の **スカラーポテンシャル** という.

証明. C が $\boldsymbol{r}(t) = (x(t), y(t), z(t)), a \leq t \leq b$ と表されているとすると,

$$\begin{aligned}
\int_C \boldsymbol{F} \cdot d\boldsymbol{r} &= \int_a^b \nabla\varphi \cdot \frac{d\boldsymbol{r}}{dt}\, dt \\
&= \int_a^b \left(\frac{\partial\varphi}{\partial t}\frac{dx}{dt} + \frac{\partial\varphi}{\partial t}\frac{dy}{dt} + \frac{\partial\varphi}{\partial t}\frac{dz}{dt} \right) dt \\
&= \int_a^b \frac{d}{dt}\varphi(\boldsymbol{r}(t))\, dt = \varphi(\boldsymbol{r}(b)) - \varphi(\boldsymbol{r}(a)) = \varphi(B) - \varphi(A)
\end{aligned}$$

となる. □

例 7.4.2. $\boldsymbol{F}$ が万有引力を表すとき, スカラーポテンシャルが存在する. 質量 M の物体を原点におき, 質量 m の位置ベクトルが $\boldsymbol{r}$ であるとする. このとき, 質量 m の物体に働く引力は, 原点からの距離の2乗に反比例するので,

$$\boldsymbol{F} = -GMm\frac{\boldsymbol{r}}{|\boldsymbol{r}|^3}$$

となる. ただし, G は万有引力定数である. このとき,

$$\boldsymbol{F} = \nabla\left(\frac{GMm}{|\boldsymbol{r}|} \right)$$

が確かめられるので, $\boldsymbol{F}$ はスカラーポテンシャル $\dfrac{GMm}{|\boldsymbol{r}|}$ をもつ.

7.5　平面上のグリーンの定理

定理 7.5.1. xy 平面上の自分自身と交わらない閉曲線 C を取り, C によって囲まれた領域を D とするとき, 任意のスカラー関数 $f(x,y), g(x,y)$ に対して

$$\oint_C (f\,dx + g\,dy) = \iint_D \left(-\frac{\partial f}{\partial y} + \frac{\partial g}{\partial x} \right) dx\,dy \tag{7.2}$$

が成り立つ. ただし, C は D を左側に見て進む方向に回るものとする.

注 7.5.1. 領域 D が右図のようなとき, 外側の境界は反時計回りだが, 内側の境界は時計回りになる.

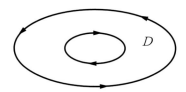

証明 C が座標軸に平行な直線と高々 2 点で交わる場合を考える. APB を $y = \varphi_1(x), AQB$ を $y = \varphi_2(x)$ とすると,

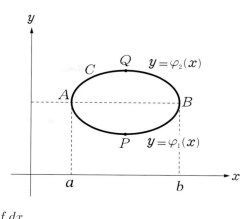

$$\iint_D \frac{\partial f}{\partial y}\, dxdy = \int_a^b \left(\int_{\varphi_1(x)}^{\varphi_2(x)} \frac{\partial f}{\partial y}\, dy \right) dx$$

$$= \int_a^b \left[f(x,y) \right]_{\varphi_1(x)}^{\varphi_2(x)} dx$$

$$= \int_a^b \left\{ f(x, \varphi_2(x)) - f(x, \varphi_1(x)) \right\} dx$$

$$= \int_{AQB} f\, dx - \int_{APB} f\, dx$$

$$= -\int_{BQA} f\, dx - \int_{APB} f\, dx \; = \; -\oint_C f\, dx$$

となる. 同様に,

$$\iint_D \frac{\partial g}{\partial x}\, dxdy = \oint_C g\, dy$$

となるので, これらを足すと結論が得られる. 一般の場合には, 領域を分割して考えればよい. そのとき, 領域の内部を左に見る方向に境界が向き付けられていれば, 共通の境界では向きが反対になるので積分は打ち消し合う.

系 7.5.2. 自分自身と交わらない閉曲線 C によって囲まれた領域を D とし, その面積を $|D|$ で表すと,

$$|D| = \frac{1}{2} \oint_C (-ydx + xdy)$$

が成り立つ.

証明. 定理 7.5.1 において $f = -y, g = x$ と取ればよい. □

平面のベクトル関数 $\boldsymbol{F}$ に対しては, スカラーポテンシャルが存在に関して次の定理が成り立つ.

定理 7.5.3. 平面のベクトル関数 $\boldsymbol{F}(x,y) = (F_1(x,y), F_2(x,y))$ に対して, 次は同値である.

(1) スカラーポテンシャル φ が存在して $\boldsymbol{F} = \nabla\varphi$

(2) $\mathrm{rot}\,\boldsymbol{F} = \boldsymbol{0}$

(3) 任意の閉曲線 C について $\oint_C \boldsymbol{F} \cdot d\boldsymbol{r} = 0$

証明. (1) ⇒ (2) は既に示した. (1) ⇒ (3) については, 定理 7.4.1 から従う. (3) ⇒ (2) は,

$$\oint_C (F_1 dx + F_2 dy) = \oint_C (F_1, F_2) \cdot (dx, dy) = \oint_C \boldsymbol{F} \cdot d\boldsymbol{r} = 0$$

となるので, 積分路 C の任意性により定理 7.5.1 から,

$$-\frac{\partial F_1}{\partial y} + \frac{\partial F_2}{\partial x} = 0$$

が得られるので, $\mathrm{rot}\,\boldsymbol{F} = \boldsymbol{0}$ がわかる.

(2) $\Rightarrow$ (1) は, 任意の (x_0, y_0) に対して,

$$f(x, y) = \int_{x_0}^{x} F_1(t, y_0)\, dt + \int_{y_0}^{y} F_2(x, t)\, dt$$

とおくと, $\boldsymbol{F} = \nabla f$ が確かめられる. $\qquad\qquad\qquad\qquad\qquad\qquad$ □

注 7.5.2. スカラーポテンシャルの存在は関数を考えている領域の形状に依存する (練習問題 12 を解いてみよ).

第 7 章 練 習 問 題

1. 3 点 A$(-1, 2, 3)$, B$(3, 0, 7)$, C$(4, 1, 2)$ に対して, 次の問いに答えよ.

(1)　$\triangle$ ABC の面積を求めよ.

(2)　$\triangle$ ABC に垂直な単位ベクトル $\boldsymbol{n}$ を求めよ.

2. 次の等式をを示せ.

(1)　$\boldsymbol{A} \cdot \{\boldsymbol{B} \times (\boldsymbol{C} \times \boldsymbol{D})\} = (\boldsymbol{A} \times \boldsymbol{B}) \cdot (\boldsymbol{C} \times \boldsymbol{D}) = \begin{vmatrix} \boldsymbol{A} \cdot \boldsymbol{C} & \boldsymbol{B} \cdot \boldsymbol{C} \\ \boldsymbol{A} \cdot \boldsymbol{D} & \boldsymbol{B} \cdot \boldsymbol{D} \end{vmatrix}$

(2)　$(\boldsymbol{A} \times \boldsymbol{B}) \times (\boldsymbol{C} \times \boldsymbol{D}) = \{\boldsymbol{A} \cdot (\boldsymbol{B} \times \boldsymbol{D})\}\boldsymbol{C} - \{\boldsymbol{A} \cdot (\boldsymbol{B} \times \boldsymbol{C})\}\boldsymbol{D}$

3. 定ベクトル $\boldsymbol{a}, \boldsymbol{b}$ に対し, 方程式 $\boldsymbol{a} \times \boldsymbol{x} = \boldsymbol{b}$ $(\boldsymbol{a} \neq \boldsymbol{0})$ が解をもつための必要十分条件は $\boldsymbol{a} \cdot \boldsymbol{b} = 0$ であることを示せ. また, このとき $\boldsymbol{x} = \dfrac{\boldsymbol{b} \times \boldsymbol{a}}{|\boldsymbol{a}|^2} + c\boldsymbol{a}$ (c は定数) と表されることを示せ.

4. 定ベクトル $\boldsymbol{A}, \boldsymbol{B}$ と定数 ω に対して $\boldsymbol{F}(t) = \cos\omega t \boldsymbol{A} + \sin\omega t \boldsymbol{B}$ とおくとき, 次を示せ.

(1)　$\boldsymbol{F} \times \dfrac{d\boldsymbol{F}}{dt} = \omega \boldsymbol{A} \times \boldsymbol{B}$

(2)　$\dfrac{d^2\boldsymbol{F}}{dt^2} + \omega^2 \boldsymbol{F} = \boldsymbol{0}$

(3)　$\boldsymbol{F} \cdot \left(\dfrac{d\boldsymbol{F}}{dt} \times \dfrac{d^2\boldsymbol{F}}{dt^2} \right) = 0$

(4)　$\boldsymbol{F} \times \dfrac{d\boldsymbol{F}}{dt}$ の向きは一定である

5. 次の等式を示せ.

(1)　$\dfrac{d}{dt}\{\boldsymbol{F} \cdot (\boldsymbol{G} \times \boldsymbol{H})\} = \dfrac{d\boldsymbol{F}}{dt} \cdot (\boldsymbol{G} \times \boldsymbol{H}) + \boldsymbol{F} \cdot \left(\dfrac{d\boldsymbol{G}}{dt} \times \boldsymbol{H} \right) + \boldsymbol{F} \cdot \left(\boldsymbol{G} \times \dfrac{d\boldsymbol{H}}{dt} \right)$

(2)　$\dfrac{d}{dt}\{\boldsymbol{F} \times (\boldsymbol{G} \times \boldsymbol{H})\} = \dfrac{d\boldsymbol{F}}{dt} \times (\boldsymbol{G} \times \boldsymbol{H}) + \boldsymbol{F} \times \left(\dfrac{d\boldsymbol{G}}{dt} \times \boldsymbol{H} \right) + \boldsymbol{F} \times \left(\boldsymbol{G} \times \dfrac{d\boldsymbol{H}}{dt} \right)$

6. $\boldsymbol{F} = (xy^2, yz^2, zx^2), f = x^2yz$ とするとき次を求めよ.

(1)　$\mathrm{div}\,\boldsymbol{F}$　　　(2)　$\boldsymbol{F} \cdot \nabla f$　　　(3)　$\mathrm{div}\nabla f$　　　(4)　$\mathrm{rot}(f\boldsymbol{F})$

7. $\boldsymbol{r} = (x, y, z)$ に対し, $r = \sqrt{x^2 + y^2 + z^2}$ とするとき次を求めよ.

(1)　$\nabla \log r$　　　(2)　∇r^n　　　(3)　$\mathrm{div}\nabla \dfrac{1}{r}$　　　(4)　$\mathrm{rot}\dfrac{\boldsymbol{r}}{r^n}$

8. 次の等式を示せ.

   (1) $\mathrm{rot}(\mathrm{rot}\,\boldsymbol{F}) = \nabla\mathrm{div}\,\boldsymbol{F} - \Delta\boldsymbol{F}$

   (2) $\mathrm{rot}\Big((\boldsymbol{F}\cdot\nabla)\boldsymbol{F}\Big) = (\boldsymbol{F}\cdot\nabla)\mathrm{rot}\,\boldsymbol{F} + \mathrm{div}\,\boldsymbol{F}\cdot\mathrm{rot}\,\boldsymbol{F} - (\mathrm{rot}\,\boldsymbol{F}\cdot\nabla)\boldsymbol{F}$

   ただし $(\boldsymbol{A}\cdot\nabla)\boldsymbol{B} = \Big((\boldsymbol{A}\cdot\nabla)B_1, (\boldsymbol{A}\cdot\nabla)B_2, (\boldsymbol{A}\cdot\nabla)B_3\Big)$

9. $f(x,y,z) = x^2 + yz - z^3$ とするとき, 次の経路 C 上での線積分を求めよ.

   (1) 原点 O$(0,0,0)$ と点 A$(1,4,2)$ を結ぶ線分

   (2) 原点 O$(0,0,0)$ から点 B$(1,0,0)$ を通り, 点 $A(1,4,2)$ までの線分

10. $\boldsymbol{F} = \left(\dfrac{1}{\sqrt{4-x^2}}, -2z^2, -yz\right)$ $(-2 < x < 2)$ に対し, 次を求めよ.

   (1) 原点 $(0,0,0)$ から A$(1,2,3)$ へ向かう経路 C_1 について $\displaystyle\int_{C_1}\boldsymbol{F}\cdot d\boldsymbol{r}$

   (2) 原点 $(0,0,0)$ から B$(1,0,0)$ を経由して A$(1,2,3)$ へ向かう経路 C_2 について $\displaystyle\int_{C_2}\boldsymbol{F}\cdot d\boldsymbol{r}$

   (3) $\mathrm{rot}\,\boldsymbol{F} = \boldsymbol{0}$ を示し, $\boldsymbol{F} = \nabla\varphi$ となる スカラーポテンシャル φ

11. 領域 $D = \Big\{(x,y); 0 \leqq x \leqq 1, x^2 \leqq y \leqq x\Big\}$ の境界を C とするとき,

   線積分 $\displaystyle\int_C (x^2 - 3xy^2)dx + (-x^3 + 2x^2y^2)dy$ をグリーンの定理を用いて求めよ.

12. $\boldsymbol{F} = \left(-\dfrac{y}{x^2+y^2}, \dfrac{x}{x^2+y^2}, 0\right)$ に対し, 次の経路 C での接線線積分 $\displaystyle\int_C \boldsymbol{F}\cdot d\boldsymbol{r}$ を求めよ.

   (1) $C : \boldsymbol{r}(t) = (r\cos t, r\sin t, 0)$ $(r > 0, 0 \leqq t \leqq 2\pi)$

   (2) $C : |x| + |y| = 1$ (ただし C の向きは反時計回りとする)

第8章 確率統計への応用

ここでは，これまで学修した微積分での基本的な定理，性質を用いた応用分野に役立つ「見方・考え方」の例を示していく．具体的には，テーラー展開に関連した無限小と近似誤差，確率統計で必要な原始関数と被積分関数の用例を示していく．

8.1 近似値の誤差と漸近展開での無限小

テーラーの定理によって，例えば $f(x) = e^x$ について $x = 0$ のまわりでの n 次の項までの展開式と剰余項 R_{n+1} は，

$$e^x = 1 + x + \frac{x^2}{2!} + \cdots + \frac{x^n}{n!} + \frac{e^{\theta x} x^{n+1}}{(n+1)!} \ (0 < {}^{\exists}\theta < 1) \tag{8.1}$$

と表される．e^x の近似値を式 (8.1) の右辺の x の多項式第 n 次の項までを用いて近似するとき，近似の誤差は剰余項 $R_{n+1} = \frac{e^{\theta x} x^{n+1}}{(n+1)!}$ の上界の値を用いて見積もることができる．

一方で，剰余項の部分を**ランダウの記号** $o(f(x))$ を用いて表すこともある．$x = a$ のまわりでのテーラー展開のときは，

$$\lim_{x \to a} \frac{f(x)}{g(x)} = 0$$

のとき，$f(x) = o(g(x))$ と表す．o は**スモールオー**と読む．$x \to a$ のとき，$f(x)$ のほうが $g(x)$ よりもかなり小さい（速く 0 に収束する）ことを表し，$f(x)$ は $g(x)$ よりも**高位の無限小**であるという．

式 (8.1) の $x = 0$ のまわりでのテイラー展開 (マクローリン展開) について，剰余項 R_{n+1} を $o(x^n)$ で表したとき，

$$e^x = 1 + x + \frac{x^2}{2!} + \cdots + \frac{x^n}{n!} + o(x^n)$$

を e^x の x^n の項までの**漸近展開**という．

例 8.1.1. 不定形の極限 $\lim_{x \to 0} \frac{\log(1+x)}{x}$ に対して，$\log(1+x)$ の x^2 の項までの漸近展開を用いると

$$\lim_{x \to 0} \frac{\log(1+x)}{x} = \lim_{x \to 0} \frac{x - \frac{x^2}{2} + o(x^2)}{x} = 1$$

と求めることができる． ■

関数 $f(x)$ の n 次導関数 $f^{(n)}(x)$ が連続関数であるとき，$f(x)$ を C^n 級であるという．任意の自然数 n に対して，$f^{(n)}$ が存在し，かつ連続であるとき $f(x)$ を C^∞ 級であるという．

一般に，$f(x)$ が $x = 0$ のまわりにおいて C^n 級であれば，テイラーの定理により，次が成り立つ．

$$f(x) = \sum_{k=0}^{n} \frac{f^{(k)}(0)}{k!} x^k + o(x^n) \quad (x \to 0) \tag{8.2}$$

基本的な関数の 3 次 (x^3) の項までの漸近展開の例:

$$e^x = 1 + x + \frac{x^2}{2} + \frac{x^3}{6} + o(x^3) \quad (x \to 0) \tag{8.3}$$

$$\sin x = x - \frac{x^3}{6} + o(x^3) \quad (x \to 0) \tag{8.4}$$

$$\cos x = 1 - \frac{x^2}{2} + o(x^2) \quad (x \to 0) \tag{8.5}$$

$$\tan x = x + \frac{x^3}{3} + o(x^3) \quad (x \to 0) \tag{8.6}$$

$$\log(1 + x) = x - \frac{x^2}{2} + o(x^2) \quad (x \to 0) \tag{8.7}$$

問 8.1 次の関数を 3 次の項までの漸近展開で表せ.

(1) $\log(1 - x)$　　(2) $\tan^{-1} x$　　(3) $\sin x - \tan^{-1} x$　　(4) $\sin x \cos x$　　(5) $\sin x e^x$　　(6) $e^{\sin x}$

例 8.1.2. $f(x)$ が C^2 級であるとき, $x = a$ のまわりでのテーラー展開は,
$f(x) = f(a) + f'(x)(x - a) + \frac{1}{2} f''(a + \theta(x - a))(x - a)^2$ であるから

$$f(x) = f(a) + f'(x)(x - a) + o(|x - a|)$$

と $x = a$ のまわりでの漸近展開で表すことができる.　　　　　　　　　　　■

不定形の極限値を次のように求めることもできる.

例 8.1.3. $\displaystyle \lim_{x \to 0} \frac{1 - \cos x}{x^2} = \lim_{x \to 0} \frac{1 - \left(1 - \frac{x^2}{2} + o(x^2)\right)}{x^2} = \lim_{x \to 0} \frac{\frac{x^2}{2} - o(x^2)}{x^2} = \frac{1}{2}$

問 8.2 極限値 $\displaystyle \lim_{x \to 0} \frac{\sin x - \tan^{-1} x}{x^3}$ を漸近展開によって求めよ.

問 8.3 $f(x)$ が C^1 級であるとき, $\displaystyle \int_a^{a+h} f(x) \, dx = f(a)h + o(h)$ が成り立つことを示せ.

上の問いから, 例えば確率統計では, $P(x \le X \le x + \Delta x) = \displaystyle \int_x^{x + \Delta x} f(t) \, dt \fallingdotseq f(x)\Delta x$ とみなすことがある.

次に, マクローリン展開を利用した近似値の計算について, その誤差の評価も含めてみてみる.

例 8.1.4. $f(x) = \sqrt{1 + x}$ の $x = 0$ のまわりでの 2 次の項までのマクローリン展開と剰余項 R_3 を求めよ. また, その展開式から $\sqrt{1.1}$ の近似値を求め誤差の評価もせよ.

解. $f(x)$ の高次導関数 $f^{(n)}$ を $n = 3$ まで求める. このとき, ある $\theta(0 < \theta < 1)$ が存在して,

$$\sqrt{1 + x} = f(0) + f'(0)x + \frac{1}{2}f''(0)x^2 + \frac{1}{3!}f^3(\theta x)x^3$$

$$= 1 + \frac{x}{2} - \frac{x^2}{8} + \frac{1}{3!} \cdot \frac{3}{8} \cdot \frac{1}{\sqrt{(1 + \theta x)^5}}x^3$$

よって, 近似値は

$$\sqrt{1.1} \fallingdotseq 1 + \frac{0.1}{2} - \frac{0.1^2}{8} = 1.04875$$

となって, 剰余項の上界について評価すると,

$$|R_3| \leqq \frac{1}{3!} \cdot \frac{3}{8} \cdot \frac{1}{\sqrt{(1+0.1\theta)^5}} \cdot 0.1^3 \leqq \frac{1}{3!} \cdot \frac{3}{8} \cdot 0.1^3 = 0.0000625$$

よって, 誤差はおおよそ 0.00007 未満であるといえる. ■

例 8.1.5. $f(x) = e^x$ の $x = 0$ のまわりでの 2 次の項までのマクローリン展開と剰余項 R_3 を求めよ. また, その展開式から $e^{0.1}$ の近似値を求め誤差の評価もせよ (ヒント: $e < 3$ であることを用いて評価せよ).

解. ある $\theta(0 < \theta < 1)$ が存在して,

$$e^x = f(0) + f'(0)x + \frac{1}{2}f''(0)x^2 + \frac{1}{3!}f^{(3)}(\theta x)x^3$$
$$= 1 + x + \frac{x^2}{2} + \frac{e^{\theta x}}{3!}x^3$$

よって, 近似値は,

$$e^{0.1} \fallingdotseq 1 + \frac{1}{10} + \frac{\left(\frac{1}{10}\right)^2}{2} = 1.105$$

となり, 剰余項の上界の評価は,

$$|R_3| \leqq \frac{e^{0.1}}{3!} \cdot 0.1^3 < \frac{e}{3!} \cdot 0.1^3 < \frac{3}{3!} \cdot 0.1^3 = 0.0005$$

誤差は, おおよそ 0.0005 未満であるといえる. ■

例 8.1.6. $f(x) = \tan^{-1} x$ の $x = 0$ のまわりでの x の多項式 4 次の項までのマクローリン展開と剰余項 R_5 を求めよ. また, その展開式から $\tan^{-1} 0.1$ の近似値を求め誤差の評価もせよ.

解. ある $\theta(0 < \theta < 1)$ が存在して,

$$\tan^{-1} x = f(0) + f'(0)x + \frac{1}{2}f''(0)x^2 + \frac{1}{3!}f^{(3)}(0)x^3 + \frac{1}{4!}f^{(4)}(0)x^4 + \frac{1}{5!}f^{(5)}(\theta x)x^5$$
$$= x - \frac{x^3}{3} + \frac{24(5(\theta x)^5 - 10(\theta x)^2 + 1)}{(1+(\theta x)^2)^5}x^5$$

よって近似値は,

$$\tan^{-1} 0.1 \fallingdotseq 0.1 - \frac{0.1^3}{3} = 0.0996667$$

であり, 剰余項の上界の値については,

$$|R_5| \leqq \left| \frac{24(5(\theta x)^4 - 10(\theta x)^2 + 1)}{5!} \right| \cdot 0.1^5 < \frac{24}{5! \cdot 10^5} = 0.000002$$

(最後の不等式の評価では, 関数 $g(x) = 24(5x^4 - 10x^2 + 1)$ は $0 \leqq x \leqq 1$ において単調減少であることを用いた.) 誤差は, おおよそ 2×10^{-6} 未満であるといえる. ■

問 **8.4** 次の数値をマクローリン展開の第 2 項目までの計算で近似値を求め, 誤差の評価もせよ.

(1) $\sin 0.1$　　　　　　　　　　(2) $\cos 0.1$

8.2　微積分と確率統計

確率統計では，非負関数 $f(x) \geqq 0(-\infty < x < \infty)$ の広義積分によって表される関数 $F(x) = \int_{-\infty}^{x} f(t)\,dt$ に基づいて，必要に応じて重積分等も用いながら，対象とする現象を数理モデル化する．ここでは，微積分の知識を利用して表すことのできる性質を示そう．

1) 確率密度関数と分布関数

実数全体 $\mathbb{R}$ 上で定義された非負値関数 $f(x) \geqq 0$ が，

$$\int_{\mathbb{R}} f(x)\,dx = 1$$

をみたすとき，$f(x)$ を**確率密度関数**という．確率変数 X の確率 $P(a \leqq X \leqq b)$ が

$$P(a \leqq X \leqq b) = \int_{a}^{b} f(x)\,dx$$

として求められるとき，$f(x)$ を X の**確率密度関数**といい，X は**確率分布** $f(x)$ **に従う**という．また，このことを $X \sim f(x)$ と表すことにする．

$$F(x) = P(-\infty < X \leqq x) = \int_{-\infty}^{x} f(t)\,dt$$

を X の**分布関数**という．

実数全体の直積空間 $\mathbb{R} \times \mathbb{R} = \mathbb{R}^2$ 上で定義された非負値関数 $f(x,y) \geqq 0$ が，

$$\iint_{\mathbb{R}^2} f(x,y)\,dx = 1$$

をみたすとき，$f(x,y)$ を**同時確率密度関数**という．確率変数 X, Y の同時確率 $P(a \leqq X \leqq b, c \leqq Y \leqq d)$ が

$$P(a \leqq X \leqq b, c \leqq Y \leqq d) = \iint_{[a,b] \times [c,d]} f(x,y)\,dxdy$$

として求められるとき，$f(x,y)$ を X と Y の**同時確率密度関数**といい，**2 次元確率変数** (X,Y) は**同時確率分布** $f(x,y)$ **に従う**という．また，このことを $(X,Y) \sim f(x,y)$ と表すことにする．

2) ガンマ関数

第 4 章で，ガンマ関数やベータ関数の積分について学んだ．ここでは，ガンマ関数の広義積分可能性 (**可積分性**) とともに，確率統計で扱われる性質をみていく．

定理 8.2.1. 実数 $s > 0$ に対して，ガンマ関数

$$\Gamma(s) = \int_{0}^{+\infty} e^{-x} x^{s-1}\,dx \tag{8.8}$$

は積分可能 (**有限確定値**) である．

証明. $\Gamma(s)$ は積分範囲を $-\infty \leqq x \leqq 1$ と $1 \leqq x < \infty$ と分けることで $\Gamma(s)$ は 2 つの広義積分から表されていることがわかる. $f(x) = \frac{x^{s-1}}{e^x}$ とおく. $\int_0^1 f(x)\,dx$ について, $0 < s < 1$ のとき $\lim_{x \to +0} f(x) = \infty$ であって, $0 < x \leqq 1$ において $f(x) = \frac{x^{s-1}}{e^x} \leqq x^{s-1}$. よって,

$$\int_0^1 f(x)\,dx \leqq \int_0^1 \frac{1}{x^{1-s}}\,dx = \lim_{a \to +0} \int_a^1 \frac{1}{x^{1-s}}\,dx = \left[\frac{1}{s}x^s\right]_a^1 = \lim_{a \to +0} \frac{1}{s}(1 - a^s) = \frac{1}{s} < \infty \tag{8.9}$$

よって, $0 < s < 1$ のとき $\int_0^1 f(x)\,dx$ も存在する (**有限確定値の値をもつという**). また, $s \geqq 1$ のとき, $0 < x \leqq 1$ で $0 < f(x) \leqq \frac{1}{e^x}$ であるから, 上と同様に考えると,

$$\int_0^1 f(x)\,dx \leqq \int_0^1 \frac{1}{e^x}\,dx = \lim_{a \to +0} \int_a^1 \frac{1}{e^x}\,dx = \left[-e^{-x}\right]_a^1$$
$$= \lim_{a \to +0} -(e^{-1} - e^{-a}) = -\frac{1}{e} + 1 = \frac{e-1}{e} \tag{8.10}$$

より, $s \geqq 1$ のときも $\int_0^1 f(x)\,dx$ は存在する.

次に, 積分区間が $1 \leqq x < \infty$ であるときの $\int_1^\infty f(x)\,dx$ の値について調べてみる. 今, $g(x) = e^{-x}x^{s+1}$ とおくと, $g'(x) = (-e^{-x})x^{s+1} + e^{-x}(s+1)x^s = \frac{x^s\{(s+1)-x\}}{e^x}$ であるから, 以下の増減差からもわかるように $g(x)$ は $x = s+1$ で極大値を取る.

x	0	$\cdots$	$s+1$	$\cdots$
g'		$+$	0	$-$
g	0	$\nearrow$		$\searrow$

また, $h(x) = \frac{x^{[s+1]+1}}{e^x}$ とおけば (ただし, $[\alpha]$ はガウス記号を表し α を超えない最大の整数を表す), $0 \leqq g(x) \leqq h(x)$ で $\lim_{x \to \infty} h(x) = 0$ より $\lim_{x \to \infty} g(x) = 0$ がいえる.

よって, $\exists \alpha_0 > 0; g(x) = \frac{x^{s+1}}{e^x} \leqq 1 (\forall x \geqq \alpha_0)$ となる.

このとき,

$$f(x) = \frac{x^{s-1}}{e^x} = \frac{g(x)}{x^2} \leqq \frac{1}{x^2} \quad (x \geqq \alpha_0) \tag{8.11}$$

であるから,

$$\int_1^\infty f(x)\,dx = \int_1^{\alpha_0} f(x)\,dx + \int_{\alpha_0}^\infty f(x)\,dx \leqq \int_1^{\alpha_0} f(x)\,dx + \int_{\alpha_0}^\infty \frac{1}{x^2}\,dx$$
$$= \int_1^{\alpha_0} f(x)\,dx + \lim_{b \to \infty}\left[-\frac{1}{x}\right]_{\alpha_0}^b = \int_1^{\alpha_0} f(x)\,dx + \frac{1}{\alpha_0} < \infty \tag{8.12}$$

最後の式の第 1 項目は有界閉区間 $1 \leqq x \leqq \alpha_0$ 上の連続関数 $f(x)$ の定積分であることに注意して, $\int_1^{\alpha_0} f(x)\,dx$ の値も有限確定値となることから, 実数 $s > 0$ に対して, $\int_1^\infty f(x)\,dx$ も有限確定値となることが示された. □

$\Gamma\left(\frac{1}{2}\right) = \int_0^\infty e^{-x} x^{-\frac{1}{2}}\,dx$ は, $\sqrt{x} = \frac{t}{\sqrt{2}}$ とおいて置換積分すれば, $x : 0 \to \infty$ のとき $t : 0 \to \infty$, $dx = t\,dt$ と表されるから,

$$\Gamma\left(\frac{1}{2}\right) = \int_0^\infty e^{-\frac{t^2}{2}} \frac{\sqrt{2}}{t} t\,dt = \sqrt{2} \int_0^\infty e^{-\frac{t^2}{2}}\,dt \tag{8.13}$$

であって式 (8.13) を求めるには重積分を利用することで $\Gamma\left(\frac{1}{2}\right) = \sqrt{\pi}$ であることがわかる.

一般に, 定数 $\alpha > 0, \beta > 0$ が与えられたときに,

$$f(x; \alpha, \beta) = \begin{cases} \dfrac{\beta^\alpha}{\Gamma(\alpha)} x^{\alpha-1} e^{-\beta x} & x > 0 \\ 0 & x \leq 0 \end{cases} \tag{8.14}$$

を被積分関数 (確率密度関数) とする積分 (分布) を**ガンマ分布**という. ガンマ関数は, $\beta = 1$ としたときに $\Gamma(\alpha) = \int_0^\infty x^{\alpha-1} e^{-x} dx$ と表すから,

$$\int_0^\infty \frac{1}{\Gamma(\alpha)} x^{\alpha-1} e^{-x} dx = 1 \tag{8.15}$$

と左辺の広義積分の値が 1 となるように係数部分の値 $\frac{1}{\Gamma(\alpha)}$ が被積分関数に表れているとみてよい.

$\boxed{問\ 8.5}$ $\displaystyle\int_0^\infty f(x; \alpha, \beta) dx = 1$ を確認せよ.

3) いろいろな確率分布関数

定義 8.2.2. $\alpha = \dfrac{n}{2}, \beta = \dfrac{1}{2}$ のとき,

$$f\left(x; \frac{n}{2}, \frac{1}{2}\right) = \begin{cases} \dfrac{(\frac{1}{2})^{\frac{n}{2}}}{\Gamma(\frac{n}{2})} x^{\frac{n}{2}-1} e^{-\frac{x}{2}} & (x > 0) \\ 0 & (x \leq 0) \end{cases} \tag{8.16}$$

を自由度 n の**カイ 2 乗分布**の確率密度関数という.

定義 8.2.3. $\alpha = 1$ のとき,

$$f(x; 1, \beta) = \begin{cases} \beta e^{-\beta x} & (x > 0) \\ 0 & (x \leq 0) \end{cases} \tag{8.17}$$

を**パラメータ β の指数分布**の確率密度関数という.

この指数分布を例に微積分を通した確率的な見方考え方を説明する. 指数分布は, 偶然減少の発生時間間隔を表す分布と考えられている. 例えば, $\beta = \frac{1}{2}$ の指数分布によって, ある室内の電灯が偶然故障する時間 X(時間の単位は年) とすると, 1 年以内に故障しない確率は $P(X > 1)$ と表せて,

$$P(X > 1) = \int_1^\infty f\left(x; 1, \frac{1}{2}\right) dx = \int_1^\infty \frac{1}{2} e^{-\frac{x}{2}} dx = \frac{1}{2} \left[-2e^{-\frac{x}{2}}\right]_1^\infty = \frac{1}{\sqrt{e}} \fallingdotseq 0.6065 \tag{8.18}$$

と求められる. 微積分を学んでいる段階においては, 取り得る値が実数値として表される何らかの現象に対して, その起こりやすさ (例えば $P(X > 1)$ など) は, 確率密度関数 $f(x)$ による定積分によって表されていると理解しておくとよい. 測度論や位相ベクトル空間の理解を深めれば, 確率を求めるうえでの必要な数学的構造など, より正確な議論が可能である.

確率変数 X とそれに対応する確率密度関数 $f(x)$ を $X \sim f(x)$ のようにペアで表すことにする. $F(x) = \int_{-\infty}^x f(t) dt$ で表される関数 $F(x)$ を X の**分布関数**という. $f(x)$ の連続点において, $\frac{dF(x)}{dx} = f(x)$ が成り立つ (微分積分学の基本定理). この性質を利用することで, 分布関数 (原始

関数) がわかっている確率変数については, その導関数によって確率密度関数を知ることができる. 以下では, 確率統計において基本的な確率密度関数を導いていく.

定義 8.2.4.

$$f(x) = \frac{1}{\sqrt{2\pi}} e^{-\frac{x^2}{2}} \quad (-\infty < x < \infty) \tag{8.19}$$

を**標準正規分布** $N(0,1)$ の確率密度関数という.

定理 8.2.5. $X \sim \dfrac{1}{\sqrt{2\pi}} e^{-\frac{x^2}{2}} (-\infty < x < \infty)$ のとき,

$$Y = X^2 \sim g(y) = \begin{cases} \dfrac{1}{\sqrt{2\pi}} e^{-\frac{y}{2}} y^{-\frac{1}{2}} & (y \geqq 0) \\ 0 & (y < 0) \end{cases}$$

つまり, 確率変数 $Y = X^2$ の分布関数は自由度 1 のカイ 2 乗分布である.

定理 8.2.5 の証明. Y の分布関数を $F_Y(y)$ とおくと $F_Y(y) = \displaystyle\int_{-\infty}^{y} g(f)\,dy$ であって, $\dfrac{dF_Y(y)}{dy}$ を求めることによって $g(y)$ の具体的な表現を求める. X の分布関数を $F_X(\cdot)$ とするとき,

$$F_Y(y) = P(Y \leqq y) = P(X^2 \leqq y) = P(-\sqrt{y} \leqq X \leqq \sqrt{y}) \quad (\because y \geqq 0) \tag{8.20}$$

$$= \int_{-\sqrt{y}}^{\sqrt{y}} f(x)\,dx = F_X(\sqrt{y}) - F_X(-\sqrt{y}) \tag{8.21}$$

これを, y について微分すると,

$$g(y) = \frac{dF_Y(y)}{dy} = \frac{dF_X}{dx}(\sqrt{y})\frac{1}{2\sqrt{y}} - \frac{dF_X}{dx}(-\sqrt{y})\left(-\frac{1}{2\sqrt{y}}\right)$$

$$= \frac{1}{\sqrt{2\pi}} e^{-\frac{y}{2}} \frac{1}{2\sqrt{y}} + \frac{1}{\sqrt{2\pi}} e^{-\frac{y}{2}} \frac{1}{2\sqrt{y}} = \frac{1}{\sqrt{2\pi}} e^{-\frac{y}{2}} y^{-\frac{1}{2}} \quad (y \geqq 0) \tag{8.22}$$

$y < 0$ のときは, $P(Y < y) = 0$ であって, $g(y) = 0$ としてよい. □

2 重積分によれば 2 次元確率変数 (X, Y) の確率を求めることができる. そのときの確率密度関数を $f(x, y)$ と表すことにする. 関数 $f(x, y)$ を**同時確率密度**ということもある. また,

$$f(x) = \int_{-\infty}^{\infty} f(x, y)\,dy, \quad f(y) = \int_{-\infty}^{\infty} f(x, y)\,dx \tag{8.23}$$

をそれぞれ, X の**周辺分布** (または**周辺確率密度関数**), Y の**周辺分布** (または**周辺確率密度関数**) という.

同時確率密度 $f(x, y)$ とについて, X の確率密度 $f(x)$ と Y の確率密度 $g(y)$ によって $f(x, y) = f(x)g(y)$ と積で表されるとき, X と Y は**独立である**という. これは, 例えば, 積分領域が $D = \{(x, y); a \leqq x \leqq b, c \leqq y \leqq d\}$ と定数 $a, b, c, d (a \leqq b, c \leqq d)$ によって表されているとするとき,

$$\iint_D f(x, y)\,dxdy = \left(\int_a^b f(x)\,dx\right)\left(\int_c^d g(y)\,dy\right) \tag{8.24}$$

として右辺のように "一変数での定積分の積" で表されることを示唆している (テキスト内の第 6 章例 6.3.5 を参照のこと). n 次元の同時確率変数 $(X_1, \ldots, X_n)$ の同時分布に対しても,

$X_i \sim f_i(x_i)$ のそれぞれの確率密度関数に対して, $X_1, \ldots, X_n$ の独立性は, 同時確率密度に関して $f(x_1, \ldots, x_n) = f(x_1) \cdots f(x_n) = \Pi_{i=1}^{n} f_i(x_i)$ が成り立つことと定義される.

　例えば, $X \sim \frac{1}{\sqrt{2\pi}} e^{-\frac{x^2}{2}}, Y \sim \frac{1}{\sqrt{2\pi}} e^{-\frac{y^2}{2}}$ とおき, X と Y が独立, つまり $f(x,y) = f(x)g(y) = \frac{1}{2\pi} e^{-\frac{x^2+y^2}{2}}$ の関係が成り立つことを仮定すれば,

$$\int_{-\infty}^{\infty} \int_{-\infty}^{\infty} f(x,y)\,dxdy = \int_{-\infty}^{\infty} \left(\int_{-\infty}^{\infty} f(x)\,dx \right) g(y)dy$$

$$= \left(\int_{-\infty}^{\infty} f(x)\,dx \right) \left(\int_{-\infty}^{\infty} g(y)dy \right) = \left(\int_{-\infty}^{\infty} \frac{1}{\sqrt{2\pi}} e^{-\frac{x^2}{2}}\,dx \right)^2 \tag{8.25}$$

の関係が成り立つことを意味する. $\Gamma(\frac{1}{2}) = \int_{-\infty}^{\infty} \frac{1}{\sqrt{2\pi}} e^{-\frac{x^2}{2}}\,dx$ の値は, この関係式から重積分での極座標変換によって求められることがこの関係式に表れている (重積分の例題を参照のこと).

4) 和の分布

　$f(x,y)$ が 2 つの非負値連続関数 $g_1(x), g_2(y)$ で $\displaystyle\int_{-\infty}^{\infty} g_1(x)\,dx = 1, \int_{-\infty}^{\infty} g_2(y)\,dy = 1$ をみたすものの積によって $f(x,y) = g_1(x)g_2(y)$ と表されているとする. すなわち, $X \sim g_1(x), Y \sim g_2(y)$ かつ X と Y は独立であるとする. このとき, 和 $Z = X + Y$ の分布関数 $F(z)$ と確率密度関数 $f(z)$ は

$$F(z) = \int_{-\infty}^{\infty} \int_{-\infty}^{z-x} g_1(x)g_2(y)\,dxdy, \quad f(z) = \int_{-\infty}^{\infty} g_1(x)g_2(z-x)\,dx$$

と表される. $f(z)$ を $f(z) = g_1 * g_2(z)$ と表し, $f(z)$ を g_1 と g_2 のたたみ込み, または, 重 畳 (ちょうじょう) という. また, 一般に,

$$f_n(z) = \int_{-\infty}^{\infty} f(z-x) \cdot f_{n-1}(x)\,dx \quad (n \geqq 2)$$

ただし, $f_1(x) = f(x)$ として, $f(x)$ の n 重のたたみ込みが定義される.

　X と Y が独立であるとき, 周辺分布の計算を利用して和 $U = X + Y$ の確率密度関数 $h(u)$ はどのように表されるか確かめる.

　これには, 重積分での変数変換を利用する. $\begin{cases} u = x + y \\ v = y \end{cases}$ とおけば, 逆変換は $\begin{cases} x = u - v \\ y = v \end{cases}$ であり, (x,y) と (u,v) は一対一対応していて, ヤコビアン $J = \begin{vmatrix} \frac{\partial x}{\partial u} & \frac{\partial x}{\partial v} \\ \frac{\partial y}{\partial u} & \frac{\partial y}{\partial v} \end{vmatrix} = \begin{vmatrix} 1 & -1 \\ 0 & 1 \end{vmatrix} = 1$ より, (U,V) の確率密度関数を $h(u,v)$ とすれば,

$$h(u) = \int_{-\infty}^{\infty} h(u,v)\,dv = \int_{-\infty}^{\infty} f(x,y)|J|\,dv = \int_{-\infty}^{\infty} f(u-v)g(v)\,dv$$

が成り立つことがわかる.

> **定理 8.2.6.** X と Y が独立で, $X \sim f(x), Y \sim g(y)$ のとき, 和 $U = X + Y$ の確率密度関数 $h(u)$ について,
>
> $$h(u) = \int_{-\infty}^{\infty} f(u-v)g(v)\,dv \tag{8.26}$$
>
> が成り立つ.

$h(u)$ について, $h(u) = \displaystyle\int_{-\infty}^{\infty} f(v)g(u-v)\,dv$ であることも同様に示せる (章末の練習問題 1 を解いてみよ).

例 8.2.1. X と Y が独立で, ともに標準正規分布であるとする. 和 $U = X + Y$ の確率密度関数を求めよ.

解. 定理 8.2.6 において $f(x) = g(x) = \frac{1}{\sqrt{2\pi}} e^{-\frac{1}{x^2}}$ とおけばよい. 確率密度関数 $h(u)$ は

$$h(u) = \int_{-\infty}^{\infty} f(u-v)g(v)dv = \int_{-\infty}^{\infty} \frac{1}{\sqrt{2\pi}} e^{-\frac{(u-v)^2}{2}} \frac{1}{\sqrt{2\pi}} e^{-\frac{v^2}{2}} dv = \frac{1}{2\pi} \int_{-\infty}^{\infty} e^{-\left(\frac{(u-v)^2}{2} + \frac{v^2}{2}\right)} dv$$

ここで, 被積分関数の指数部分について $\frac{(u-v)^2}{2} + \frac{v^2}{2} = v^2 - uv + \frac{u^2}{2} = \left(v - \frac{u}{2}\right)^2 + \frac{u^2}{4}$ で定数部分を積分の前に出せば

$$h(u) = \frac{1}{2\pi} e^{-\frac{u^2}{4}} \int_{-\infty}^{\infty} e^{-\left(v - \frac{u}{2}\right)^2} dv. \tag{8.27}$$

ここで, $v - \frac{u}{2} = \frac{t}{\sqrt{2}}$ とおいて置換積分をすれば

$$h(u) = \frac{1}{2\pi} e^{-\frac{u^2}{4}} \int_{-\infty}^{\infty} e^{-\frac{t^2}{2}} \frac{1}{\sqrt{2}} dt = \frac{1}{2\pi} e^{-\frac{u^2}{4}} \frac{1}{\sqrt{2}} \sqrt{2\pi} = \frac{1}{2\sqrt{\pi}} e^{-\frac{u^2}{4}} \tag{8.28}$$

を得る. (独立な 2 つの標準正規分布 $N(0,1)$ の和の分布は, 平均 0 分散 $2(= 1 + 1)$ の正規分布 N(0,2) であることを示している.) ∎

例 8.2.2. X と Y が独立で, ともに自由度 1 のカイ 2 乗分布であるとする. 和 $U = X + Y$ の確率密度関数を求めよ.

解. 例 8.2.1 と同様であるが, 確率密度関数 $h(u)$ を求める際には

$$X \sim f_1(x) = \begin{cases} \dfrac{1}{\sqrt{2\pi}} e^{-\frac{x}{2}} x^{-\frac{1}{2}}, & (x \geqq 0) \\ 0, & (x < 0) \end{cases} \quad \text{と} \quad Y \sim f_2(y) = \begin{cases} \dfrac{1}{\sqrt{2\pi}} e^{-\frac{y}{2}} y^{-\frac{1}{2}}, & (y \geqq 0) \\ 0, & (y < 0) \end{cases} \tag{8.29}$$

のそれぞれの定義域で, 関数 $f_1(x), f_2(y)$ の値が 0 になる v の積分範囲に注意する. 具体的には,

$$h(u) = \int_{-\infty}^{\infty} f_1(u - v) f_2(v) dv \tag{8.30}$$

において, v の積分範囲を $-\infty < v < 0$ と $0 \leqq v \leqq u$ と $u < v$ に分けて考えると, $-\infty < v < 0$ で $f_2(v) = 0$, $u < v$ で $f_1(u - v) = 0$ であるから,

$$h(u) = \int_0^u f_1(u - v) f_2(v) dv = \int_0^u \frac{1}{\sqrt{2\pi}} e^{-\frac{u-v}{2}} (u - v)^{-\frac{1}{2}} \frac{1}{\sqrt{2\pi}} e^{-\frac{v}{2}} v^{-\frac{1}{2}} dv \tag{8.31}$$

ここで, $v = us$ とおいて変数 s によって置換積分すれば, $v : 0 \to u$ のとき, $s : 0 \to 1$ であって, $dv = u\,ds$ であるから

$$h(u) = \int_0^1 \frac{1}{\sqrt{2\pi}} e^{-\frac{u(1-s)}{2}} (u(1-s))^{-\frac{1}{2}} \frac{1}{\sqrt{2\pi}} e^{-\frac{us}{2}} (us)^{-\frac{1}{2}} u\,ds$$

$$= \frac{1}{2\pi} e^{-\frac{u}{2}} \int_0^1 (1 - s)^{-\frac{1}{2}} s^{-\frac{1}{2}} ds$$

$$= \frac{1}{2\pi} e^{-\frac{u}{2}} B\left(\frac{1}{2}, \frac{1}{2}\right) = \frac{1}{2\pi} e^{-\frac{u}{2}} \frac{\Gamma(\frac{1}{2})\Gamma(\frac{1}{2})}{\Gamma(\frac{1}{2} + \frac{1}{2})} = \frac{1}{2} e^{-\frac{u}{2}} \tag{8.32}$$

を得る. ただし, $B(\alpha, \beta)$ はベータ関数を表す. (この結果は, 2 つの独立な自由度 1 のカイ 2 乗分布の和は, 自由度 2 のカイ 2 乗分布であることを示している.) ■

一般に

$$f(x) = \begin{cases} \dfrac{1}{2^{\frac{n}{2}}\Gamma\left(\frac{n}{2}\right)} x^{\frac{n}{2}-1} e^{-\frac{x}{2}} & (x > 0) \\ 0 & (x \leqq 0) \end{cases} \tag{8.33}$$

は, $X_i \sim f_i(x_i) = \dfrac{1}{\sqrt{2\pi}} e^{-\frac{x_i^2}{2}}$ であって, $X_1, \ldots, X_n$ が独立であるときの 2 乗第 n 部分和 $X_1^2 + \cdots + X_n^2$ の確率密度関数であることが知られている. 式 (8.33) は, 自由度 n のカイ 2 乗分布の確率密度関数である.

定義 8.2.7.

$$f(x) = \begin{cases} \dfrac{1}{2^{\frac{n}{2}}\Gamma\left(\frac{n}{2}\right)} x^{\frac{n}{2}-1} e^{-\frac{x}{2}}, & (x > 0), \\ 0, & (x \leqq 0) \end{cases} \tag{8.34}$$

を確率密度関数にもつ分布を**自由度 n のカイ 2 乗分布**という.

例 8.2.3. X と Y が独立で, X が標準正規分布, Y が自由度 n のカイ 2 乗分布とする. $T = \dfrac{X}{\sqrt{\frac{Y}{n}}}$ の確率密度関数を求めよ.

解. 題意より

$$X \sim f_1(x) = \frac{1}{\sqrt{2\pi}} e^{-\frac{x^2}{2}}, Y \sim f_2(y) = \begin{cases} \dfrac{1}{2^{\frac{n}{2}}\Gamma\left(\frac{n}{2}\right)} e^{-\frac{y}{2}} y^{\frac{n}{2}-1} & (y > 0) \\ 0 & (y \leqq 0) \end{cases}$$

である.

$$\begin{cases} u = \dfrac{x}{\sqrt{\frac{y}{n}}} \\ v = y \end{cases} \quad \text{とおけば, 逆変換は} \quad \begin{cases} x = u\sqrt{\dfrac{v}{n}} \\ y = v \end{cases} \quad \text{であり}, (x, y) \text{ と } (u, v) \text{ は一対一対応していて},$$

ヤコビアン $J = \begin{vmatrix} \sqrt{\dfrac{v}{n}} & \dfrac{u}{2\sqrt{nv}} \\ 0 & 1 \end{vmatrix} = \sqrt{\dfrac{v}{n}}$ であるから,

$$h(u) = \int_{-\infty}^{\infty} f_1(x) f_2(y) |J| \, dv = \int_0^{\infty} \frac{1}{\sqrt{2\pi}} e^{-\frac{u^2 v}{2n}} \frac{1}{2^{\frac{n}{2}}\Gamma\left(\frac{n}{2}\right)} e^{-\frac{v}{2}} v^{\frac{n}{2}-1} \sqrt{\frac{v}{n}} \, dv \tag{8.35}$$

が成り立つことが $v \leqq 0$ のとき $f_2(v) = 0$ であることからわかる. さらに,

$$h(u) = \frac{1}{\sqrt{2\pi}\sqrt{n}\, 2^{\frac{n}{2}}\Gamma\left(\frac{n}{2}\right)} \int_0^{\infty} e^{-\frac{v}{2}\left(1+\frac{u^2}{n}\right)} v^{\frac{n-1}{2}} \, dv \tag{8.36}$$

であって, ここで $s = \dfrac{v}{2}\left(1+\dfrac{u^2}{n}\right)$ とおいて置換積分すると, $v : 0 \to \infty$ のとき $s : 0 \to \infty$, $dv = 2\left(1+\dfrac{u^2}{n}\right)^{-1} ds$ より,

$$\begin{aligned} h(u) &= \frac{1}{\sqrt{2\pi}\sqrt{n}\, 2^{\frac{n}{2}}\Gamma\left(\frac{n}{2}\right)} \int_0^{\infty} e^{-s} \left(\frac{2s}{1+\frac{u^2}{n}}\right)^{\frac{n-1}{2}} 2\left(1+\frac{u^2}{n}\right)^{-1} ds \\ &= \frac{1}{\sqrt{n\pi}\,\Gamma\left(\frac{n}{2}\right)} \left(1+\frac{u^2}{n}\right)^{-\frac{n+1}{2}} \int_0^{\infty} e^{-s} s^{\frac{n+1}{2}-1} \, ds \\ &= \frac{\Gamma\left(\frac{n+1}{2}\right)}{\sqrt{n\pi}\,\Gamma\left(\frac{n}{2}\right)} \left(1+\frac{u^2}{n}\right)^{-\frac{n+1}{2}}. \end{aligned} \tag{8.37}$$

これは, 自由度 n の t 分布の確率密度関数である. ∎

> **定義 8.2.8.**
>
> $$f(x) = \frac{\Gamma\left(\frac{n+1}{2}\right)}{\sqrt{n\pi}\,\Gamma\left(\frac{n}{2}\right)}\left(1 + \frac{x^2}{n}\right)^{-\frac{n+1}{2}} \tag{8.38}$$
>
> を確率密度関数にもつ分布を **自由度 n の t 分布** という.

式 (8.37) の $h(u)$ についてさらに $n \to \infty$ としたときの極限の表す確率分布を調べてみる. 式 (8.37) において, $n \to \infty$ の極限値を分けて考える.

$$\left(1 + \frac{u^2}{n}\right)^{-\frac{n+1}{2}} = \left(1 + \frac{u^2}{n}\right)^{-\frac{n}{2}}\left(1 + \frac{u^2}{n}\right)^{-\frac{1}{2}} = \left\{\left(1 + \frac{u^2}{n}\right)^n\right\}^{-\frac{1}{2}}\left(1 + \frac{u^2}{n}\right)^{-\frac{1}{2}}$$

$$\to \left(e^{u^2}\right)^{-\frac{1}{2}} \cdot 1 = e^{-\frac{u^2}{2}} \quad (n \to \infty) \tag{8.39}$$

また, スターリングの公式により, s が十分大きいとき

$$\Gamma(s) \fallingdotseq \sqrt{2\pi}\,s^{s-\frac{1}{2}}e^{-s} \tag{8.40}$$

であるから,

$$\frac{\Gamma\left(\frac{n+1}{2}\right)}{\sqrt{n\pi}\,\Gamma\left(\frac{n}{2}\right)} = \frac{1}{\sqrt{n\pi}}\frac{\sqrt{2\pi}\left(\frac{n+1}{2}\right)^{\frac{n+1}{2}-\frac{1}{2}}e^{-\frac{n+1}{2}}}{\sqrt{2\pi}\left(\frac{n}{2}\right)^{\frac{n}{2}-\frac{1}{2}}e^{-\frac{n}{2}}} = \frac{1}{\sqrt{2\pi}}\left(1 + \frac{1}{n}\right)^{\frac{n}{2}}e^{-\frac{1}{2}}$$

$$\to \frac{1}{\sqrt{2\pi}}e^{\frac{1}{2}}e^{-\frac{1}{2}} = \frac{1}{\sqrt{2\pi}} \quad (n \to \infty) \tag{8.41}$$

よって, $h(u) \to \frac{1}{\sqrt{2\pi}}e^{-\frac{u^2}{2}}$ $(n \to \infty)$ が成り立つ.

これによって, t 分布は $n \to \infty$ とすると標準正規分布 $N(0,1)$ に近づくことがわかる (このような分布の収束を **法則収束** という. 詳しくは測度論を参照せよ).

例 8.2.4. X と Y が独立で,

$$X \sim f_1(x) = \begin{cases} \frac{1}{2^{\frac{m}{2}}\Gamma\left(\frac{m}{2}\right)}e^{-\frac{x}{2}}x^{\frac{m}{2}-1} & (x > 0) \\ 0 & (x \leqq 0) \end{cases}, Y \sim f_2(y) = \begin{cases} \frac{1}{2^{\frac{n}{2}}\Gamma\left(\frac{n}{2}\right)}e^{-\frac{y}{2}}y^{\frac{n}{2}-1} & (y > 0) \\ 0 & (y \leqq 0) \end{cases}$$

であるときに, $U = \dfrac{\frac{X}{m}}{\frac{Y}{n}}$ の確率密度関数を求めよ.

解. $\begin{cases} u = \frac{\frac{x}{m}}{\frac{y}{n}} \\ v = y \end{cases}$ と変数変換を考える. 逆変換は $\begin{cases} x = \frac{muv}{n} \\ y = v \end{cases}$ であり, (x, y) と (u, v) は一対

一対応していて, ヤコビアン $J = \begin{vmatrix} \frac{mv}{n} & \frac{mu}{n} \\ 0 & 1 \end{vmatrix} = \frac{m}{n}v.$ よって,

$$h(u) = \int_{-\infty}^{\infty} f_1\left(\frac{muv}{n}\right)f_2(v)\frac{m}{n}v\,dv$$

$$= \frac{1}{2^{\frac{m}{2}}\Gamma\left(\frac{m}{2}\right)2^{\frac{n}{2}}\Gamma\left(\frac{n}{2}\right)}\int_0^{\infty}e^{-\frac{muv}{2}}\left(\frac{muv}{n}\right)^{\frac{m}{2}-1}e^{-\frac{v}{2}}v^{\frac{n}{2}-1}\frac{m}{n}v\,dv$$

$$= \frac{\left(\frac{m}{n}\right)^{\frac{m}{2}}}{2^{\frac{m}{2}}\Gamma\left(\frac{m}{2}\right)2^{\frac{n}{2}}\Gamma\left(\frac{n}{2}\right)}u^{\frac{m}{2}-1}\int_0^{\infty}e^{-\frac{v}{2}\left(1+\frac{mu}{n}\right)}v^{\frac{m+n}{2}-1}\,dv \tag{8.42}$$

ここで，$\frac{v}{2}\left(1+\frac{m}{n}u\right)=s$ とおいて置換積分を考えると，$v:0\to\infty$ のとき，$s:0\to\infty$，$dv=2\left(1+\frac{m}{n}u\right)^{-1}ds$ であるから，

$$h(u)=\frac{\left(\frac{m}{n}\right)^{\frac{m}{2}}}{2^{\frac{m}{2}}\Gamma\left(\frac{m}{2}\right)2^{\frac{n}{2}}\Gamma\left(\frac{n}{2}\right)}u^{\frac{m}{2}-1}\int_0^\infty e^{-s}\left(\frac{2s}{1+\frac{m}{n}u}\right)^{\frac{m+n}{2}-1}2\left(1+\frac{m}{n}u\right)^{-1}ds$$

$$=\frac{\left(\frac{m}{n}\right)^{\frac{m}{2}}}{2^{\frac{m}{2}}\Gamma\left(\frac{m}{2}\right)2^{\frac{n}{2}}\Gamma\left(\frac{n}{2}\right)}u^{\frac{m}{2}-1}2^{\frac{m+n}{2}}\left(1+\frac{m}{n}u\right)^{-\frac{m+n}{2}}\int_0^\infty e^{-s}s^{\frac{m+n}{2}-1}ds$$

$$=\frac{\left(\frac{m}{n}\right)^{\frac{m}{2}}\Gamma\left(\frac{m+n}{2}\right)}{\Gamma\left(\frac{m}{2}\right)\Gamma\left(\frac{n}{2}\right)}u^{\frac{m}{2}-1}\left(1+\frac{m}{n}u\right)^{-\frac{m+n}{2}}\quad(u\geqq0)\tag{8.43}$$

を得る．これは，**自由度** (m,n) **の** F **分布の確率密度関数**といわれる．　　　　　　■

定義 8.2.9.
$$f(x)=\begin{cases}\dfrac{\left(\frac{m}{n}\right)^{\frac{m}{2}}\Gamma\left(\frac{m+n}{2}\right)}{\Gamma\left(\frac{m}{2}\right)\Gamma\left(\frac{n}{2}\right)}x^{\frac{m}{2}-1}\left(1+\frac{m}{n}x\right)^{-\frac{m+n}{2}},&(x\geqq0)\\0,(x<0)\end{cases}\tag{8.44}$$

を確率密度関数にもつ分布を**自由度** (m,n) **の** F **分布**という．

定義 8.2.10.
$$f(x)=\frac{1}{\pi}\frac{1}{1+x^2}\quad(-\infty<x<\infty)\tag{8.45}$$

を確率密度関数にもつ分布を**コーシー分布**という．

例 8.2.5. $X\sim f(x)=\dfrac{1}{\pi}\dfrac{1}{1+x^2}\;(-\infty<x<\infty)$ のとき，$Y=X^2$ の確率密度関数を求めよ．

解. 定理 8.2.5 と同じように考えてみる．X の分布関数を $F_X(x)$，Y の分布関数を $F_Y(y)$ とおくと

$$F_Y(y)=P(Y\leqq y)=P(X^2\leqq y)=P(-\sqrt{y}\leqq X\leqq\sqrt{y})\quad(\because y\geqq0)\tag{8.46}$$

$$=\int_{\sqrt{y}}^{\sqrt{y}}f(x)\,dx=F_X(\sqrt{y})-F_X(-\sqrt{y})\tag{8.47}$$

これを，y について微分すると，Y の確率密度関数 $g(y)$ は

$$g(y)=\frac{dF_Y(y)}{dy}=\frac{dF_X}{dx}(\sqrt{y})\frac{1}{2\sqrt{y}}-\frac{dF_X}{dx}(-\sqrt{y})\left(-\frac{1}{2\sqrt{y}}\right)$$

$$=\frac{1}{\pi}\cdot\frac{1}{1+y}\cdot\frac{1}{2\sqrt{y}}+\frac{1}{\pi}\cdot\frac{1}{1+y}\cdot\frac{1}{2\sqrt{y}}=\frac{1}{\pi}y^{-\frac{1}{2}}(1+y)^{-1}\quad(y\geqq0)\tag{8.48}$$

これは，自由度 $(1,1)$ の F 分布の確率密度関数である．　　　　　　■

　式 (8.43) で表される自由度 (m,n) の F 分布の確率密度関数は，X を自由度 m のカイ 2 乗分布，Y を自由度 n のカイ 2 乗分布とするときの $F=\dfrac{\frac{X}{m}}{\frac{Y}{n}}$ の従う分布を表している．このとき，$\dfrac{1}{F}$ は自由度 (n,m) の F 分布であることが同様に示せる．

よって, $F_1 \sim f_1(x)$ で $f_1(x)$ を自由度 (m, n) の F 分布の確率密度関数, $F_2 \sim f_2(x)$ で $f_2(x)$ を自由度 (n, m) の F 分布の確率密度関数とすれば, ある定数 $l_\alpha > 0$ が存在して,

$$\alpha = \int_0^{l_\alpha} f_1(x)\, dx = P(F_1 \leqq l_\alpha) = P\left(\frac{1}{F_1} \geqq \frac{1}{l_\alpha}\right) = P\left(F_2 \geqq \frac{1}{l_\alpha}\right) = \int_{\frac{1}{l_\alpha}}^{\infty} f_2(x)\, dx$$

を得る.

定理 8.2.11. $f_1(x)$ を自由度 (m, n) の F 分布の確率密度関数, $f_2(x)$ を自由度 (n, m) の F 分布の確率密度関数とすると,

$$\alpha = \int_0^{l_\alpha} f_1(x)\, dx = \int_{\frac{1}{l_\alpha}}^{\infty} f_2(x)\, dx \tag{8.49}$$

が成り立つ.

第 8 章 練 習 問 題

1. 関数 $f(x, y)$ を 2 次元確率変数 (X, Y) の確率密度関数とする. 任意の実数 $z \in \mathbb{R}$ に対して領域 $D = \{(x, y) \in \mathbb{R}^2 \mid z = x + y\}$ 上の $f(x, y)$ の重積分の値 $F(z)$ とその導関数 $F'(z) = f(z)$ は,

$$F(z) = \int_{-\infty}^{\infty} \left(\int_{-\infty}^{z-x} f(x, y)\, dy\right) dx \tag{8.50}$$

$$f(z) = \int_{-\infty}^{\infty} f(x, z - x)\, dx \tag{8.51}$$

で表されることを示せ.

2.

$$g_1(x) = g_2(x) = \begin{cases} 1 & (0 \leqq x \leqq 1) \\ 0 & (その他) \end{cases}$$

のとき, たたみ込み $f(z) = g_1 * g_2(z)$ を求めよ.

3. ガンマ分布 $G(\alpha, \beta)$ の確率密度関数を $f(x) = f(x; \alpha, \beta)$ とおく. k を自然数, λ を正の実数として, $\alpha = k, \beta = k\lambda$ のとき, $f(x)$ の分布を**パラメータ λ の k 次のアーラン分布**という. また, $\alpha = 1, \beta = \lambda$ のとき, **パラメータ λ の指数分布**という. g_1, g_2 をパラメータ 2λ の指数分布とするとき, たたみ込み $f(z) = g_1 * g_2(z)$ を求めよ.

4. g_1, g_2 が, それぞれ正規分布 $N(\mu_1, \sigma_1^2), N(\mu_2, \sigma_2^2)$ の確率密度関数であるとき, たたみ込み $f(z) = g_1 * g_2(z)$ を求めよ.

5. 関数 $f(x)$ をすべての実数 $x \in \mathbb{R}$ に対して正値 $f(x) > 0$ をとり, かつ右連続であるとする. 任意の正の実数 $s > 0, t > 0$ に対して $f(s + t) = f(s)f(t)$ をみたす関数 f の形式を求めよ.

解 答

第 1 章

問 **1.1** (1) 0 (2) 1 (3) 0 (4) 発散　問 **1.2** (1) e^6 (2) $\dfrac{1}{e}$

問 **1.3** α を循環小数として $\alpha = 0.a_1 \cdots a_n \dot{b_1} \cdots \dot{b_m}$ とすると $10^{n+m}\alpha - 10^n\alpha$ が整数となるので

問 **1.4** $0 \le \dfrac{1}{2^n + n} \le \dfrac{1}{2^n}$ より　問 **1.5** $\dfrac{\frac{2^{n+1}}{(n+1)!}}{\frac{2^n}{n!}} \le \dfrac{2}{n+1} < 1 \ (n \ge 2)$ より

問 **1.6** $\left(\left(1 - \frac{1}{n}\right)^{n^2}\right)^{\frac{1}{n}} = \left(1 - \frac{1}{n}\right)^n \to e^{-1} < 1$ より

問 **1.7** (1) 定義域 $(-\infty, \infty)$, 値域 $[0, \infty)$
(2) 定義域 $(0, \infty)$, 値域 $(-\infty, \infty)$
(3) 定義域 $(-\infty, -1) \cup (1, \infty)$, 値域 $(0, \infty)$
(4) 定義域 $\{x : x \ne (2n+1)\pi/2, \ n$ は整数 $\}$, 値域 $(-\infty, \infty)$

問 **1.8** (1) $-\dfrac{1}{2}$ (2) $\dfrac{a}{b}$ (3) 1 (4) -1 (5) 8 (6) e^{km}

問 **1.9** $|f(x) - 0| = |f(x)| \to 0$ なので

問 **1.10** 連続関数 $f(x), g(x)$ で $g(a) \ne 0$ である点 a では $\dfrac{f(x)}{g(x)}$ は連続であるので

問 **1.11** $f(x) = x^3 - 3x + 1$ として増減表による

問 **1.12** 例えば, $y = \tan \pi \left(x - \dfrac{1}{2}\right)$.　問 **1.13** $f(x) = \begin{cases} 0 & (0 \le x < 1 \text{ のとき}) \\ 1 & (x = 1 \text{ のとき}) \end{cases}$.

問 **1.14** (1) 1 (2) $\dfrac{1}{2}$ (3) 1.　問 **1.15** (1) $\dfrac{5}{6}\pi$ (2) $-\dfrac{\pi}{6}$

問 **1.16** $\dfrac{\pi}{2}, \ -\dfrac{\pi}{2}$　問 **1.17** (1) $\dfrac{\pi}{2}$ (2) $\dfrac{\pi}{4}$

問 **1.18** (1) $y = \sinh^{-1} x$ とおくと, $e^y - e^{-y} = 2x$ となるので, これを y に解く.
(2), (3) も同様

第 1 章　練習問題

1. (1) 0 (2) $\dfrac{1}{2}$ (3) 2 (4) e (5) 1 (6) 0

2. (1) $\dfrac{1}{2}$ (2) 0 (3) 1 (4) 3 (5) -1
(6) $a > 1$ のとき 1, $a = 1$ のとき 0, $0 < a < 1$ のとき -1

3. $\big||f(x)| - |f(a)|\big| \le |f(x) - f(a)|$ より　**4.** $\displaystyle\lim_{x \to 0} x \sin \dfrac{1}{x} = 0$ より

5. $f(x) = (x^2 - 1)\cos x + \sqrt{2}\sin x - 1$ とおくと, $f(0) < 0$ は明らか. $\dfrac{\pi}{4} < 1 < \dfrac{\pi}{2}$ であるので, $\sin\dfrac{\pi}{4} < \sin 1$ より, $f(1) > 0$ から得る

6. $y = 2 + 2x - 2\sqrt{2 + 2x}$.　**7.** (1) $\dfrac{\pi}{3}$ (2) $\dfrac{4\sqrt{6}}{25}$ (3) $\dfrac{1}{3}$

8. (1) $y = \tan^{-1} \dfrac{x}{\sqrt{1-x^2}}$ とおくと, $\sin^2 y = x^2$ を得ることより　(2) も同様

第2章

問 2.1 $f'_+(0) = 1$, $f'_-(0) = -1$

問 2.2 (1) $\dfrac{-x^2 - 4x + 1}{(x^2+1)^2}$ (2) $\dfrac{2x^3 + 7x^2 + 4x - 3}{(x+2)^2}$ (3) $\dfrac{-4x^3 + 4}{(x^3+x+2)^2}$

問 2.3 (1) $16(x^2+1)^7 x$ (2) $10x^9(x^2+1)^4(2x^2+1) + 32x^7(x^8+1)^3$

問 2.4 高校の教科書にあるので参照せよ

問 2.5 (1) $-\sin x \cos(\cos x)$ (2) $2x\cos x^2$ (3) $\sin 2x$

問 2.6 $\left(\log x \cos x + \dfrac{\sin x}{x} \right) x^{\sin x}$

問 2.7 $-\dfrac{\pi}{2} + 2n\pi < x < \dfrac{\pi}{2} + 2n\pi$ のとき 1 ; $\dfrac{\pi}{2} + 2n\pi < x < \dfrac{3}{2}\pi + 2n\pi$ のとき -1 ; $x = \dfrac{\pi}{2} + n\pi$ では微分可能ではない.

問 2.8 図から $\theta = 2\alpha$ であり, $t = \tan\alpha = \dfrac{y}{1+x}$, $\tan\theta = \dfrac{y}{x}$ であるので, tan の倍角の公式により得る.

問 2.9 (1) $3!$ (2) 0 (3) $13!$ **問 2.10** $\sin x$ と $\cos x$ のマクローリン級数展開による

問 2.11 (1) $\dfrac{2}{3}$ (2) $\dfrac{a}{b}$ (3) 2 (4) 2 (5) 1 (6) 1

問 2.12 (1) $x = 0$ で極大値 0, $x = \dfrac{2}{3}$ で極小値 $-\dfrac{4}{27}$ (2) $x = 1$ で極小値 $\dfrac{3}{2}$

(3) $x = e$ で極大値 $e^{\frac{1}{e}}$ (4) $x = \dfrac{1}{3}$ で極大値 $\left(\dfrac{1}{3}\right)^{\frac{1}{3}} \left(\dfrac{2}{3}\right)^{\frac{2}{3}}$.

問 2.13 (1) 変曲点は $(0,1)$ (2) 変曲点は $(0,0)$ (3) 変曲点は $(\pm\dfrac{1}{\sqrt{2}}, e^{\frac{1}{2}})$

(4) 変曲点なし

第2章 練習問題

1. (1) $\dfrac{x}{\sqrt{x^2-1}}$ (2) $-\dfrac{x}{|x|\sqrt{1-x^2}}$ (3) $2\sqrt{1-x^2}$ (4) $\dfrac{\sqrt{x}+1}{2\sqrt{x^2+2x\sqrt{x}}}$ (5) e^{x+e^x} (6) $\dfrac{x}{x^2+1}$

(7) $\dfrac{1}{1 + \left(1 + (\sin^{-1}x)^2\right)\sqrt{1-x^2}}$ (8) $\dfrac{1}{\sqrt{x^2+2}}$ (9) $(x^2+1)^{-\frac{3}{2}}$ (10) $-\dfrac{x+2}{x^3\cos^2\frac{x+1}{x^2}}$

(11) $6x\sin^2 x^2 \cos x^2$ (12) $\dfrac{\cos(\log x)}{x\cos^2(\sin(\log x))}$

2. (1) $\dfrac{\sin t}{1 - \cos t}$ (2) $\dfrac{1}{\sin t}$ (3) $\dfrac{2t + \cos t}{3t^2}$ (4) $\dfrac{e^t}{2t-3}$ (5) $-\dfrac{1}{2\sin t}$ (6) $\dfrac{2\cos 2t}{e^t}$

3. 以下では $n \geq 1$ に対して $f^{(n)}(x)$ の形を示す. (1) $(-1)^n e^{-x}$ (2) $f^{(1)}(x) = \cos x = \sin(x + \frac{1}{2})$ であることに注意すると $f^{(n)}(x) = \sin(x + \frac{n}{2}\pi)$ (3) $(-1)^{n-1}\dfrac{(n-1)!}{x^n}$ (4) $f^{(1)}(x) = \dfrac{1}{2}x^{\frac{1}{2}}$.

$n \geq 2$ で $f^{(n)}(x) = (-1)^{n-1}\dfrac{1\cdot 3 \cdots (2n-3)}{2^n} x^{-\frac{2n-1}{2}}$ (5) $(-1)^n n!(x-1)^{-(n+1)}$ (6) $(x+n)^2 e^x$

(7) $f^{(1)}(x) = \log x + 1$. $n \geq 2$ では (3) から導くことができる. $n \geq 2$ で $f^n(x) = (-1)^n \dfrac{(n-2)!}{x^{n-1}}$

(8) $x\sin(x + \frac{n}{2}\pi) - n\cos(x + \frac{n}{2}\pi)$ (9) $2^{\frac{n}{2}} e^x \cos(x + \frac{n}{4}\pi)$ (10) $f^{(1)}(x) = x^2(3\log x + 1)$, $f^{(2)}(x) = x(6\log x + 5)$, $f^{(3)}(x) = 6\log x + 11$. $n \geq 4$ では (3) から導くことができる. $n \geq 4$ で $f^{(n)}x = \dfrac{6(-1)^n (n-4)!}{x^{n-3}}$

(11) $(-1)^n 2^{n-1}(2x - n)e^{-2x}$ (12) $(-1)^n n! \left\{ \dfrac{1}{(x-1)^{n+1}} - \dfrac{1}{x^{n+1}} \right\}$

4. (1) 微分して式を整理せよ. (2) (1) で示した式の両辺の高次導関数をライプニッツの公式を用いて表し, $x = 0$ を代入せよ. $f^{(n)}(0)$ に関する漸化式を得る. $n = 2k$ のとき $f^{(n)}(0) = \{1\cdot 3 \cdots (2k-1)\}2$, $n = 2k - 1$ のとき $f^{(n)}(0) = 0$.

5. (1) $1 + \dfrac{x^2}{2}$ (2) $81 + 108x + 54x^2$ (3) $1 + \dfrac{1}{2}x + \dfrac{3}{8}x^2$ (4) x (5) $1 - 2x + x^2$

(6) $1 + x\log 2 + \dfrac{(x\log 2)^2}{2}$ (7) $x + x^2$ (8) $\log 2 + \dfrac{1}{2}x + \dfrac{1}{8}x^2$ (9) $1 + x + x^2$ (10) $e - \dfrac{e}{2}x^2$

(11) 0 (0 でない係数を持つ項は 4 次以上) (12) x

6. (1) $\displaystyle\sum_{n=1}^{\infty} \dfrac{(-1)n - 1}{(2n-1)!} x2n+1$ (2) $\displaystyle\sum_{n=0}^{\infty} \dfrac{2n}{n!} x^n$ (3) $\displaystyle\sum_{n=0}^{\infty} (-1)^n x^{2n}$ (4) $\displaystyle\sum_{n=0}^{\infty} \dfrac{(-1)^n}{2n+1} x^{2n+1}$

(5) $\displaystyle\sum_{n=0}^{\infty}\frac{(\log 3)^n}{n!}x^n$　(6) $\displaystyle\sum_{n=0}^{\infty}\frac{x^{n+2}}{n!}$　(7) $\displaystyle\sum_{n=0}^{\infty}\frac{(-1)^n}{n!}x^n$　(8) $\displaystyle\sum_{n=0}^{\infty}(-1)^n x^n$　(9) $\displaystyle\sum_{n=0}^{\infty}\frac{(-1)^n}{(2n)!}x^{4n}$

(10) $\displaystyle\sum_{n=0}^{\infty}\frac{(-1)^n}{n+1}x^{n+2}$　(11) $\displaystyle\sum_{n=1}^{\infty}\frac{\sqrt{2^n}\sin\frac{n\pi}{4}}{n!}x^n$

7. (1) $\dfrac{1}{6}$　(2) 0　(3) 1　(4) $\log a$　(5) $\dfrac{-3}{2}$　(6) $\dfrac{7}{24}$　(7) ∞　(8) $\dfrac{1}{6}$　(9) $\dfrac{(\log 2)^2}{2}$

8. (1) $x=\dfrac{4}{3}$ で極小値 $-\dfrac{16\sqrt{3}}{9}$　(2) $x=e$ で極小値 e　(3) $x=\dfrac{1}{2}$ で極小値 $\dfrac{3}{5}$　(4) $x=2n\pi+\dfrac{\pi}{3}$

で極大値 $\dfrac{3\sqrt{3}}{4}$　$x=2n\pi-\dfrac{\pi}{3}$ で極小値 $-\dfrac{3\sqrt{3}}{4}$　(5) $x=\dfrac{1}{2}$ で極大値 $\dfrac{1}{2}$　(6) 極値なし

第3章

問 3.1 微分することでわかる
問 3.2 右辺を微分せよ
問 3.3 (1) $\dfrac{1}{3}e^{x^3}$　(2) $\dfrac{3\cos 2x-\cos 6x}{12}$ または $\dfrac{\cos 2x}{2}-\dfrac{\cos^3 2x}{3}$　(3) $\dfrac{x^2}{2}-2\log(x^2+4)$

　　　 (4) $\log(1+e^x)$　(5) $-\log(2+\cos x)$

問 3.4 (1) $(x-1)e^x$　(2) $-x\cos x+\sin x$　(3) $x\tan^{-1}x-\dfrac{1}{2}\log(1+x^2)$

　　　 (4) $x\log(x^2+1)-2(x-\tan^{-1}x)$

問 3.5 (1) $(x^2-2x+2)e^x$　(2) $\dfrac{e^x(\cos x+\sin x)}{2}$　(3) $-x^2\cos x+2x\sin x+2\cos x$

問 3.6 $-\dfrac{1}{4}\sin^3 x\cos x+\dfrac{3}{8}x-\dfrac{3}{16}\sin 2x$

問 3.7 (1) $I_n=-x^n e^x+nI_{n-1}$　(2) $I_n=x(\log x)^n-nI_{n-1}$　(3) $I_n=\dfrac{a^x x^n}{\log a}-\dfrac{n}{\log a}I_{n-1}$

問 3.8 (1) $\dfrac{2}{3}\log|x-1|-\dfrac{1}{6}\log|2x+1|$　(2) $\dfrac{1}{2}\log(x^2+x+3)-\dfrac{3}{\sqrt{11}}\tan^{-1}\dfrac{2x+1}{\sqrt{11}}$

問 3.9 前より $I_n=\dfrac{1}{2(n-1)}\cdot\dfrac{x}{(x^2+1)^{n-1}}+\left(1+\dfrac{1}{2(1-n)}\right)I_{n-1}$ となるので

　　　 (1) $I_2=\dfrac{1}{2}\cdot\dfrac{x}{x^2+1}+\dfrac{1}{2}\tan^{-1}x$,　(2) $I_3=\dfrac{1}{4}\cdot\dfrac{x}{(x^2+1)^2}+\dfrac{3}{8}\cdot\dfrac{x}{x^2+1}+\dfrac{3}{8}\tan^{-1}x$

問 3.10 $\dfrac{2x+1}{2(x^2+2x+2)}+\tan^{-1}(x+1)$

問 3.11 (1) $\log\left|1+\tan\dfrac{x}{2}\right|$　(2) $\dfrac{1}{4}\sin^4 x-\dfrac{1}{6}\sin^6 x$　(3) $\dfrac{1}{2}x+\dfrac{1}{4}\log\left|\dfrac{\tan x+1}{\tan x-1}\right|$

問 3.12 (1) $x-2\sqrt{x}+2\log(\sqrt{x}+1)$　(2) $\dfrac{2}{1+x+\sqrt{x^2+1}}+\log|x+\sqrt{x^2+1}|$

　　　 (3) $-\dfrac{\sqrt{1-x^2}}{x}$　(4) $\dfrac{a^2 x}{8}\sqrt{a^2-x^2}-\dfrac{1}{4}x(a^2-x^2)^{\frac{3}{2}}+\dfrac{a^4}{8}\sin^{-1}\dfrac{x}{a}$

第3章　練習問題

1. (1) $\dfrac{1}{40}(2x+1)^{10}-\dfrac{1}{36}(2x+1)^9$　(2) $-\dfrac{1}{3}\cos(3x+1)$　(3) $\dfrac{1}{3}(\log x)^3$

　　 (4) $\log(1+e^x)$　(5) $\dfrac{x^2}{2}\log x-\dfrac{1}{4}x^2$　(6) $\dfrac{1}{2}(1+x^2)\tan^{-1}x-\dfrac{1}{2}x$

　　 (7) $\dfrac{1}{4}\log\left|\dfrac{x-3}{x+1}\right|$

　　 (8) $\dfrac{1}{4\sqrt{2}}\log\dfrac{x^2+\sqrt{2}x+1}{x^2-\sqrt{2}x+1}+\dfrac{1}{2\sqrt{2}}\left\{\tan^{-1}(\sqrt{2}x+1)+\tan^{-1}(\sqrt{2}x-1)\right\}$

　　 (9) $\dfrac{1}{2}\log\left|\dfrac{x-1}{x+1}\right|$　(10) $\dfrac{1}{3}\tan^{-1}x-\dfrac{1}{6}\tan^{-1}\dfrac{x}{2}$

　　 (11) $\dfrac{1}{2}\log(x^2+x+4)+\dfrac{5}{\sqrt{15}}\tan^{-1}\left(\dfrac{2x+1}{\sqrt{15}}\right)$　(12) $-\cos x+\tan^{-1}\cos x$

　　 (13) $-\dfrac{1}{\sin x}-\sin x$　(14) $\dfrac{x\{\sin(\log x)-\cos(\log x)\}}{2}$

　　 (15) $(1+x)\tan^{-1}\sqrt{x}-\sqrt{x}$　(16) $\dfrac{1}{2}\log\left|\dfrac{x}{1+\sqrt{1+x^2}}\right|$

(17)　$\dfrac{2}{3}(1+\log x)^{\frac{3}{2}}$　　(18)　$\dfrac{1}{2}\left\{(x-2)\sqrt{4x-x^2}+4\sin^{-1}\left(\dfrac{x-2}{2}\right)\right\}$

2.　(1) $F'(x)=f(x)$ であるので $\left(\dfrac{1}{a}F(ax+b)\right)'=f(ax+b)$　(2) も同様.

3.　(1)　$I(m,n)=\displaystyle\int \sin^m x\cos^n x\,dx=\int\left(\dfrac{1}{m+1}\sin^{m+1}x\right)'\cos^{n-1}x\,dx=\dfrac{\sin^{m+1}x\cos^{n-1}x}{m+1}+$

$\dfrac{n-1}{m+1}\displaystyle\int\sin^{m+2}x\cos^{n-2}x\,dx=\dfrac{\sin^{m+1}x\cos^{n-1}x}{m+1}+\dfrac{n-1}{m+1}I(m-2,n-2)$

(2)　$I_n-I_{n-1}=\displaystyle\int\dfrac{\sin(2n-1)x-\sin(2n-3)x}{\sin x}\,dx=\int\dfrac{2\cos(2(n-1)x\cdot\sin x}{\sin x}\,dx=\sin 2(n-1)x$

第 4 章

問 **4.1**　(1)　$\dfrac{\pi}{6}$　　(2)　$\log\left(\sqrt{2}+1\right)$

問 **4.2**　(1)　$2xf(x^2)-f(x)$　　(2)　$\displaystyle\int_0^{x+1}f(t)\,dt+xf(x+1)$

問 **4.3**　(1)　1　　(2)　$\log\dfrac{5}{3}$　　(3)　$\dfrac{1}{2}\log 3-\dfrac{5\pi}{6\sqrt{3}}$　　(4)　$\dfrac{7}{24}$　　(5)　$\dfrac{1}{ab}\tan^{-1}\dfrac{a}{b}$

問 **4.4**　(1)　$2\log 2-1$　　(2)　$\dfrac{\pi+2\log 2-2}{12}$　　(3)　$\dfrac{16}{35}$　　(4)　$\dfrac{16}{15}$　　(5)　$\dfrac{9\pi}{8}$　　(6)　$\dfrac{8}{105}$

問 **4.5**　$[0,\dfrac{\pi}{2}]$ で定積分して左右の両端が π に収束することから示す

問 **4.6**　$\dfrac{\pi}{4}$　　問 **4.7**　(1)　$m=n$ のとき π, $m\neq n$ のとき 0　　(2)　0

問 **4.8**　(1)　$\dfrac{4^n(n!)^2}{(2n+1)!}$　　(2)　$\dfrac{n!m!(b-a)^{m+n+1}}{(m+n+1)!}$　　問 **4.9**　$0<x<1$ で $\dfrac{x^n}{2}<\dfrac{x^n}{x+1}<x^n$

問 **4.10**　$\dfrac{\pi}{4}$

問 **4.11**　(1)　1　　(2)　存在しない　　(3)　$\log 2$　　(4)　$\dfrac{\pi}{8}$　　(5)　-1　　(6)　2　　(7)　6

　　　　(8)　存在しない

問 **4.12**　(1)　30　　(2)　$\dfrac{3}{4}$　　(3)　$\dfrac{16}{315}$　　(4)　$\dfrac{4}{3}$

問 **4.13**　$\dfrac{1}{e}$　　問 **4.14**　(1)　$\dfrac{1}{280}$　　(2)　$\dfrac{8}{315}$　　(3)　$\dfrac{(-1)^n n!}{(m+1)^{n+1}}$

問 **4.15**　$\dfrac{1}{6}$　　(2)　$\dfrac{1}{6}$　　問 **4.16**　$\dfrac{16}{3}p^2$　　問 **4.17**　$\dfrac{8}{15}|a|^5$　　問 **4.18**　$\dfrac{64}{5}$

問 **4.19**　θ によらず $r=a$ なので, 直ちに πa^2 を得る

問 **4.20**　$\dfrac{\pi a^2}{2}$　　問 **4.21**　$2a^2$　　問 **4.22**　(1)　1　　(2)　$\dfrac{\pi}{2}$　　問 **4.23**　(1)　$\dfrac{52}{3}$　　(2)　$\dfrac{4}{\sqrt{3}}$

問 **4.24**　(1)　$2\pi^2 a$　　(2)　$8a$　　問 **4.25**　$\dfrac{a}{2}\left\{\alpha\sqrt{\alpha^2+1}+\log(\alpha+\sqrt{\alpha^2+1})\right\}$

問 **4.26**　$x=\tan\theta$ とおけ.

第 4 章　練習問題

1.　(1)　$2(2-\pi)$　　(2)　$\dfrac{\pi}{36}+\dfrac{3-\sqrt{3}}{6}$　　(3)　$\dfrac{5\pi}{256}$　　(4)　$\dfrac{4}{3}$

　　(5)　$\dfrac{1}{12}$　　(6)　$\dfrac{1}{4}\log 2+\dfrac{1}{4}$　　(7)　$\dfrac{\pi}{9}$　　(8)　$\dfrac{1}{3}\left(1-\dfrac{2}{e}\right)$

2.　(1)　$\dfrac{2\pi}{3\sqrt{3}}$　　(2)　πa　　(3)　$\log(\sqrt{2}+1)$　　(4)　$\dfrac{a}{a^2+b^2}$　　(5)　$n!$　　(6)　$\log 2-1$

3.　π　　**4.**　$2\tan^{-1}\dfrac{1}{2}$　　**5.**　$\dfrac{8}{3}p^2\left(1+\dfrac{1}{m^2}\right)^{\frac{3}{2}}$, $x=p$

6.　$S=\dfrac{3}{8}\pi a^2$, 　$L=6a$　　**7.**　$\dfrac{8}{15}$　　**8.**　$\dfrac{3}{2}\pi a^2$　　**9.**　π　　**10.**　$\dfrac{\sqrt{5}}{2}+\dfrac{1}{4}\log(2+\sqrt{5})$

11.　$1+\dfrac{\sqrt{2}}{2}\log(1+\sqrt{2})$　　**12.**　$\sqrt{2}(e^\pi-1)$　　**13.**　$a\left|\log\dfrac{y_1}{y_2}\right|$　　**14.**　(1)　2　　(2)　1

第5章

問 **5.1**　(1) $-\dfrac{6}{5}$　(2) 存在しない　(3) 存在しない　(4) 0

問 **5.2**　$x = r\cos\theta, y = r\sin\theta$ とおくと，$\left|\dfrac{x^2 y}{x^2 + y^2}\right| = \left|\dfrac{r^3 \cos^2\theta\sin\theta}{r^2}\right| = r\left|\cos^2\theta\sin\theta\right| \le r \to 0$　$(r \to$

$0)$ より，$\displaystyle\lim_{(x,y)\to(0,0)} \dfrac{x^2 y}{x^2 + y^2} = 0$

問 **5.3**　(1) $z_x = 6xy + 10xy^3$, $z_y = 3x^2 + 15x^2 y^2$　(2) $z_x = ye^{xy}$, $z_y = xe^{xy}$

(3) $z_x = \dfrac{x}{\sqrt{x^2 + y^2}}$, $z_y = \dfrac{y}{\sqrt{x^2 + y^2}}$　(4) $z_x = \dfrac{|y|}{y\sqrt{y^2 - x^2}}$, $z_y = -\dfrac{x}{|y|\sqrt{y^2 - x^2}}$

(5) $z_x = \dfrac{1}{x\log y}$, $z_y = -\dfrac{\log x}{y(\log y)^2}$　(6) $z_x = yx^{y-1}$, $z_y = x^y \log x$

問 **5.4**　問 5.2 と同様におくと，$\left|\dfrac{xy}{x^2 + y^2}\right| = |\cos\theta\sin\theta| \not\to 0$　$(r \to 0)$ より，

$\displaystyle\lim_{(x,y)\to(0,0)} \dfrac{xy}{x^2 + y^2}$ は存在しないので連続でない.

問 **5.5**　(1) $z_{xx} = -9\sin 3x\cos 4y$, $z_{xy} = -12\cos 3x\sin 4y$, $z_{yy} = -16\sin 3x\cos 4y$

(2) $z_{xx} = \dfrac{2(y^4 - x^2)}{(x^2 + y^4)^2}$, $z_{xy} = \dfrac{-8xy^3}{(x^2 + y^4)^2}$, $z_{yy} = \dfrac{4y^2(3x^2 - y^4)}{(x^2 + y^4)^2}$

(3) $z_{xx} = 2(1 + 2x^2)e^{x^2 + 2y}$, $z_{xy} = 4xe^{x^2 + 2y}$, $z_{yy} = 4e^{x^2 + 2y}$

(4) $z_{xx} = e^{-x}\sin y$, $z_{xy} = -e^{-x}\cos y$, $z_{yy} = -e^{-x}\sin y$

(5) $z_{xx} = \dfrac{2y}{x^3}\cos\dfrac{y}{x} - \dfrac{y^2}{x^4}\sin\dfrac{y}{x}$, $z_{xy} = -\dfrac{1}{x^2}\cos\dfrac{y}{x} + \dfrac{y}{x^3}\sin\dfrac{y}{x}$, $z_{yy} = -\dfrac{1}{x^2}\sin\dfrac{y}{x}$

(6) $z_{xx} = \pm\dfrac{y(2x^2 - y^2)}{x^2(x^2 - y^2)^{3/2}}$, $z_{xy} = -\dfrac{|x|}{(x^2 - y^2)^{3/2}}$, $z_{yy} = \pm\dfrac{y}{(x^2 - y^2)^{3/2}}$

問 **5.6**　$z_{xx} = \dfrac{2x^3 - 6xy^2}{(x^2 + y^2)^3}$, $z_{yy} = \dfrac{-2x^3 + 6xy^2}{(x^2 + y^2)^3}$ より，

問 **5.7**　(1) $x + y - z = 1$　(2) $6x + 8y - z = 25$　(3) $\dfrac{2}{a}x + \dfrac{2}{b}y - z = 2$　(4) $2x - 2y + 4z = \pi$

問 **5.8**　(1) $-4\sin t\cos t$　(2) $e^{x-y}(1 + \dfrac{1}{t^2})$　(3) $\dfrac{-2t}{\sqrt{2t^2 - t^4}}$

問 **5.9**　(1) $z_u = 9(2u - v)$, $z_v = -9u$　(2) $z_u = 4u(u^2 + v^2)$, $z_v = 4v(u^2 + v^2)$

(3) $z_u = e^{xy}\dfrac{uy - vx}{u^2 + v^2}$, $z_v = e^{xy}\dfrac{ux + vy}{u^2 + v^2}$

問 **5.10**　$\dfrac{\partial z}{\partial v} = \dfrac{\partial z}{\partial x} - \dfrac{\partial z}{\partial y}$ より，$\dfrac{\partial}{\partial u}\left(\dfrac{\partial z}{\partial v}\right) = \dfrac{\partial^2 z}{\partial x^2} - \dfrac{\partial^2 z}{\partial x\partial y} + \dfrac{\partial^2 z}{\partial x\partial y} - \dfrac{\partial^2 z}{\partial y^2}$ より示せた.

問 **5.11**　(1) $\dfrac{\partial z}{\partial u} = \cos\alpha\dfrac{\partial z}{\partial x} + \sin\alpha\dfrac{\partial z}{\partial y}$, $\dfrac{\partial z}{\partial v} = -\sin\alpha\dfrac{\partial z}{\partial x} + \cos\alpha\dfrac{\partial z}{\partial y}$ より, 2 乗して

加えればよい.

(2) $\dfrac{\partial^2 z}{\partial u^2} = \cos^2\alpha\dfrac{\partial^2 z}{\partial x^2} + 2\sin\alpha\cos\alpha\dfrac{\partial^2 z}{\partial x\partial y} + \sin^2\alpha\dfrac{\partial^2 z}{\partial y^2}$,

$\dfrac{\partial^2 z}{\partial v^2} = \sin^2\alpha\dfrac{\partial^2 z}{\partial x^2} - 2\sin\alpha\cos\alpha\dfrac{\partial^2 z}{\partial x\partial y} + \cos^2\alpha\dfrac{\partial^2 z}{\partial y^2}$ より, 辺々加えればよい.

問 **5.12**　$n = 1$ のとき等号成立, n のとき成立すると仮定して, $n + 1$ でも成立することを示す. ここで, ${}_n\mathrm{C}_r + {}_n\mathrm{C}_{r-1} = {}_{n+1}\mathrm{C}_r$ を利用せよ.

$n = 1$ のとき等号は成立する. n のとき成立すると仮定すると

$$\left(h\dfrac{\partial}{\partial x} + k\dfrac{\partial}{\partial y}\right)^{n+1} = \left(h\dfrac{\partial}{\partial x} + k\dfrac{\partial}{\partial y}\right)\left\{\left(h\dfrac{\partial}{\partial x} + \dfrac{\partial}{\partial y}\right)^n z\right\}$$

$$= \left(h\dfrac{\partial}{\partial x} + k\dfrac{\partial}{\partial y}\right)\left\{\sum_{r=0}^{n} {}_n\mathrm{C}_r h^{n-r} k^r \dfrac{\partial^n z}{\partial x^{n-r}\partial y^r}\right\}$$

$$= \sum_{r=0}^{n} {}_n\mathrm{C}_r h^{n+1-r} k^r \dfrac{\partial^{n+1}}{\partial x^{n+1-r}\partial y^r} + \sum_{r=0}^{n} {}_n\mathrm{C}_r h^{n-r} k^{r+1} \dfrac{\partial^{n+1} z}{\partial x^{n-r}\partial y^{r+1}}$$

$$= h^{n+1}\dfrac{\partial^{n+1} z}{\partial x^{n+1}} + \sum_{r=1}^{n} ({}_n\mathrm{C}_r + {}_n\mathrm{C}_{r-1}) h^{n+1-r} k^r \dfrac{\partial^{n+1} z}{\partial x^{n+1-r}\partial y^r} + k^{n+1}\dfrac{\partial^{n+1} z}{\partial y^{n+1}}$$

$$= h^{n+1} \frac{\partial^{n+1} z}{\partial x^{n+1}} + \sum_{r=1}^{n} {}_{n+1}\mathrm{C}_r h^{n+1-r} k^r \frac{\partial^{n+1} z}{\partial x^{n+1-r} \partial y^r} + k^{n+1} \frac{\partial^{n+1} z}{\partial y^{n+1}}$$

$$= \sum_{r=0}^{n+1} {}_{n+1}\mathrm{C}_r h^{n+1-r} k^r \frac{\partial^{n+1} z}{\partial x^{n+1-r} \partial y^r}$$

より, $n+1$ でも成立する.

問 5.13 $\displaystyle R_4 = \frac{e^{\theta y}}{4!(1+\theta x)^4} \quad (-6x^4 + 8x^3 y(1+\theta x) - 6x^2 y^2 (1+\theta x)^2$
$\qquad\qquad\qquad +4xy^3(1+\theta x)^3 + y^4(1+\theta x)^4 \log(1+\theta x))$

問 5.14 $\displaystyle \sqrt{2-x+y} = \sqrt{2}\left(1 - \frac{1}{4}(x-y) - \frac{1}{32}(x-y)^2 - \frac{\sqrt{2}(x-y)^3}{32(2-\theta(x-y))^{\frac{5}{2}}}\right)$

問 5.15 $\displaystyle f(x,y) = f(0,0) + \sum_{r=1}^{\infty} \frac{1}{r!}\left(x\frac{\partial}{\partial x} + y\frac{\partial}{\partial y}\right)^r f(0,0)$ とマクローリン展開したとき $r \geq n$ では 0 な

ので $\displaystyle f(x,y) = f(0,0) + \sum_{r=1}^{n-1} \frac{1}{r!}\left(x\frac{\partial}{\partial x} + y\frac{\partial}{\partial y}\right)^r f(0,0)$ となり, $f(x,y)$ は x, y の多項式で, そ

の次数は高々 $n-1$ である.

問 5.16 $\displaystyle \frac{dy}{dx} = \frac{3x^2 + 2x}{2y} \ (y \neq 0), \ \frac{dx}{dy} = \frac{2y}{3x^2 + 2x} \ (x \neq 0, -\frac{2}{3}), \ (0,0)$ は特異点.

問 5.17 $\displaystyle \frac{dy}{dx} = -\frac{2x+3y}{3x+2y}, \ \frac{d^2 y}{dx^2} = \frac{10}{(3x+2y)^3}$

問 5.18 $\displaystyle \frac{\partial z}{\partial x} = -\frac{a(x-l)}{c(z-n)}, \ \frac{\partial z}{\partial y} = -\frac{b(y-m)}{c(z-n)}, \ \frac{\partial^2 z}{\partial x^2} = -\frac{a\{c(z-n)^2 + a(x-l)^2\}}{c^2(z-n)^3},$

$\displaystyle \frac{\partial^2 z}{\partial x \partial y} = -\frac{ab(x-l)(y-m)}{c^2(z-n)^3}, \ \frac{\partial^2 z}{\partial y^2} = -\frac{b\{c(z-n)^2 + b(y-m)^2\}}{c^2(z-n)^3}$

問 5.19 $\displaystyle \frac{dy}{dx} = -\frac{nx-lz}{ny-mz}, \ \frac{dz}{dx} = -\frac{ly-mx}{ny-mz}$

問 5.20 (1) $(x,y) = (-2, 0)$ で極大値 $4e^{-2}$

(2) $(x,y) = \left(\pm\frac{1}{2}, \pm\frac{1}{2}\right)$ で極小値 $-\frac{1}{8}$, $(x,y) = \left(\pm\frac{1}{2}, \mp\frac{1}{2}\right)$ で極大値 $\frac{1}{8}$

(3) $(x,y) = (a, a)$ で極小値 $-a^3$

(4) $(x,y) = \left(\frac{1}{3}, -\frac{4}{3}\right)$ で極小値 $-\frac{4}{3}$

問 5.21

$0 < x, \ y < \pi,$

$z = \dfrac{1}{2}\sin x + \dfrac{1}{2}\sin y + \dfrac{1}{2}\sin(2\pi - (x+y))$

として極値を求める.

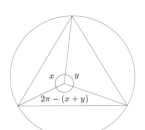

問 5.22 (1) $(x,y) = \left(\dfrac{1}{\sqrt{2}}, \dfrac{1}{\sqrt{2}}\right)$ で極大値 $\sqrt{2}$, $(x,y) = \left(-\dfrac{1}{\sqrt{2}}, -\dfrac{1}{\sqrt{2}}\right)$ で極小値 $-\sqrt{2}$

(2) $(x,y) = \left(\pm\dfrac{1}{\sqrt{2}}, \pm\dfrac{1}{\sqrt{2}}\right)$ で極大値 $\dfrac{1}{2}$, $(x,y) = \left(\pm\dfrac{1}{\sqrt{2}}, \mp\dfrac{1}{\sqrt{2}}\right)$ で極小値 $-\dfrac{1}{2}$

問 5.23 $(x,y) = (\pm\sqrt{2}, 0)$ で極大値（最大値）2, $(x,y) = (0,0)$ で極小値（最小値）0

第5章　練習問題

1. (1) 0 　(2) 0

2. (1) $\displaystyle z_{xx} = \frac{4y^2(y^2 - 3x^2)}{(x^2 + y^2)^3}, \quad z_{xy} = \frac{8xy(x^2 - y^2)}{(x^2 + y^2)^3}, \quad z_{yy} = \frac{4x^2(3y^2 - x^2)}{(x^2 + y^2)^3}$

(2) $\displaystyle z_{xx} = \frac{-2x^2 - 2xy + y^2}{(x^2 + xy + y^2)^2}, \quad z_{xy} = \frac{-x^2 - 4xy - y^2}{(x^2 + xy + y^2)^2}, \quad z_{yy} = \frac{x^2 - 2xy - 2y^2}{(x^2 + xy + y^2)^2}$

3. (1) $\displaystyle y + xy + \frac{e^{\theta x}}{6}\{(x^3 - 3xy^2)\sin\theta y + (3x^2 y - y^3)\cos\theta y\}$

(2)　$1 + (2x - 3y) + (2x - 3y)^2 + \dfrac{1}{(1 - 2\theta x + 3\theta y)^4}(2x - 3y)^3$

(3)　$1 + \dfrac{x}{2} - \dfrac{1}{8}(x^2 + 4y^2)$

$\qquad + \dfrac{1}{16}\left\{ x^3 - 6\theta x^2 y^2 + 4xy^2(1 + \theta x + 2\theta^2 y^2) - 8(1 + \theta x)\theta y^4 \right\}(1 + \theta x - \theta y^2)^{-\frac{5}{2}}$

4.　$y' = -\dfrac{2x - y}{-x + 2y}, \quad y'' = \dfrac{6(x^2 - xy + y^2)}{(x - 2y)^3}$　　**5.**　$y' = \dfrac{x + y}{x - y}, \quad y'' = \dfrac{2(x^2 + y^2)}{(x - y)^3}$

6.　$\dfrac{dy}{dx} = \dfrac{a - x}{y}, \quad \dfrac{dz}{dx} = -\dfrac{a}{z}$

7.　(1)　$(x, y) = (2, 0)$ で極小値 -4　　(2)　$(x, y) = \left(1, \dfrac{2}{\sqrt{3}}\right)$ で極小値 $-\dfrac{2}{9}\left(9 + 8\sqrt{3}\right)$　　(3)　$(x, y) =$ $(-1, -1)$ で極小値 9　　(4)　$(x, y) = (0, 0)$ で極大値 1　　(5)　極値なし　　(6)　$(x, y) = (0, 0), (2, 4)$ で極小値はそれぞれ $0,\ 0$

第 6 章

問 **6.1**　(1) $e^2 - 2e + 1$　　(2) $\dfrac{1}{10}$　　(3) $\dfrac{1}{3}$　　(4) $\dfrac{1}{8}$　　(5) $\dfrac{1}{6}$　　(6) $\dfrac{1}{6}$

問 **6.2**　(1) $\dfrac{11}{84}$　　(2) $\dfrac{2}{7}$　　(3) $\dfrac{3}{2} - \log 2$　　(4) $\dfrac{2}{3}$　　(5) $\dfrac{1}{8}$　　(6) $\dfrac{3\sqrt{3} + 2\pi}{18}$

問 **6.3**　$\alpha = \displaystyle\int_a^b f(x)dx, \ \beta = \int_c^d f(y)dy$ とおくと, $\displaystyle\int_c^d f(x)g(y)dy = \beta f(x)$ より, $\displaystyle\iint_D f(x)g(y)dxdy$

$\qquad = \displaystyle\int_a^b \left(\int_c^d f((x)g(y)dy \right) dx = \int_a^b \left(f(x) \int_c^d g(y)dy \right) dx = \int_a^b \beta f(x)dx = \alpha\beta$

問 **6.4**　(1) $\displaystyle\int_0^1 dy \int_{\sqrt{y}}^1 f(x, y)dx$　　(2) $\displaystyle\int_0^1 dy \int_y^{\sqrt{y}} f(x, y)dx$

$\qquad$ (3) $\displaystyle\int_0^a dy \int_{\frac{y}{2}}^y f(x, y)dx + \int_a^{2a} dy \int_{\frac{y}{2}}^a f(x, y)dy$　　(4) $\displaystyle\int_a^b dy \int_y^b f(x, y)dy$

問 **6.5**　(1) $4(2 - \sqrt{2})$　　(2) $\dfrac{1}{4}$　　(3) $\dfrac{\pi}{4}$　　(4) $\dfrac{2}{\pi}$

問 **6.6**　(1) $\dfrac{\pi^2}{2}$　　(2) $\dfrac{2}{3}\pi a^3$　　(3) $\dfrac{2}{3}\left(\dfrac{\pi}{2} - \dfrac{2}{3}\right)a^3$　　(4) $\dfrac{\pi}{8}$　　(5) $\dfrac{a^3}{12}$

問 **6.7**　(1) $\dfrac{\pi}{2} - 1$　　(2) $\log 2 - \dfrac{9}{16}$　　(3) $(e^a - 1)(e^b - 1)(e^c - 1)$　　(4) $\dfrac{1}{4}\left(1 - \dfrac{1}{\sqrt{3}} - \dfrac{\pi}{2}\right)$

$\qquad$ (5) $\dfrac{1}{120}$　　(6) $\dfrac{\pi}{12}$

問 **6.8**　$16a^2$　　　問 **6.9**　$4\pi a^2$　　　問 **6.10**　$2(\pi - 2)a^2$

問 **6.11**　(1)　$2\pi\left(1 + \dfrac{4\pi}{3\sqrt{3}}\right)$　　　(2)　$2\pi\left(\sqrt{2} + \log\left(1 + \sqrt{2}\right)\right)$

第 6 章　練習問題

1.　(1) $(2a^2 - 3)\sin a + 4a\cos a - a$　　(2) $\dfrac{e - 1}{2}$　　(3) $\dfrac{e^2}{2} - e$

$\quad$ (4) $\dfrac{1}{2}\left(\dfrac{\pi}{4} - \dfrac{1}{\sqrt{2}}\tan^{-1}\dfrac{1}{\sqrt{2}}\right)$　　(5) 1

2.　左辺 $= \displaystyle\int_0^a dx \int_x^a f(x)\, dy =$ 右辺　　**3.** 帰納法で簡単に示せる

4.　(1) $\dfrac{1}{3}$　　(2) $\dfrac{1}{(1 - \alpha)(2 - \alpha)}$　　(3) $\dfrac{1}{2}$　　(4) $\dfrac{1}{16}\pi^2 a^2$　　(5) $\dfrac{\pi}{8}$　　(6) $\dfrac{\pi}{16}a^4$

第 7 章

問 **7.1** $a \perp b$ であるとき，a と b のなす角は $\dfrac{\pi}{2}$ であるから $a \cdot b = 0$ となる．逆に $a \cdot b = 0$ とすると，$\cos\theta = 0$ より $\theta = \dfrac{\pi}{2}$ となるので，$a \perp b$

問 **7.2** $a /\!/ b$ であるとき，a と b のなす角は 0 であるから $a \times b = \mathbf{0}$ となる．逆に $a \times b = \mathbf{0}$ とすると，$\sin\theta = 0$ より $\theta = 0$ となるので $a /\!/ b$

問 **7.3** 次の例 1.1 と行列式の性質より，(1) が従う．(2) については，各成分について確かめればよい．左辺の第 1 成分は

$$a_2(b \times c)_3 - a_3(b \times c)_2 = a_2(b_1 c_2 - b_2 c_1) - a_3(b_3 c_1 - b_1 c_3)$$
$$= (a_1 c_1 + a_2 c_2 + a_3 c_3)b_1 - (a_1 b_1 + a_2 b_2 + a_3 b_3)c_1 = (a \cdot c)b_1 - (a \cdot b)c_1$$

となり，右辺の第 1 成分に等しい．他の成分についても同様．

問 **7.4** (1) 定理 1.4(1), (2) より

$$(A \times B) \cdot (C \times D) = C \cdot \Big(D \times (A \times B)\Big) = C \cdot \Big((D \cdot B)A - (D \cdot A)B\Big)$$
$$= (A \cdot C)(B \cdot D) - (A \cdot D)(B \cdot C)$$

(2) 定理 1.4(2) より
$$(A \times B) \times (C \times D) = \Big((A \times B) \cdot D\Big)C - \Big((A \times B) \cdot C\Big)D = \Big((B \times D) \cdot A\Big)C - \Big((B \times C) \cdot A\Big)D$$
となり，もう 1 つの等号についても同様に
$$(A \times B) \times (C \times D) = -(C \times D) \times (A \times B) = -\Big((C \times D) \cdot B\Big)A + \Big((C \times D) \cdot A\Big)B =$$
$$\Big((C \times D) \cdot A\Big)B - \Big((C \times D) \cdot B\Big)A.$$

問 **7.5** $F(t)$ の向きが一定であるとき，あるスカラー関数 $f(t)$ と定ベクトル b が存在して，$F(t) = f(t)b$ と表せるので，

$$F(t) \times \frac{dF}{dt} = f(t)b \times f'(t)b = f(t)f'(t)b \times b = \mathbf{0}.$$

問 **7.6** (1) $F = (F_1, F_2, F_3), G = (G_1, G_2, G_3)$ のとき，第 1 成分を考えると

$$\frac{\partial}{\partial x}(F \cdot G) = \frac{\partial F_1}{\partial x}G_1 + F_1\frac{\partial G_1}{\partial x} + \frac{\partial F_2}{\partial x}G_2 + F_2\frac{\partial G_2}{\partial x} + \frac{\partial F_3}{\partial x}G_3 + F_3\frac{\partial G_3}{\partial x}$$
$$= \left(G_1\frac{\partial F_1}{\partial x} G_2\frac{\partial F_2}{\partial x} + G_3\frac{\partial F_3}{\partial x}\right) + G_2\left(\frac{\partial F_2}{\partial x} - \frac{\partial F_1}{\partial y}\right) + G_3\left(\frac{\partial F_3}{\partial x} - \frac{\partial F_1}{\partial x}\right)$$
$$+ \left(F_1\frac{\partial G_1}{\partial x} + F_2\frac{\partial G_2}{\partial x} + F_3\frac{\partial G_3}{\partial x}\right) + F_2\left(\frac{\partial G_2}{\partial x} - \frac{\partial G_1}{\partial y}\right) + F_3\left(\frac{\partial G_3}{\partial x} - \frac{\partial G_1}{\partial z}\right)$$
$$= (G \cdot \nabla)F_1 + (F \cdot \nabla)G_1 + G_2(\mathrm{rot}F)_3 - G_3(\mathrm{rot}F)_2 + F_2(\mathrm{rot}G)_3 - F_3(\mathrm{rot}G)_2$$

となる．残りの成分も同様に確かめられる．

(2) $\mathrm{div}(F \times G) = \dfrac{\partial}{\partial x}(F_2 G_3 - F_3 G_2) + \dfrac{\partial}{\partial y}(F_3 G_1 - F_1 G_3) + \dfrac{\partial}{\partial z}(F_1 G_2 - F_2 G_1)$

$$= G_1\left(\frac{\partial F_3}{\partial y} - \frac{\partial F_2}{\partial z}\right) + G_2\left(\frac{\partial F_1}{\partial z} - \frac{\partial F_3}{\partial x}\right) + G_3\left(\frac{\partial F_2}{\partial x} - \frac{\partial F_1}{\partial y}\right)$$
$$- F_1\left(\frac{\partial G_3}{\partial y} - \frac{\partial G_2}{\partial z}\right) - F_2\left(\frac{\partial G_1}{\partial z} - \frac{\partial G_3}{\partial x}\right) - F_3\left(\frac{\partial G_2}{\partial x} - \frac{\partial G_1}{\partial y}\right)$$
$$= G \cdot \mathrm{rot}F - F \cdot \mathrm{rot}G.$$

(3) 左辺の第 1 成分は
$$\frac{\partial}{\partial y}(F \times G)_3 - \frac{\partial}{\partial z}(F \times G)_2 = \frac{\partial}{\partial y}(F_1 G_2 - F_2 G_1) - \frac{\partial}{\partial z}(F_3 G_1 - F_1 G_3)$$
$$= F_1\left(\frac{\partial G_1}{\partial x} + \frac{\partial G_2}{\partial y} + \frac{\partial G_3}{\partial z}\right) - \left(\frac{\partial F_1}{\partial x} + \frac{\partial F_2}{\partial y} + \frac{\partial F_3}{\partial z}\right)G_1$$
$$- \left(F_1\frac{\partial G_1}{\partial x} + F_2\frac{\partial G_1}{\partial y} + F_3\frac{\partial G_1}{\partial z}\right) + \left(G_1\frac{\partial F_1}{\partial x} + G_2\frac{\partial F_1}{\partial y} + G_3\frac{\partial F_1}{\partial z}\right)$$
$$= (\mathrm{div}G)F_1 - (\mathrm{div}F)G_1 - (F \cdot \nabla)G_1 + (G \cdot \nabla)F_1$$
より，右辺の第 1 成分に等しい．他の成分についても同様に確かめられる．

問 7.7

$$\int_C \boldsymbol{F}\cdot d\boldsymbol{r} = \int_0^{2\pi} \boldsymbol{F}\cdot\frac{d\boldsymbol{r}}{dt}\,dt = \int_0^{2\pi}(ht, a\cos t, 0)\cdot(-a\sin t, a\cos t, h)\,dt$$

$$= \int_0^{2\pi}(-aht\sin t + a^2\cos^2 t)\,dt = \int_0^{2\pi}\left(aht(\cos t)' + a^2\frac{1+\cos 2t}{2}\right)dt$$

$$= [aht\cos t]_0^{2\pi} - ah\int_0^{2\pi}\cos t\,dt + \frac{a^2}{2}\left[t+\frac{\sin 2t}{2}\right]_0^{2\pi} = \pi a(a+2h)$$

第7章　練習問題

1. (1) $\overrightarrow{AB} = (3,0,7)-(-1,2,3) = (4,-2,4), \overrightarrow{AC} = (4,1,2)-(-1,2,3) = (5,-1,-1)$ より, $\overrightarrow{AB} = (3,0,7)-(-1,2,3) = (4,-2,4), \overrightarrow{AC} = (4,1,2)-(-1,2,3) = (5,-1,-1)$ のなす角を θ とすると,

$$\cos\theta = \frac{\overrightarrow{AB}\cdot\overrightarrow{AC}}{|\overrightarrow{AB}||\overrightarrow{AC}|} = \frac{20+2-4}{\sqrt{16+4+16}\sqrt{25+1+1}} = \frac{18}{6\cdot 3\sqrt{3}} = \frac{1}{\sqrt{3}}$$

となる. よって, 求める面積は

$$\frac{1}{2}|\overrightarrow{AB}||\overrightarrow{AC}|\sin\theta = \frac{1}{2}6\cdot 3\sqrt{3}\sqrt{1-\frac{1}{3}} = 9\sqrt{2}$$

(2) $\overrightarrow{AB}\times\overrightarrow{AC}$ は $\triangle ABC$ に垂直なベクトルであり,

$$\overrightarrow{AB}\times\overrightarrow{AC} = (4,-2,4)\times(5,-1,-1) = 6(1,4,1),$$
$$|\overrightarrow{AB}\times\overrightarrow{AC}| = 6\sqrt{1+16+1} = 18\sqrt{3}$$

であるから, $\boldsymbol{n} = \dfrac{\overrightarrow{AB}\times\overrightarrow{AC}}{|\overrightarrow{AB}||\overrightarrow{AC}|} = \dfrac{6(1,4,1)}{18\sqrt{3}} = \left(\dfrac{1}{3\sqrt{2}}, \dfrac{2\sqrt{2}}{3}, \dfrac{1}{3\sqrt{2}}\right)$

2. (1) 定理 1.4(1) より $\boldsymbol{A}\cdot\{\boldsymbol{B}\times(\boldsymbol{C}\times\boldsymbol{D})\} = (\boldsymbol{C}\times\boldsymbol{D})\cdot(\boldsymbol{A}\times\boldsymbol{B})$ であり, 定理 1.4(2) より $\boldsymbol{A}\cdot\{\boldsymbol{B}\times(\boldsymbol{C}\times\boldsymbol{D})\} = (\boldsymbol{A}\cdot\boldsymbol{C})(\boldsymbol{B}\cdot\boldsymbol{D}) - (\boldsymbol{A}\cdot\boldsymbol{D})(\boldsymbol{B}\cdot\boldsymbol{C}) = \begin{vmatrix}\boldsymbol{A}\cdot\boldsymbol{C} & \boldsymbol{B}\cdot\boldsymbol{C}\\ \boldsymbol{A}\cdot\boldsymbol{D} & \boldsymbol{B}\cdot\boldsymbol{D}\end{vmatrix}$

(2) 問 1.4(2) と定理 1.4(1) より

$$(\boldsymbol{A}\times\boldsymbol{B})\times(\boldsymbol{C}\times\boldsymbol{D}) = \{(\boldsymbol{A}\times\boldsymbol{B})\cdot\boldsymbol{D}\}\boldsymbol{C} - \{(\boldsymbol{A}\times\boldsymbol{B})\cdot\boldsymbol{C}\}\boldsymbol{D}$$
$$= \{(\boldsymbol{B}\times\boldsymbol{D})\cdot\boldsymbol{A}\}\boldsymbol{C} - \{(\boldsymbol{B}\times\boldsymbol{C})\cdot\boldsymbol{A}\}\boldsymbol{D}$$

3. (必要性) $\boldsymbol{a}\times\boldsymbol{x} = \boldsymbol{b}$ に解があるとすると, $\boldsymbol{a}\cdot\boldsymbol{b} = \boldsymbol{a}\cdot(\boldsymbol{a}\times\boldsymbol{x}) = \boldsymbol{x}\cdot(\boldsymbol{a}\times\boldsymbol{a}) = \boldsymbol{0}$
(十分性) $\boldsymbol{a}\cdot\boldsymbol{b} = 0$ とすると,

$$\boldsymbol{a}\times\frac{\boldsymbol{b}\times\boldsymbol{a}}{|\boldsymbol{a}|^2} = \frac{1}{|\boldsymbol{a}|^2}\{(\boldsymbol{a}\cdot\boldsymbol{a})\boldsymbol{b} - (\boldsymbol{a}\cdot\boldsymbol{b})\boldsymbol{a}\} = \frac{\boldsymbol{a}\cdot\boldsymbol{a}}{|\boldsymbol{a}|^2}\boldsymbol{b} = \boldsymbol{b}$$

となるので, $\dfrac{\boldsymbol{b}\times\boldsymbol{a}}{|\boldsymbol{a}|^2}$ は 1 つの解である. $\boldsymbol{a}\times\boldsymbol{a}$ より, 解 $\boldsymbol{x}$ は c を定数として $\boldsymbol{x} = \dfrac{\boldsymbol{b}\times\boldsymbol{a}}{|\boldsymbol{a}|^2} + c\boldsymbol{a}$ と表せる.

4.

(1) $\boldsymbol{F}\times\dfrac{d\boldsymbol{F}}{dt} = (\cos\omega t\boldsymbol{A} + \sin\omega t\boldsymbol{B})\times(-\omega\sin\omega t\boldsymbol{A} + \omega\cos\omega t\boldsymbol{B})$

$\qquad = \omega\cos^2\omega t\boldsymbol{A}\times\boldsymbol{B} - \omega\sin^2\omega t\boldsymbol{B}\times\boldsymbol{A}$

$\qquad = \omega\cos^2\omega t\boldsymbol{A}\times\boldsymbol{B} + \omega\sin^2\omega t\boldsymbol{A}\times\boldsymbol{B} = \omega\boldsymbol{A}\times\boldsymbol{B}$

(2) $\dfrac{d^2\boldsymbol{F}}{dt^2} + \omega^2\boldsymbol{F} = (-\omega^2\cos\omega t\boldsymbol{A} - \omega^2\sin\omega t\boldsymbol{B}) + (\omega\cos\omega t\boldsymbol{A} + \omega\sin\omega t\boldsymbol{B}) = \boldsymbol{0}$

(3) $\dfrac{d\boldsymbol{F}}{dt}\times\dfrac{d^2\boldsymbol{F}}{dt^2} = (-\omega\sin\omega t\boldsymbol{A} + \omega\cos\omega t\boldsymbol{B})\times(-\omega^2\cos\omega t\boldsymbol{A} - \omega^2\sin\omega t\boldsymbol{B})$

$\qquad = \omega^3\cos^2\omega t\boldsymbol{A}\times\boldsymbol{B} - \omega^3\cos^2\omega t\boldsymbol{B}\times\boldsymbol{A}$

$\qquad = \omega^3\cos^2\omega t\boldsymbol{A}\times\boldsymbol{B} + \omega^3\cos^2\omega t\boldsymbol{A}\times\boldsymbol{B} = \omega^3\boldsymbol{A}\times\boldsymbol{B}$

であるから,

$$\boldsymbol{F} \cdot \left(\frac{d\boldsymbol{F}}{dt} \times \frac{d^2\boldsymbol{F}}{dt^2} \right) = (-\omega \sin \omega t \boldsymbol{A} + \omega \cos \omega t \boldsymbol{B}) \cdot \omega^3 \boldsymbol{A} \times \boldsymbol{B}$$

$$= -\omega^4 \sin \omega t \boldsymbol{A} \cdot (\boldsymbol{A} \times \boldsymbol{B}) + \omega^4 \cos \omega t \boldsymbol{B} \cdot (\boldsymbol{A} \times \boldsymbol{B}) = 0$$

(4) 問 2.1 より, $\left(\boldsymbol{F} \times \dfrac{d\boldsymbol{F}}{dt} \right) \times \dfrac{d}{dt} \left(\boldsymbol{F} \times \dfrac{d\boldsymbol{F}}{dt} \right) = \boldsymbol{0}$ を示せばよいので,

$$\left(\boldsymbol{F} \times \frac{d\boldsymbol{F}}{dt} \right) \times \frac{d}{dt} \left(\boldsymbol{F} \times \frac{d\boldsymbol{F}}{dt} \right) = \left(\boldsymbol{F} \times \frac{d\boldsymbol{F}}{dt} \right) \times \left(\frac{d\boldsymbol{F}}{dt} \times \frac{d\boldsymbol{F}}{dt} + \boldsymbol{F} \times \frac{d^2\boldsymbol{F}}{dt^2} \right)$$

$$= \left(\boldsymbol{F} \times \frac{d\boldsymbol{F}}{dt} \right) \times \left(\boldsymbol{F} \times \frac{d^2\boldsymbol{F}}{dt^2} \right) = \left\{ \boldsymbol{F} \cdot \left(\frac{d\boldsymbol{F}}{dt} \times \frac{d^2\boldsymbol{F}}{dt^2} \right) \right\} \boldsymbol{F} + \left\{ \boldsymbol{F} \cdot \left(\frac{d\boldsymbol{F}}{dt} \times \boldsymbol{F} \right) \right\} \frac{d^2\boldsymbol{F}}{dt^2} = \boldsymbol{0}$$

5.

(1) $\quad \dfrac{d}{dt} \{ \boldsymbol{F} \cdot (\boldsymbol{G} \times \boldsymbol{H}) \} = \dfrac{d\boldsymbol{F}}{dt} \cdot (\boldsymbol{G} \times \boldsymbol{H}) + \boldsymbol{F} \cdot \dfrac{d}{dt} (\boldsymbol{G} \times \boldsymbol{H})$

$$= \frac{d\boldsymbol{F}}{dt} \cdot (\boldsymbol{G} \times \boldsymbol{H}) + \boldsymbol{F} \cdot \left(\frac{d\boldsymbol{G}}{dt} \times \boldsymbol{H} \right) + \boldsymbol{F} \cdot \left(\boldsymbol{G} \times \frac{d\boldsymbol{H}}{dt} \right)$$

(2) $\quad \dfrac{d}{dt} \{ \boldsymbol{F} \times (\boldsymbol{G} \times \boldsymbol{H}) \} = \dfrac{d\boldsymbol{F}}{dt} \times (\boldsymbol{G} \times \boldsymbol{H}) + \boldsymbol{F} \times \dfrac{d}{dt} (\boldsymbol{G} \times \boldsymbol{H})$

$$= \frac{d\boldsymbol{F}}{dt} \times (\boldsymbol{G} \times \boldsymbol{H}) + \boldsymbol{F} \times \left(\frac{d\boldsymbol{G}}{dt} \times \boldsymbol{H} \right) + \boldsymbol{F} \times \left(\boldsymbol{G} \times \frac{d\boldsymbol{H}}{dt} \right)$$

6. (1) $\operatorname{div}\boldsymbol{F} = y^2 + z^2 + x^2$

(2) $\boldsymbol{F} \cdot \nabla f = (xy^2, yz^2, zx^2) \cdot (2xyz, x^2z, x^2y) = 2x^2y^3z + x^2yz^3 + x^4yz$

(3) $\operatorname{div}\nabla f = \operatorname{div}(2xyz, x^2z, x^2y) = 2yz$

(4)

$$\operatorname{rot}(f\boldsymbol{F}) = \nabla f \times \boldsymbol{F} + f\operatorname{rot}\boldsymbol{F}$$

$$= (2xyz, x^2x, x^2y) \times (xy^2, yz^2, zx^2) + x^2yz \operatorname{rot}(xy^2, yz^2, zx^2)$$

$$= (x^4z^2 - x^2y^2z^2, x^3y^3 - 2x^3yz^2, 2xy^2z^3 - x^3y^2z) + x^2yz(-2yz, -2xz, -2xy)$$

$$= (x^4z^2 - 3x^2y^2z^2, x^3y^3 - 4x^3yz^2, 2xy^2z^3 - 3x^3y^2z)$$

7. (1)

$$\nabla \log r = \frac{1}{2} \nabla \log(x^2 + y^2 + z^2) = \frac{1}{2} \left(\frac{2x}{x^2 + y^2 + z^2}, \frac{2y}{x^2 + y^2 + z^2}, \frac{2z}{x^2 + y^2 + z^2} \right)$$

$$= \left(\frac{x}{x^2 + y^2 + z^2}, \frac{y}{x^2 + y^2 + z^2}, \frac{z}{x^2 + y^2 + z^2} \right) = \frac{\boldsymbol{r}}{r^2}$$

(2)

$$\nabla r^n = \left(\frac{\partial}{\partial x}(x^2 + y^2 + z^2)^{n/2}, \frac{\partial}{\partial y}(x^2 + y^2 + z^2)^{n/2}, \frac{\partial}{\partial z}(x^2 + y^2 + z^2)^{n/2} \right)$$

$$= \left(\frac{n}{2}(x^2 + y^2 + z^2)^{n/2-1} \cdot 2x, \frac{n}{2}(x^2 + y^2 + z^2)^{n/2-1} \cdot 2y, \frac{n}{2}(x^2 + y^2 + z^2)^{n/2-1} \cdot 2z \right)$$

$$= (nr^{n-2}x, nr^{n-2}y, nr^{n-2}z) = nr^{n-2}\boldsymbol{r}$$

(3) 定理 3.3(3) より

$$\operatorname{div}\nabla \frac{1}{r} = \operatorname{div}\left(-\frac{\boldsymbol{r}}{r^3} \right) = -\nabla \frac{1}{r^3} \cdot \boldsymbol{r} - \frac{1}{r^3}\operatorname{div}\boldsymbol{r} = -(-3r^{-5}\boldsymbol{r}) \cdot \boldsymbol{r} - \frac{1}{r^3} \cdot 3$$

$$= \frac{3\boldsymbol{r} \cdot \boldsymbol{r}}{r^5} - \frac{3}{r^3} = 0$$

(4) 定理 3.4(3) より

$$\operatorname{rot}\left(\frac{\boldsymbol{r}}{r^n} \right) = \nabla \frac{1}{r^n} \times \boldsymbol{r} + \frac{1}{r^n}\operatorname{rot}\boldsymbol{r} = -nr^{-n-2}\boldsymbol{r} \times \boldsymbol{r} + \frac{1}{r^n}\boldsymbol{0} = \boldsymbol{0}$$

8. (1) $\mathrm{rotrot}\boldsymbol{F} = \nabla\mathrm{div}\boldsymbol{F} - \Delta\boldsymbol{F}$

(2) まず $(\boldsymbol{F}\cdot\nabla)\boldsymbol{F} = (\mathrm{rot}\boldsymbol{F}\times\boldsymbol{F})\boldsymbol{F} + \dfrac{1}{2}\nabla|\boldsymbol{F}|$ を示す. 左辺の第 1 成分を計算すると

$$(\boldsymbol{F}\cdot\nabla)F_1 = F_1\frac{\partial F_1}{\partial x} + F_2\frac{\partial F_1}{\partial y} + F_3\frac{\partial F_1}{\partial z}$$

$$= F_1\frac{\partial F_1}{\partial x} + F_2\left(\frac{\partial F_1}{\partial y} - \frac{\partial F_2}{\partial x}\right) + F_2\frac{\partial F_2}{\partial x} + F_3\left(\frac{\partial F_1}{\partial z} - \frac{\partial F_1}{\partial z}\right) + F_3\frac{\partial F_1}{\partial z}$$

$$= \frac{1}{2}\frac{\partial}{\partial x}\left(F_1^2 + F_2^2 + F_3^2\right) + \left\{\left(\frac{\partial F_1}{\partial z} - \frac{\partial F_1}{\partial z}\right)F_3 - \left(\frac{\partial F_2}{\partial x} - \frac{\partial F_1}{\partial y}\right)F_2\right\}$$

となる. 他の成分も同様に示せる. 上式の両辺の rot を取り, 問 3.1(3) を用いると

$$\mathrm{rot}(\boldsymbol{F}\cdot\nabla)\boldsymbol{F} = \mathrm{rot}(\mathrm{rot}\boldsymbol{F}\times\boldsymbol{F}) + \frac{1}{2}\mathrm{rot}\nabla|\boldsymbol{F}|^2 = \mathrm{rot}(\mathrm{rot}\boldsymbol{F}\times\boldsymbol{F})$$

$$= (\boldsymbol{F}\cdot\nabla)\mathrm{rot}\boldsymbol{F} - (\mathrm{rot}\boldsymbol{F}\cdot\nabla)\boldsymbol{F} + \mathrm{rot}\boldsymbol{F}\cdot\mathrm{div}\boldsymbol{F} - \boldsymbol{F}\mathrm{divrot}\boldsymbol{F}$$

$$= (\boldsymbol{F}\cdot\nabla)\mathrm{rot}\boldsymbol{F} - (\mathrm{rot}\boldsymbol{F}\cdot\nabla)\boldsymbol{F} + \mathrm{rot}\boldsymbol{F}\cdot\mathrm{div}\boldsymbol{F}$$

9. (1) 線分 OA は $\boldsymbol{r}(t) = (t, 4t, 2t)\,0 \leqq t \leqq 1$ と表すことができるので,

$$ds = \sqrt{\left(\frac{dx}{dt}\right)^2 + \left(\frac{dy}{dt}\right)^2 + \left(\frac{dz}{dt}\right)^2}\,dt = \sqrt{21}\,dt$$

より, $\displaystyle\int_C (x^2 + yz - z^3)\,ds = \int_0^1 (t^2 + 8t^2 - 8t^3)\,dt = \int_0^1 (9t^2 - 8t^3)\,dt = \left[3t^2 - 2t^4\right]_0^1 = 1$

(2) 線分 OB は $\boldsymbol{r}(t) = (t, 0, 0)\,0 \leqq t \leqq 1$ と表すことができるので,

$$ds = \sqrt{\left(\frac{dx}{dt}\right)^2 + \left(\frac{dy}{dt}\right)^2 + \left(\frac{dz}{dt}\right)^2}\,dt = dt$$

より, $\displaystyle\int_{OB} (x^2 + yz - z^3)\,ds = \int_0^1 t^2\,dt = \left[\frac{t^3}{3}\right]_0^1 = \frac{1}{3}$

線分 BA は $\boldsymbol{r}(t) = (1, 4t, 2t)\,0 \leqq t \leqq 1$ と表すことができるので,

$$ds = \sqrt{\left(\frac{dx}{dt}\right)^2 + \left(\frac{dy}{dt}\right)^2 + \left(\frac{dz}{dt}\right)^2}\,dt = 2\sqrt{5}\,dt$$

より, $\displaystyle\int_{BA} (x^2 + yz - z^3)\,ds = \int_0^1 (1 + 8t^2 - 8t^3)\cdot 2\sqrt{5}\,dt = 2\sqrt{5}\left[t + \frac{8}{3}t^3 - 2t^4\right]_0^1 = \frac{10\sqrt{5}}{3}$

10. (1) C_1 は $\boldsymbol{r}(t) = (t, 2t, 3t),\, 0 \leqq t \leqq 1$ と表せるので,

$$\int_{C_1}\boldsymbol{F}\cdot d\boldsymbol{r} = \int_0^1 \left(\frac{1}{4-t^2}, -9t^2, -12t^2\right)\cdot(dt, 2dt, 3dt) = \int_0^1 \left(\frac{1}{4-t^2} - 54t^2\right)dt$$

$$= \left[\sin^{-1}\frac{t}{2} - 18t^3\right]_0^1 = \frac{\pi}{18} - 18$$

(2) OB は $\boldsymbol{r}(t) = (t, 0, 0),\, 0 \leqq t \leqq 1$ と表されるので,

$$\int_{OB}\boldsymbol{F}\cdot d\boldsymbol{r} = \int_0^1 \left(\frac{1}{\sqrt{4-t^2}}, 0, 0\right)\cdot(dt, 0, 0) = \int_0^1 \frac{1}{\sqrt{4-t^2}}\,dt = \left[\sin^{-1}\frac{t}{2}\right]_0^1 = \frac{\pi}{6}$$

また, BA は $\boldsymbol{r}(t) = (1, 2t, 3t),\, 0 \leqq t \leqq 1$ と表せるので,

$$\int_{BA}\boldsymbol{F}\cdot d\boldsymbol{r} = \int_0^1 \left(\frac{1}{\sqrt{3}}, -9t^2, -12t^2\right)\cdot(0, 2dt, 3dt) = \int_0^1 (-54t^2)\,dt = [-18t^2]_0^1 = -18.$$

よって, $\displaystyle\int_C\boldsymbol{F}\cdot d\boldsymbol{r} = \frac{\pi}{6} - 18$

(3) $\mathrm{rot}\boldsymbol{F} = (-2z + 2z, 0, 0) = (0, 0, 0)$ であり, $\boldsymbol{F} = \nabla\varphi$ のとき $\dfrac{1}{\sqrt{4-x^2}} = \dfrac{\partial\varphi}{\partial x}$ であるから,

$$\varphi(x,y,z) = \int \frac{1}{\sqrt{4-x^2}}\,dx + f(y,z) = \sin^{-1}\frac{x}{2} + f(y,z)$$

となる. この式の両辺を y について偏微分すると

$$\frac{\partial\varphi}{\partial y} = \frac{\partial f}{\partial y} = -2z^2$$

となるので, $f(y,z) = -2yz^2 + g(z)$ となる. この式の両辺を z について偏微分すると

$$\frac{\partial f}{\partial z} = -2yz + \frac{\partial g}{\partial y} = -2yz$$

となるので, 定数 c に対して $g(z) = c$ となる. よって, $\varphi(x,y,z) = \sin^{-1}\dfrac{x}{2} - yz^2 + c$

11. グリーンの定理より

$$\int_C (x^2 - 3xy^2)dx + (-x^3 + 2x^2y^2)dy = \iint_D \left\{ -\frac{\partial}{\partial y}(x^2 - 3xy^2) + \frac{\partial}{\partial x}(-x^3 + 2x^2y^2) \right\} dxdy$$

$$= \iint_D (6xy - 3x^2 + 4xy^2)\,dxdy = \int_0^1 \left(\int_x^{x^2} (6xy - 3x^2 + 4xy^2)\,dy \right) dx$$

$$= \int_0^1 \left[3xy^2 - 3x^2y + \frac{4}{3}xy^3 \right]_x^{x^2} dx = \int_0^1 \left(-\frac{4}{3}x^7 - 3x^5 + \frac{13}{3}x^4 \right) dx = \frac{1}{5}$$

12. (1) C は $x = r\cos t, y = r\sin t$ であるから,

$$\int_C \boldsymbol{F} \cdot d\boldsymbol{r} = \int_0^{2\pi} \left(-\frac{r\sin t}{r^2\cos^2 t + r^2\sin^2 t}, \frac{r\cos t}{r^2\cos^2 t + r^2\sin^2 t}, 0 \right) \cdot (-r\sin t\,dt, r\cos t\,dt, 0)$$

$$= \int_0^{2\pi} \frac{r^2\sin^2 t + r^2\cos^2 t}{r^2}\,dt = 2\pi$$

(2) AB は $\boldsymbol{r}(t) = (t, t-1), 0 \leqq t \leqq 1$ と表せるので

$$\int_{AB} \boldsymbol{F} \cdot d\boldsymbol{r} = \int_0^1 \left(-\frac{t-1}{t^2 + (-t+1)^2}, \frac{t}{t^2 + (-t+1)^2}, 0 \right) \cdot (dt, dt, 0)$$

$$= \int_0^1 \frac{1}{2t^2 - 2t + 1}\,dt = \left[\tan^{-1}(2t-1) \right]_0^1 = \frac{\pi}{2}.$$

BC は $\boldsymbol{r}(t) = (t, -t+1), 0 \leqq t \leqq 1$ と表せるので

$$\int_{BC} \boldsymbol{F} \cdot d\boldsymbol{r} = \int_0^1 \left(-\frac{-t+1}{t^2 + (t-1)^2}, \frac{t}{t^2 + (t-1)^2}, 0 \right) \cdot (dt, -dt, 0)$$

$$= \int_0^1 \frac{-1}{2t^2 - 2t + 1}\,dt = -\left[\tan^{-1}(2t-1) \right]_0^1 = -\frac{\pi}{2}.$$

CD は $\boldsymbol{r}(t) = (t, t+1), 0 \leqq t \leqq 1$ と表せるので

$$\int_{CD} \boldsymbol{F} \cdot d\boldsymbol{r} = \int_0^1 \left(-\frac{t+1}{t^2 + (t+1)^2}, \frac{t}{t^2 + (t+1)^2}, 0 \right) \cdot (dt, dt, 0)$$

$$= \int_0^1 \frac{-1}{2t^2 + 2t + 1}\,dt = -\left[\tan^{-1}(2t+1) \right]_0^1 = -\tan^{-1}3 + \frac{\pi}{4}.$$

DA は $\boldsymbol{r}(t) = (t, -t-1), 0 \leqq t \leqq 1$ と表せるので

$$\int_{DA} \boldsymbol{F} \cdot d\boldsymbol{r} = \int_0^1 \left(-\frac{-t-1}{t^2 + (-t-1)^2}, \frac{t}{t^2 + (-t-1)^2}, 0 \right) \cdot (dt, -dt, 0)$$

$$= \int_0^1 \frac{1}{2t^2 + 2t + 1}\,dt = \left[\tan^{-1}(2t+1) \right]_0^1 = \tan^{-1}3 - \frac{\pi}{4}.$$

よって, $\displaystyle\int_C \boldsymbol{F} \cdot d\boldsymbol{r} = \frac{\pi}{2} - \frac{\pi}{2} - \tan^{-1}3 + \frac{\pi}{4} + \tan^{-1}3 - \frac{\pi}{4} = 0.$

第8章

問 **8.1** (1) $-x - \dfrac{x^2}{2} + o(x^2)\ (x \to 0)$　(2) $f(0) = 0, f'(x) = \dfrac{1}{1+x^2}, f'(0) = 1, f'''(x) = \dfrac{-2x}{(1+x^2)^2},$

$f''(0) = 0,\ f'''(x) = \dfrac{6x^2 - 2}{(1+x^2)^3}, f'''(0) = -2$ より $x - \dfrac{x^3}{3} + o(x^3)\ (x \to 0)$

(3) $\left(x - \dfrac{x^3}{6} + o(x^3)\right) - \left(x - \dfrac{x^3}{3} + o(x^3)\right) = \dfrac{x^3}{6} + o(x^3)\ (x \to 0)\ (x \to 0)$

(4) $\left(x - \dfrac{x^3}{6} + o(x^3)\right)\left(1 - \dfrac{x^2}{2} + o(x^2)\right) = x - \dfrac{2}{3}x^3 + o(x^3)\ (x \to 0)$

(5) $\left(x - \dfrac{x^3}{6} + o(x^3)\right)\left(1 + x + \dfrac{x^2}{2} + \dfrac{x^3}{6} + o(x^3)\right) = x + x^2 + \dfrac{x^3}{3} + o)x^3)\ (x \to 0)$

(6) $1 + \sin x + \dfrac{1}{2}\sin^2 x + \dfrac{1}{6}\sin^3 x + o(x^3) = 1 + \left(x - \dfrac{x^3}{6} + o(x^3)\right) + \dfrac{1}{2}\left(x - \dfrac{x^3}{6} + o(x^3)\right)^2$

$+ \dfrac{1}{6}\left(x - \dfrac{x^3}{6} + o(x^3)\right)^3 = 1 + x + \dfrac{x^2}{2} - \dfrac{x^3}{6} + o(x^3)\ (x \to 0)$

問 **8.2** $\dfrac{\frac{x^3}{6} + o(x^3)}{x^3} \to \dfrac{1}{6}\ (x \to 0)$

問 **8.3** 積分の平均値の定理より, ある $\xi(a < \xi < a + h)$ が存在して左辺 $= \displaystyle\int_a^{a+h} f(x)\,dx = f(\xi)h$ であっ
て, ここで, 中間値の定理から $f(\xi) = f(a) + f'(\eta)(a - \xi)$ となる $\eta(a < \eta < \xi)$ が存在するから, こ
れを代入して左辺 $= f(a)h + f'(\eta)(a - \xi)h = f(a)h + o(h)$ と表せる.

問 **8.4** (1) $\sin 0.1 = \dfrac{1}{10} - \dfrac{1}{6}\dfrac{1}{10^3} = 0.09983341$, 誤差 $\dfrac{1}{120}\dfrac{1}{10^5}0.000000084$ 未満.

(2) $\cos 0.1 = 1 - \dfrac{1}{2}\dfrac{1}{10^2} = 0.9950$, 誤差 $\dfrac{1}{24}\dfrac{1}{10^4} = 0.0000042$ 未満

問 **8.5** $\displaystyle\int_0^\infty f(x; \alpha, \beta)\,dx = \dfrac{\beta^\alpha}{\Gamma(\alpha)}\int_0^\infty e^{-\beta x}x^{\alpha-1}\,dx$ であるので, $\beta x = t$ と置換することにより, 示すこと
ができる

第8章　練習問題

1. $D = \{(x, y) \in \mathbb{R}^2 \mid -\infty < x < \infty, -\infty < y < z - x\}$ と表されるから, $F(z) = \displaystyle\int_{-\infty}^\infty \left(\int_{-\infty}^{z-x} f(x, y)\,dy\right)dx$

を得る. また, $f(z) = \dfrac{dF(z)}{dz} = \displaystyle\int_{-\infty}^\infty \dfrac{\partial}{\partial y}\left(\int_{-\infty}^{z-x} f(x, y)\,dy\right)\dfrac{\partial}{\partial z}(z - x)\,dx, = \int_{-\infty}^\infty f(x, z - x) \cdot$

$1\,dx = \displaystyle\int_{-\infty}^\infty f(x, z - x)\,dx$

2. $0 \leqq z = x + y \leqq 2$ かつ $0 \leqq y = z - x \leqq 1$ であるから $g_2(z - x) = \begin{cases} 0 & (z < x, 1 + x < z) \\ 1 & (z - 1 \leqq x \leqq z) \end{cases}$. よって,

$g_1(x)g_2(z - x) = \begin{cases} 1 & (0 \leqq x \leqq 1, z - 1 \leqq x \leqq z) \\ 0 & (その他) \end{cases}$. よって, $0 \leqq z \leqq 1$ のとき, $f(z) = \displaystyle\int_0^z 1\,dx = z$,

$1 \leqq z \leqq 2$ のとき, $f(z) = \displaystyle\int_{z-1}^1 1\,dx = -z + 2$ より, $f(z) = \begin{cases} z & (0 \leqq z \leqq 1) \\ 2 - z & (1 < z \leqq 2) \end{cases}$ を得る.(この分布を
三角分布という.)

3. g_1 と g_2 の積分範囲に注意して,

$$f(z) = \int_{-\infty}^\infty g_1(x)g_2(z - x)\,dx = \int_0^z (2\lambda)e^{-(2\lambda)x}(2\lambda)e^{-(2\lambda)(z-x)}\,dx = (2\lambda)^2 e^{-2\lambda z}z(z \geqq 0)$$

これは, パラメータ λ の2次のアーラン分布を表す.

4. $f(z) = \displaystyle\int_{-\infty}^\infty g_1(x)g_2(z - x)\,dx = \int_{-\infty}^\infty \dfrac{1}{\sqrt{2\pi}\sigma_1}e^{-\frac{(x-\mu_1)^2}{2\sigma_1^2}} \cdot \dfrac{1}{\sqrt{2\pi}\sigma_2}e^{-\frac{(z-x-\mu_2)^2}{2\sigma_2^2}}$

$= \displaystyle\int_{-\infty}^\infty \dfrac{1}{2\pi\sigma_1\sigma_2}e^{-\frac{(x-\mu_1)^2}{2\sigma_1^2} - \frac{(z-x-\mu_2)^2}{2\sigma_2^2}}$. ここで, 指数部分の2次形式についてまとめると,

$$-\frac{(x-\mu_1)^2}{2\sigma_1^2}-\frac{(z-x-\mu_2)^2}{2\sigma_2^2}=-\frac{1}{2\sigma_1^2\sigma_2^2}\left\{\sigma_2^2(x-\mu_1)^2+\sigma_1^2\{(z-\mu_1-\mu_2)-(x-\mu_1))\}^2\right\}$$

$$=-\frac{\sigma_1^2+\sigma_2^2}{2\sigma_1^2\sigma_2^2}\left\{(x-\mu_1)-\frac{\sigma_1^2}{\sigma_1^2+\sigma_2^2}(z-\mu_1-\mu_2)\right\}^2-\frac{1}{2(\sigma_1^2+\sigma_2^2)}(z-\mu_1-\mu_2)^2$$

よって, $f(z)=\dfrac{1}{2\pi\sigma_1\sigma_2}e^{-\frac{1}{2(\sigma_1^2+\sigma_2^2)}(z-\mu_1-\mu_2)^2}\displaystyle\int_{-\infty}^{\infty}e^{-\frac{\sigma_1^2+\sigma_2^2}{2\sigma_1^2\sigma_2^2}\left\{(x-\mu_1)-\frac{\sigma_1^2}{\sigma_1^2+\sigma_2^2}(z-\mu_1-\mu_2)\right\}^2}dx$. ここで, $t=$

$\sqrt{\dfrac{1}{\sigma_1^2+\sigma_2^2}}(x-\mu_1-\dfrac{\sigma_1^2}{\sigma_1^2+\sigma_2^2}(z-\mu_1-\mu_2))$とおいて, 置換積分をすれば, $dx=\dfrac{1}{\sqrt{\sigma_1^2+\sigma_2^2}}\,dt$ より, $f(z)=$

$\dfrac{1}{\sqrt{2\pi}\sqrt{\sigma_1^2+\sigma_2^2}}e^{-\frac{1}{2(\sigma_1^2+\sigma_2^2)}(z-\mu_1-\mu_2)^2}\displaystyle\int_{-\infty}^{\infty}\dfrac{\sqrt{\sigma_1^2+\sigma_2^2}}{\sqrt{2\pi}\sigma_1\sigma_2}\dfrac{\sigma_1\sigma_2}{\sqrt{\sigma_1^2+\sigma_2^2}}e^{-\frac{t^2}{2}}\,dt$

$=\dfrac{1}{\sqrt{2\pi}\sqrt{\sigma_1^2+\sigma_2^2}}e^{-\frac{1}{2(\sigma_1^2+\sigma_2^2)}(z-\mu_1-\mu_2)^2}$. これは, $f(z)$ が正規分布 $N(\mu_1+\mu_2,\sigma_1^2+\sigma_2^2)$ の確率密度関数であることを示している.

5. $n\in\mathbb{N}$ に対して $f\left(\dfrac{2}{n}\right)=f\left(\dfrac{1}{n}+\dfrac{1}{n}\right)=\left(f\left(\dfrac{1}{n}\right)\right)^2$. よって, $m,n\in\mathbb{N}$ に対して

$f\left(\dfrac{m}{n}\right)=\left(f\left(\dfrac{1}{n}\right)\right)^m$ を得る. また, $f(1)=f\left(\dfrac{1}{n}+\dfrac{1}{n}+\cdots+\dfrac{1}{n}\right)=\left(f\left(\dfrac{1}{n}\right)\right)^n$ から,

$f\left(\dfrac{m}{n}\right)=\left((f(1))^{\frac{1}{n}}\right)^m=(f(1))^{\frac{m}{n}}$. f は右連続であるから, $x>0$ に対して, $f(x)=(f(1))^x$ を得る. $f(1)=\left(\dfrac{1}{n}\right)^n>0$ であるから, 対数をとると $f(x)=e^{x\log f(1)}=e^{-x(-\log f(1))}=e^{-\lambda x}$, (ただし, $\lambda=-\log f(1)$) と表されることがわかる.

一般に, $\overline{F}(t)=\displaystyle\int_t^{\infty}f(x)\,dx\ (t\geqq 0)$ とするとき, $\overline{F}(t)$ は, 関数 $\lambda(t)$ が与えられたときの微分方程式

$\lambda(t)=\dfrac{-\frac{d}{dt}\overline{F}(t)}{\overline{F}(t)},\overline{F}(0)=1$ の解として得られる. $\lambda(t)$ を故障率関数またはハザード関数, $\overline{F}(t)$ を**生存関数**

という. $\overline{F}(t)=e^{-\int_0^t\lambda(t)dt}$, ただし, $\int_0^{\infty}\lambda(t)\,dt=\infty$ が得られる. この問題では, $\lambda(t)=\lambda=-\log f(1)$(一定) である.

重要事項・公式集

数の集合

$\mathbb{N} = \{1,\ 2,\ 3,\ \ldots\}$　　　　　　　　　　自然数全体 (Natural number) の集合

$\mathbb{Z} = \{0,\ \pm 1,\ \pm 2,\ \ldots\}$　　　　　　　整数全体 (Integer number) の集合

$\mathbb{Q} = \left\{\dfrac{q}{p} \mid p, q \in \mathbb{Z},\ p \neq 0\right\}$　　有理数全体 (Rational number) の集合

$\mathbb{R}$　　　　　　　　　　　　　　　　　実数全体 (Real number) の集合

$\mathbb{C} = \{a + bi \mid a,\ b \in \mathbb{R}\}$, ただし i は虚数単位　複素数全体 (Complex number) の集合

※ $\mathbb{Z}$ はドイツ語 Zahl の頭文字, $\mathbb{Q}$ は商 (Quotient) の頭文字

論理記号

論理記号	意味
$\forall$	すべての (all), 任意の (any,arbitrary)
$\exists$	存在する (exist)
; (s.t.)	such that

無理数の近似値

(1) $\pi = 3.14159\cdots$　　(2) $e = 2.71828\cdots$　　(3) $\sqrt{2} = 1.41421\cdots$　　(4) $\sqrt{3} = 1.73205\cdots$

(5) $\sqrt{5} = 2.23607\cdots$　　(6) $\log 2 = 0.69314\cdots$　　(7) $\log 3 = 1.09861\cdots$　　(8) $e^{-1} = 0.36787\cdots$

ガウス記号

任意の $x \in \mathbb{R}$ に対して, x を越えない最大の整数を $[x]$ で表す (これを**ガウス記号**という).
すなわち, $n \leq x < n+1$ (n は整数) のとき, $[x] = n$ となる.

$\varepsilon - n$ **論法**　　$\displaystyle\lim_{n\to\infty} a_n = \alpha \overset{def}{\iff} \forall \varepsilon > 0,\ \exists n_0\,;\ n \geq n_0 \implies |a_n - \alpha| < \varepsilon$

$\varepsilon - \delta$ **論法**　　$\displaystyle\lim_{x\to a} f(x) = \alpha \overset{def}{\iff} \forall \varepsilon > 0,\ \exists \delta > 0\,;\ 0 < |x - a| < \delta \implies |f(x) - \alpha| < \varepsilon$

三角関数の公式

(1) 基本公式　$\sin^2\theta + \cos^2\theta = 1$,　$1 + \tan^2\theta = \dfrac{1}{\cos^2\theta}$,　$1 + \dfrac{1}{\tan^2\theta} = \dfrac{1}{\sin^2\theta}$

(2) 加法定理　$\sin(\alpha\pm\beta) = \sin\alpha\cos\beta \pm \cos\alpha\sin\beta$,　$\cos(\alpha\pm\beta) = \cos\alpha\cos\beta \mp \sin\alpha\sin\beta$,

$$\tan(\alpha\pm\beta) = \frac{\tan\alpha \pm \tan\beta}{1 \mp \tan\alpha\tan\beta},\quad (\text{以上, 複号同順})$$

(3) 2倍角の公式　$\sin 2\alpha = 2\sin\alpha\cos\alpha$,　$\cos 2\alpha = \cos^2\alpha - \sin^2\alpha = 2\cos^2\alpha - 1 = 1 - 2\sin^2\alpha$,

$$\tan 2\alpha = \frac{2\tan\alpha}{1 - \tan^2\alpha}$$

(4) 3倍角の公式　$\sin 3\alpha = 3\sin\alpha - 4\sin^3\alpha$,　$\cos 3\alpha = 4\cos^3\alpha - 3\cos\alpha$,

$$\tan 3\alpha = \frac{3\tan\alpha - \tan^3\alpha}{1 - 3\tan^2\alpha}$$

(5) 積を和, 差になおす公式

$$\sin\alpha\cos\beta = \frac{\sin(\alpha+\beta) + \sin(\alpha-\beta)}{2},\quad \cos\alpha\sin\beta = \frac{\sin(\alpha+\beta) - \sin(\alpha-\beta)}{2}$$

$$\cos\alpha\cos\beta = \frac{\cos(\alpha+\beta) + \cos(\alpha-\beta)}{2},\quad \sin\alpha\sin\beta = -\frac{\cos(\alpha+\beta) - \cos(\alpha-\beta)}{2}$$

(6) 和, 差を積になおす公式

$$\sin\alpha + \sin\beta = 2\sin\frac{\alpha+\beta}{2}\cos\frac{\alpha-\beta}{2},\quad \sin\alpha - \sin\beta = 2\cos\frac{\alpha+\beta}{2}\sin\frac{\alpha-\beta}{2}$$

$$\cos\alpha + \cos\beta = 2\cos\frac{\alpha+\beta}{2}\cos\frac{\alpha-\beta}{2},\quad \cos\alpha - \cos\beta = -2\sin\frac{\alpha+\beta}{2}\sin\frac{\alpha-\beta}{2}$$

逆三角関数

$$y = \sin^{-1}x\,(= \arcsin x) \iff x = \sin y,\quad -\frac{\pi}{2} \leq y \leq \frac{\pi}{2}$$

$$y = \cos^{-1}x\,(= \arccos x) \iff x = \cos y,\quad 0 \leq y \leq \pi$$

$$y = \tan^{-1}x\,(= \arctan x) \iff x = \tan y,\quad -\frac{\pi}{2} < y < \frac{\pi}{2}$$

双曲線関数

$$\sinh x = \frac{e^x - e^{-x}}{2},\qquad \cosh x = \frac{e^x + e^{-x}}{2},\qquad \tanh x = \frac{\sinh x}{\cosh x}$$

極限に関する重要な公式

$$\lim_{n\to\infty}\sqrt[n]{n} = 1 \qquad\qquad \lim_{x\to 0}\frac{\sin x}{x} = 1$$

$$\lim_{x\to\infty}\left(1 + \frac{1}{x}\right)^x = \lim_{x\to -\infty}\left(1 + \frac{1}{x}\right)^x = e \qquad \lim_{x\to 0}(1+x)^{\frac{1}{x}} = e$$

収束半径

ベキ級数 $\displaystyle\sum_{n=0}^{\infty} a_n x^n$ の収束半径 R について, 次が成り立つ.

(1) $\displaystyle\lim_{n\to\infty}\left|\dfrac{a_n}{a_{n+1}}\right|$ が存在すれば, $R=\displaystyle\lim_{n\to\infty}\left|\dfrac{a_n}{a_{n+1}}\right|$ となる.

(2) $\displaystyle\lim_{n\to\infty}\sqrt[n]{|a_n|}\neq 0$ が存在すれば, $\dfrac{1}{R}=\displaystyle\lim_{n\to\infty}\sqrt[n]{|a_n|}$ となる.

ライプニッツの公式

$f(x), g(x)$ がともに, ある開区間で n 回微分可能とする. このとき, $f(x)g(x)$ も n 回微分可能で

$$\{f(x)g(x)\}^{(n)}=\sum_{k=0}^{n}{}_nC_k\, f^{(n-k)}(x)g^{(k)}(x)$$

が成り立つ. ただし, ${}_nC_k$ は二項係数を表す.

ロピタルの定理

微分可能な関数 $f(x), g(x)$ において $\displaystyle\lim_{x\to a}f(x)=\lim_{x\to a}g(x)=0$ で a の近くの任意の x に対し $g'(x)\neq 0$ であるとき, もし $\displaystyle\lim_{x\to a}\dfrac{f'(x)}{g'(x)}$ が存在すれば,

$$\lim_{x\to a}\dfrac{f(x)}{g(x)}=\lim_{x\to a}\dfrac{f'(x)}{g'(x)}$$

a が $\pm\infty$ の場合にも成り立つ. また, $x\to a$ のとき $f(x)\to\pm\infty,\ g(x)\to\pm\infty$ の場合にも $\displaystyle\lim_{x\to a}\dfrac{f'(x)}{g'(x)}$ が存在すれば,

$$\lim_{x\to a}\dfrac{f(x)}{g(x)}=\lim_{x\to a}\dfrac{f'(x)}{g'(x)}$$

微分に関する公式

微分法の公式

導関数の線形性	$(af(x)+bg(x))'=$	$af'(x)+bg'(x),\quad(a, b\ は定数)$
積の微分	$(f(x)g(x))'=$	$f'(x)g(x)+f(x)g'(x)$
商の微分	$\left(\dfrac{f(x)}{g(x)}\right)'=$	$\dfrac{f'(x)g(x)-f(x)g'(x)}{g(x)^2}$
合成関数の微分	$(f(g(x)))'=$	$f'(g(x))g'(x)$

最も基本的な導関数

$$(x^\alpha)' = \alpha x^{\alpha-1}, \qquad\qquad (c)' = 0 \quad (c \text{ は定数})$$

指数関数の導関数

$$(e^x)' = e^x$$
$$(a^x)' = a^x \log a$$

対数関数の導関数

$$(\log |x|)' = \frac{1}{x}$$
$$(\log_a x)' = \frac{1}{x \log a}$$

三角関数の導関数

$$(\sin x)' = \cos x$$
$$(\cos x)' = -\sin x$$
$$(\tan x)' = \frac{1}{\cos^2 x}$$

逆三角関数の導関数

$$(\sin^{-1} x)' = \frac{1}{\sqrt{1-x^2}}$$
$$(\cos^{-1} x)' = -\frac{1}{\sqrt{1-x^2}}$$
$$(\tan^{-1} x)' = \frac{1}{1+x^2}$$

点 c におけるテイラー級数

$$f(x) = \sum_{k=0}^{\infty} \frac{f^{(n)}(c)}{k!}(x-c)^k$$

マクローリン級数（**0** におけるテイラー級数）

$$e^x = \sum_{k=0}^{\infty} \frac{x^k}{k!}, \qquad\qquad \sin x = \sum_{k=0}^{\infty} (-1)^k \frac{x^{2k+1}}{(2k+1)!}$$

$$\log(1+x) = \sum_{k=1}^{\infty} (-1)^{k+1} \frac{x^k}{k}, \quad (-1 < x \le 1), \qquad \cos x = \sum_{k=0}^{\infty} (-1)^k \frac{x^{2k}}{(2k)!}$$

積分に関する公式

積分法の公式

積分の線形性　$\displaystyle\int\{af(x)+bg(x)\}\,dx = a\int f(x)\,dx + b\int g(x)\,dx,\quad (a,b\ は定数)$

置換積分　　$x=g(t)$ のとき　$\displaystyle\int f(x)dx = \int f(g(t))g'(t)\,dt$

部分積分　　$\displaystyle\int f'(x)g(x)dx = f(x)g(x) - \int f(x)g'(x)\,dx$

基本的な関数の不定積分 (積分定数は省略)

$\displaystyle\int x^\alpha\,dx = \frac{x^{\alpha+1}}{\alpha+1},\quad(\alpha\neq-1),\qquad \int\frac{1}{x}\,dx = \log|x|$

$\displaystyle\int e^x\,dx = e^x,\qquad\qquad\qquad \int a^x\,dx = \frac{a^x}{\log a}\quad(a>0,\,a\neq1),$

$\displaystyle\int\log|x|\,dx = x\log|x| - x\qquad \int\frac{f'(x)}{f(x)}\,dx = \log|f(x)|$

$\displaystyle\int\sin x\,dx = -\cos x,\qquad \int\sin^{-1}x\,dx = x\sin^{-1}x + \sqrt{1-x^2}$

$\displaystyle\int\cos x\,dx = \sin x,\qquad \int\cos^{-1}\,dx = x\cos^{-1}x - \sqrt{1-x^2}$

$\displaystyle\int\tan x\,dx = -\log|\cos x|,\qquad \int\tan^{-1}x\,dx = x\tan^{-1}x - \frac{1}{2}\log(1+x^2)$

$\displaystyle\int\frac{1}{x^2-a^2}\,dx = \frac{1}{2a}\log\left|\frac{x-a}{x+a}\right|,\,(a>0),\quad \int\frac{1}{\sqrt{x^2+a^2}}\,dx = \log\left|x+\sqrt{x^2+a}\right|,\,(a\neq0)$

$\displaystyle\int\frac{1}{x^2+a^2}\,dx = \frac{1}{a}\tan^{-1}\frac{x}{a},\quad(a>0),\quad \int\frac{1}{\sqrt{a^2-x^2}}\,dx = \sin^{-1}\frac{x}{a},\quad(a>0)$

$\displaystyle\int\sqrt{x^2+a^2}\,dx = \frac{1}{2}\left(x\sqrt{x^2+a} + a\log\left|x+\sqrt{x^2+a}\right|\right)$

$\displaystyle\int\sqrt{a^2-x^2}\,dx = \frac{1}{2}\left(x\sqrt{a^2-x^2} + a^2\sin^{-1}\frac{x}{a}\right),\quad(a>0)$

ウォリス (Wallis) 積分

$$\int_0^{\frac{\pi}{2}} \sin^n x\, dx = \int_0^{\frac{\pi}{2}} \cos^n x\, dx = \begin{cases} \dfrac{n-1}{n} \cdot \dfrac{n-3}{n-2} \cdots \dfrac{3}{4} \cdot \dfrac{1}{2} \cdot \dfrac{\pi}{2} & (n \text{ が } 2 \text{ 以上の偶数}) \\[3mm] \dfrac{n-1}{n} \cdot \dfrac{n-3}{n-2} \cdots \dfrac{2}{3} & (n \text{ が } 3 \text{ 以上の奇数}) \end{cases}$$

区分求積法

$$\lim_{n\to\infty} S(\Delta_n) = \lim_{n\to\infty} \frac{1}{n} \sum_{k=1}^{n} f\left(\frac{k}{n}\right) = \int_0^1 f(x)\, dx$$

$$\lim_{n\to\infty} \frac{1}{n} \sum_{k=0}^{n-1} f\left(\frac{k}{n}\right) = \int_0^1 f(x)\, dx$$

ガウス (Gauss) 積分

$$\int_{-\infty}^{\infty} e^{-x^2}\, dx = \sqrt{\pi}, \qquad \left(\text{※} \quad \int_0^{\infty} e^{-x^2}\, dx = \frac{\sqrt{\pi}}{2} \right)$$

ガンマ関数 (Γ 関数)

$$\boldsymbol{\Gamma}(s) = \int_0^{\infty} e^{-x} x^{s-1}\, dx, \quad (s > 0)$$

——— ガンマ関数に関する重要な関係式 ———

$$\boldsymbol{\Gamma}(s+1) = s\boldsymbol{\Gamma}(s), \qquad \boldsymbol{\Gamma}\left(\frac{1}{2}\right) = \sqrt{\pi}, \qquad \boldsymbol{\Gamma}(n+1) = n! \quad (n \in \mathbb{N})$$

ベータ関数 (β 関数)

$$B(p,q) = \int_0^1 x^{p-1}(1-x)^{q-1}\, dx = 2\int_0^{\frac{\pi}{2}} \sin^{2p-1}\theta \cos^{2q-1}\theta\, d\theta, \quad (p>0,\ q>0)$$

——— ベータ関数に関する重要な関係式 ———

$$B(p,q) = \frac{\boldsymbol{\Gamma}(p)\boldsymbol{\Gamma}(q)}{\boldsymbol{\Gamma}(p+q)}, \qquad B(p,q) = B(q,p)$$

面積 (直交座標)

$[a,b]$ で連続な 2 つの関数 $f(x), g(x)$ があって, $f(x) \geq g(x)$ であるとき, 2 つの曲線 $y = f(x), y = g(x)$ と 2 直線 $x = a, x = b$ とによって囲まれた図形の面積 S は,

$$S = \int_a^b \{f(x) - g(x)\}\, dx.$$

面積 (極座標)

$r = f(\theta)$ で表される曲線と, 極を通り偏角が α, β なる 2 直線によって囲まれる図形の面積 S は,

$$S = \frac{1}{2} \int_\alpha^\beta f(\theta)^2\, d\theta.$$

曲線の長さ (直交座標)

曲線 C を $y = f(x)$, $a \leq t \leq b$ とする. $f'(x)$ が $[a,b]$ で連続ならば, C の長さ L は,

$$L = \int_a^b \sqrt{1 + (f'(x))^2}\, dx.$$

曲線の長さ (媒介変数)

xy-平面上の曲線 C が媒介変数 t により,

$$x = \varphi(t),\ y = \psi(t),\ a \leq t \leq b$$

と表されているとき, $\varphi'(t), \psi'(t)$ が $[a,b]$ で連続ならば, C の長さ L は,

$$L = \int_a^b \sqrt{\varphi'(t)^2 + \psi'(t)^2}\, dt.$$

曲線の長さ (極座標)

xy-平面上の曲線 C が極座標 (r, θ) により,

$$r = f(\theta),\quad \alpha \leq \theta \leq \beta$$

と表されているとき, $f'(\theta)$ が $[\alpha, \beta]$ で連続ならば, C の長さ L は,

$$L = \int_\alpha^\beta \sqrt{f(\theta)^2 + f'(\theta)^2}\, d\theta.$$

接平面の方程式

$z = f(x,y)$ が点 (a,b) で全微分可能なとき, 曲面上の点 $(a, b, f(a,b))$ での接平面は,

$$z - f(a,b) = f_x(a,b)(x - a) + f_y(a,b)(y - b)$$

$z = f(x,y)$ の点 (a,b) における全微分

$$dz = f_x(a,b)dx + f_y(a,b)dy$$

合成関数の微分 ($x = x(t), y = y(t)$ がともに **1** 変数関数の場合)

$z = f(x,y)$ が点 (a,b) で全微分可能とする. $x = x(t), y = y(t)$ が $t = c$ で微分可能で $a = x(c), b = y(c)$ ならば, 合成関数 $z = f(x(t),y(t))$ も $t = c$ で微分可能で,

$$\frac{dz}{dt} = \frac{\partial z}{\partial x}\frac{dx}{dt} + \frac{\partial z}{\partial y}\frac{dy}{dt}$$

合成関数の微分 ($x = (u,v), y = (u,v)$ がともに **2** 変数関数の場合)

$z = f(x,y)$ は点 (a,b) で全微分可能とする. $x = \varphi(u,v), y = \psi(u,v)$ が点 (c,d) で全微分可能で, $a = \varphi(c,d), b = \psi(c,d)$ ならば, 合成関数 $f(\varphi(u,v),\psi(u,v))$ も (c,d) で全微分可能で,

$$\frac{\partial z}{\partial u} = \frac{\partial z}{\partial x}\frac{\partial x}{\partial u} + \frac{\partial z}{\partial y}\frac{\partial y}{\partial u}, \quad \frac{\partial z}{\partial v} = \frac{\partial z}{\partial x}\frac{\partial x}{\partial v} + \frac{\partial z}{\partial y}\frac{\partial y}{\partial v}$$

テイラーの定理

$z = f(x,y)$ が点 (a,b) を含む開集合で定義された n 回連続偏微分可能な関数とするとき, $|h|, |k|$ が十分小さい h, k に対して次の式を満足する θ が存在する.

$$f(a+h,b+k) = f(a,b) + \sum_{r=1}^{n-1} \frac{1}{r!}\left(h\frac{\partial}{\partial x} + k\frac{\partial}{\partial y}\right)^r f(a,b) + R_n,$$

$$R_n = \frac{1}{n!}\left(h\frac{\partial}{\partial x} + k\frac{\partial}{\partial y}\right)^n f(a+\theta h, b+\theta k), \quad 0 < \theta < 1$$

マクローリンの定理

$f(x,y)$ が原点 $(0,0)$ を含む開集合で定義された n 回連続偏微分可能な関数とするとき, (x,y) が十分原点に近ければ次の式を満足する θ が存在する.

$$f(x,y) = f(0,0) + \sum_{r=1}^{n-1} \frac{1}{r!}\left(x\frac{\partial}{\partial x} + y\frac{\partial}{\partial y}\right)^r f(0,0) + R_n,$$

$$R_n = \frac{1}{n!}\left(x\frac{\partial}{\partial x} + y\frac{\partial}{\partial y}\right)^n f(\theta x, \theta y), \quad 0 < \theta < 1$$

陰関数定理

$f(x, y)$ を (a, b) を含む開集合で定義された連続偏微分可能な関数とする.
点 (a, b) において $f(a, b) = 0$ かつ $f_y(a, b) \neq 0$ ならば, $x = a$ を含む適当な開区間で次の性質をもつ関数 $y = \phi(x)$ がただ 1 つ定まる.

1. $b = \phi(a)$

2. $f(x, \phi(x)) = 0$

3. $\phi(x)$ は C^1 級で, $\dfrac{dy}{dx} = \phi'(x) = -\dfrac{f_x(x, y)}{f_y(x, y)}$

$f(x, y)$ が 2 回連続微分可能であるとき, $f(x, y) = 0$ で定められる関数 $y = \phi(x)$ の第 2 次導関数

$$\frac{d^2 y}{dx^2} = -\frac{f_{xx} f_y^2 - 2 f_{xy} f_x f_y + f_{yy} f_x^2}{f_y^3}$$

陰関数定理 (3 次元)

$f(x, y, z)$ を 3 次元空間上の点 (a, b, c) を含む開集合で定義された連続偏微分可能な関数とする. 点 (a, b, c) において $f = 0$ かつ $f_z \neq 0$ ならば, xy-平面上 (a, b) を含む適当な開集合で定義された, 次の性質をもつ関数 $z = \phi(x, y)$ がただ 1 つ定まる.

(1) $c = \phi(a, b)$

(2) $f(x, y, \phi(x, y)) = 0$

(3) $z = \phi(x, y)$ は連続偏微分可能で $\phi_x = -\dfrac{f_x}{f_z}, \quad \phi_y = -\dfrac{f_y}{f_z}$

極値

関数 $f(x, y)$ が点 (a, b) の近くで 2 回連続偏微分可能で, $f_x(a, b) = f_y(a, b) = 0$ とする.

$$\Delta = \{f_{xy}(a, b)\}^2 - f_{xx}(a, b) f_{yy}(a, b)$$

とおいたとき,

1. $\Delta < 0$ で $f_{xx}(a, b) < 0$ ならば, $f(x, y)$ は点 (a, b) で極大.

2. $\Delta < 0$ で $f_{xx}(a, b) > 0$ ならば, $f(x, y)$ は点 (a, b) で極小.

3. $\Delta > 0$ ならば, $f(x, y)$ は点 (a, b) で極値をとらない.

4. $\Delta = 0$ ならば, 極値をとるともとらないとも判定できない.

ラグランジュの未定乗数法

連続偏微分可能な関数 $\varphi(x, y), f(x, y)$ に対し,

$$F(x, y, \lambda) = f(x, y) - \lambda \varphi(x, y) \ (\lambda は助変数)$$

とおく. 条件 $\varphi(x, y) = 0$ のもとで $z = f(x, y)$ が極値をとる点では, $\varphi(x, y) = 0$ が特異点をもたなければ,

$$F_x(x, y, \lambda) = 0, F_y(x, y, \lambda) = 0, F_\lambda(x, y, \lambda) = 0$$

が成り立つ. 助変数 λ はラグランジュの乗数といわれる.

逐次積分

重積分

長方形領域 ($D = [a, b] \times [c, d]$)

$$\iint_D f(x, y)dxdy = \int_a^b \left(\int_c^d f(x, y)dy \right) dx = \int_c^d \left(\int_a^b f(x, y)dx \right) dy$$

閉長方形領域でない場合

1. $\varphi_1(x)$, $\varphi_2(x)$ を $a \leq x \leq b$ で $\varphi_1(x) \leq \varphi_2(x)$ なる連続関数とする.
   積分領域 $D = \{(x, y)|a \leq x \leq b, \varphi_1(x) \leq y \leq \varphi_2(x)\}$ で $f(x, y)$ が連続のとき

$$\iint_D f(x, y)\,dxdy = \int_a^b dx \int_{\varphi_1(x)}^{\varphi_2(x)} f(x, y)dy$$

2. $\psi_1(y)$, $\psi_2(y)$ を $c \leq y \leq d$ で $\psi_1(y) \leq \psi_2(y)$ なる連続関数とする.
   積分領域 $D = \{(x, y)|c \leq y \leq d, \psi_1(y) \leq x \leq \psi_2(y)\}$ で $f(x, y)$ が連続のとき

$$\iint_D f(x, y)\,dxdy = \int_c^d dy \int_{\psi_1(y)}^{\psi_2(y)} f(x, y)dx$$

積分順序の変更

積分領域 D が

$$D = \{(x, y)|a \leq x \leq b, \varphi_1(x) \leq y \leq \varphi_2(x)\} = \{(x, y)|c \leq y \leq d, \psi_1(y) \leq x \leq \psi_2(y)\}$$

と 2 通りに表されるとき, 次のように積分順序を変更することができる.

$$\iint_D f(x, y)\,dxdy = \int_a^b dx \int_{\varphi_1(x)}^{\varphi_2(x)} f(x, y)dy = \int_c^d dy \int_{\psi_1(y)}^{\psi_2(y)} f(x, y)dx$$

3 重積分

(1) 関数 $f(x, y, z)$ は直方体 $D = \{(x, y, z)|a_1 \leq x \leq a_2,\ b_1 \leq y \leq b_2, c_1 \leq z \leq c_2\}$ 上で連続ならば,

$$\iiint_D f(x, y, z)dxdydz = \int_{a_1}^{a_2} dx \int_{b_1}^{b_2} dy \int_{c_1}^{c_2} f(x, y, z)dz$$

ただし, 積分順序は変えることができる.

(2) 関数 $f(x, y, z)$ が領域
$D = \{(x, y, z)|a_1 \leq x \leq a_2,\ \phi_1(x) \leq y \leq \phi_2(x),\ \psi_1(x, y) \leq z \leq \psi_2(x, y)\}$
上で連続ならば,

$$\iiint_D f(x, y, z)dxdydz = \int_{a_1}^{a_2} dx \int_{\phi_1(x)}^{\phi_2(x)} dy \int_{\psi_1(x,y)}^{\psi_2(x,y)} f(x, y, z)dz$$

ただし, $\phi_1(x), \phi_2(x), \psi_1(x, y), \psi_2(x, y)$ は連続関数である.

uv-平面から xy-平面への変換

$$\iint_D f(x,y)dxdy = \iint_E f\left(x(u,v),y(u,v)\right)|J|dudv$$

$$\begin{cases} x = x(u,v) \\ y = y(u,v) \end{cases} , \quad J = \frac{\partial(x,y)}{\partial(u,v)} = \frac{\partial x}{\partial u}\cdot\frac{\partial y}{\partial v} - \frac{\partial x}{\partial v}\cdot\frac{\partial y}{\partial u} = \begin{vmatrix} \dfrac{\partial x}{\partial u} & \dfrac{\partial x}{\partial v} \\ \dfrac{\partial y}{\partial u} & \dfrac{\partial y}{\partial v} \end{vmatrix}$$

直交座標から極座標への変換

重積分

$$\iint_D f(x,y)\,dxdy = \iint_E f(r\cos\theta, r\sin\theta)\,r\,drd\theta$$

$$\begin{cases} x = r\cos\theta \\ y = r\sin\theta \end{cases} , \quad |J| = r$$

3 重積分

$$\iiint_D f(x,y,z)dxdydz = \iiint_E f\left(r\sin\theta\cos\varphi, r\sin\theta\sin\varphi, r\cos\theta\right)r^2\sin\theta drd\theta d\varphi$$

$$\begin{cases} x = r\sin\theta\cos\varphi \\ y = r\sin\theta\sin\varphi \\ z = r\cos\theta \end{cases} , \quad |J| = r^2\sin\theta$$

円柱座標変換への変換

$$\iiint_D f(x,y,z)dxdydz = \iiint_E f\left(r\cos\theta, r\sin\theta, z\right)r\,drd\theta$$

$$\begin{cases} x = r\cos\theta \\ y = r\sin\theta \\ z = z \end{cases} , \quad |J| = r$$

曲面積

(u,v) が領域 D を動き，D 上の曲面 S が，

$$\begin{cases} x &=& x(u,v) \\ y &=& y(u,v) \quad (u,v) \in D \\ z &=& z(u,v) \end{cases}$$

で与えられるとき，S の面積は，

$$\iint_D \sqrt{\left(\frac{\partial(x,y)}{\partial(u,v)}\right)^2 + \left(\frac{\partial(y,z)}{\partial(u,v)}\right)^2 + \left(\frac{\partial(z,x)}{\partial(u,v)}\right)^2}\,dudv$$

である．

曲面積（直交座標）

曲面 $z = f(x,y)\ ((x,y) \in D)$ のときの面積 S は，

$$S = \iint_D \sqrt{1 + \left(\frac{\partial f}{\partial x}\right)^2 + \left(\frac{\partial f}{\partial y}\right)^2}\,dxdy$$

曲面積 (円柱座標)

曲面 S が円柱座標 $z = \phi(r,\theta)\ ((r,\theta) \in D)$ によって与えられた場合，D 上の曲面積 S は次の式で与えられる．

$$S = \iint_D \sqrt{r^2 + r^2\left(\frac{\partial z}{\partial r}\right)^2 + \left(\frac{\partial z}{\partial \theta}\right)^2}\,drd\theta$$

回転体の表面積

xy-平面上の曲線 $y = f(x) \geq 0\ (a \leq x \leq b)$ が x-軸のまわりに回転してできる回転体の表面積 S は次の式で与えられる．

$$S = 2\pi \int_a^b f(x)\sqrt{1 + f'(x)^2}\,dx$$

平面上のグリーンの定理

xy 平面上の自分自身と交わらない閉曲線 C を取り，C によって囲まれた領域を D とするとき，任意のスカラー関数 $f(x,y),g(x,y)$ に対して，

$$\oint_C (fdx + gdy) = \iint_D \left(-\frac{\partial f}{\partial y} + \frac{\partial g}{\partial x}\right)dxdy$$

が成り立つ．ただし，C は D を左側に見て進む方向に回るものとする．

ギリシャ文字

小文字	大文字	読み方	英語表記
α		アルファ	alpha
β		ベータ	beta
γ	$\Gamma,\ \varGamma$	ガンマ	gamma
δ	$\Delta,\ \varDelta$	デルタ	delta
$\epsilon,\ \varepsilon$		イプシロン, エプシロン	epsilon
ζ		ゼータ	zeta
η		イータ, エータ	eta
θ	$\Theta,\ \varTheta$	シータ, テータ	theta
ι		イオタ	iota
κ		カッパ	kappa
λ	$\Lambda,\ \varLambda$	ラムダ	lambda
μ		ミュー	mu
ν		ニュー, ヌー	nu
ξ	$\Xi,\ \varXi$	クシー, グザイ	xi
o		オミクロン	omicron
π	$\Pi,\ \varPi$	パイ	pi
ρ		ロー	rho
σ	$\Sigma,\ \varSigma$	シグマ	sigma
τ		タウ	tau
υ	$\Upsilon,\ \varUpsilon$	ウプシロン	upsilon
$\phi,\ \varphi$	$\Phi,\ \varPhi$	ファイ, フィー	phi
χ		カイ	chi
ψ	$\Psi,\ \varPsi$	プサイ, プシー	psi
ω	$\Omega,\ \varOmega$	オメガ	omega

索 引

新版 微分積分学 〈第2版〉　　　　　　　　　ISBN 978-4-8082-1039-7

2020 年 4 月 1 日　初版発行	著者代表 ⓒ 酒 井 政 美
2023 年 4 月 1 日　2 版発行	発 行 者　鳥 飼 正 樹
2024 年 4 月 1 日　2 刷発行	印　　刷　三美印刷 株式会社
	製　　本

発行所　株式会社 東京教学社

郵 便 番 号　112-0002
住　　　所　東京都文京区小石川 3-10-5
電　　　話　03 (3868) 2405
Ｆ　Ａ　Ｘ　03 (3868) 0673
http://www.tokyokyogakusha.com